U0190117

"十三五"国家重点出版物出版规划项目

量子科学出版工程（第二辑）

国家出版基金项目

NATIONAL PUBLICATION FOUNDATION

Introduction to
Quantum Mechanics
Based on Photon
Creation-Annihilation Mechanism

范洪义　陈　实　著
吴　泽　陈俊华

基于光子产生－湮灭机制的量子力学引论

中国科学技术大学出版社

内 容 简 介

本书从光子产生-湮灭的有序化衍生出别出心裁的数学——有序算符内积分方法,直接发展狄拉克的符号法,丰富了量子力学的内容,为爱因斯坦的量子纠缠思想提供纠缠态表象,也从数学上将量子力学概率假说的基础落实到有序算符的正态分布.与其他同类书相比,本书更能简洁地引入激光、压缩光和广义混沌光理论,并进一步深入研究量子熵理论,融入量子光学领域,便于读者深入了解和把握量子力学的数理基础,直达量子力学和量子光学研究前沿.

图书在版编目(CIP)数据

基于光子产生-湮灭机制的量子力学引论/范洪义等著. —合肥:中国科学技术大学出版社,2021.9

(量子科学出版工程. 第二辑)

国家出版基金项目

"十三五"国家重点出版物出版规划项目

ISBN 978-7-312-05243-9

Ⅰ. 基… Ⅱ. 范… Ⅲ. ①量子光学—研究 ②量子力学—研究 Ⅳ. O4

中国版本图书馆 CIP 数据核字(2021)第 183381 号

基于光子产生-湮灭机制的量子力学引论

JIYU GUANGZI CHANSHENG-YANMIE JIZHI DE LIANGZI LIXUE YINLUN

出版	中国科学技术大学出版社 安徽省合肥市金寨路 96 号,230026 http://press.ustc.edu.cn https://zgkxjsdxcbs.tmall.com
印刷	合肥华苑印刷包装有限公司
发行	中国科学技术大学出版社
经销	全国新华书店
开本	787 mm×1092 mm 1/16
印张	11
字数	228 千
版次	2021 年 9 月第 1 版
印次	2021 年 9 月第 1 次印刷
定价	58.00 元

前言

　　科学从某种意义上来说是为了改善人们的思考和认知方式.量子力学普朗克常数的发现要求我们以能量分离的观点看待微观世界,这已经是金科玉律了.但我基于几十年的研究经验认为,除此以外,还要用有序的观点去分析力学量算符,这是因为量子力学理论是建立在一组基本算符的不可交换的基础上的.奥地利物理学家马赫的观点是"把元素的单个经验排列起来的事业就是科学,怎样排,以及为什么要这样排,取决于感觉".马赫称元素的单个经验为"感觉".算符的排列有序或无序,其表现形式不同,感觉也有差别.量子力学就是排列算符看好的科学.本书要反映这类感觉从"悟"到"通"的历程.

　　说起有序,空间事物排列有序使得人眼观察一目了然,人对有用的信息摄入的就多;相反,杂乱无章则给人脑留下一片狼藉的印象.另一方面,事件的时间排序突出事情的轻重缓急.

　　生活中需要排序的事情不胜枚举,例如在超市买东西排队付账,运动员在比赛(淘汰赛)前抽签(如果抽签的结果是两个顶级高手正好在第一轮就相遇,其中一个立马被淘汰出局,这样的排序是很不公正的)等.又如,整理书架,是按内容排序还是按书的购进日期排序?抑或是按书名的汉语拼音排序?为此,数学家研究出了一些排序算法.计算机也是靠编程序才有生命的,冯·诺伊曼发明了"合并排序"来编写计算机的程序,以提高编程的效率.

　　量子力学的算符排序问题需要物理学家自己解决,因为物理学家与数学家的思维方式不同.在量子力学中,由于两个基本算符不可交换,排序问题尤为重要.譬如说,光的产生和湮灭这两个相辅相成的机制虽然类似于投一个硬币的正、反两面,以概率出现,但就某一个个体而言,生和灭是有次序的,光子的产生算符 $a^\dagger$ 和湮灭算符 a 之间遵循"不生不灭"的顺序(注意不是"不灭不生"),这就有 $[a,a^\dagger]=1$. 这个对易关系和辐射的"不生不灭"机制也许可以阐述量子化和量子光学的起源.要探索新的光场,就要构建量子光场的密度算符,如果不按某种方式排好序,它是不露真相的,因而新光场不易被察觉.

　　光场的密度算符的复杂性用数学家的通常方法是很难被排成正规序或 Weyl 序的.为了摆脱困境,笔者用量子力学表象完备性结合有序算符内的积分方法,给出算符排序互换的新途径.对于几个算符函数,按有序算符内的积分方法,只需做一个积分就完成了算符排序的任务,不但节约了大量的时间,而且在产生算符和湮灭算符按正规排列起来的空间可以导致测量坐标的正态分布律,而这恰是狄拉克的坐标表象.在哲学范畴,表象是事物不在眼前时,人们在头脑中出现的关于事物的形象.从信息加工的角度来讲,表象是指当前不存在的物体或事件的一种知识表征,这种表征具有形象性.有序的排列使这种形象性更加鲜明.例如,坐标投影算符 $|x\rangle\langle x|$ 用正规排列的玻色算符表示出来就是 $\frac{1}{\sqrt{\pi}}:\exp[-(x-X)^2]:$,是高斯型的.

　　另一方面,光场的很多物理性质只有在算符排好序后才能计算出来.例如,有序算符内的积分方法结合辛群结构能将多模玻色算符函数排好为正规序,由此求出了多模混沌光场的广义玻色分布.

　　再则,量子谐振子的本征函数-厄密多项式的阶数也是按自然数的大小来排序的,阶数越高其函数形式越复杂.有趣的是,笔者发现算符厄密多项式在正规乘积化以后就呈现为坐标 X 的幂次形式了,可见量子理论的丰富多彩.

　　写到此处,笔者想起奥地利物理学家路德维希·玻尔兹曼曾说过:"一个物体的分子排列可能性决定了熵的大小.举例来说,如果某个状态有许多种分子排列方式,那么它的熵就很大."量子算符函数有多种排列方式,所以其"熵"也很大,即可研究的内容很多.例如,数学中的奇点 $\frac{1}{x}$,在 $x=0$ 处函数值发散至无穷大.但是,我们发

基于光子产生-湮灭机制的量子力学引论
Introduction to Quantum Mechanics Based on Photon Creation-Annihilation Mechanism

现,当把 x 替换为量子力学的坐标算符后,就可以用有序算符内的积分方法将它展开为有意义的算符幂级数.可见,用量子力学算符理论来研究奇点会别有一番趣味.

那么,笔者是怎样想到要把研究重点放在量子算符排序上并想出有序算符内的积分方法的呢?实际上,我从小看《水浒传》就对梁山好汉 108 将的排序名次感兴趣,能背诵 36 天罡星、72 地煞星.排序的标准似乎是谁的武功高、贡献大,谁排在前.可后来我注意到在山寨内,这 108 人不分彼此,都是好兄弟姐妹.譬如武松和杨志,两人在二龙山落草时,杨志是二头领,武松是老三;而在梁山上,武松排名在杨志前,但他俩并不在乎这一变动.又如孙立排在解珍、解宝后也毫无怨言.而对山寨外宣布这 108 人的地位又有高有低,有尊有卑.这种情形相当于在有序记号内(山寨内),无所谓排序,产生算符和湮灭算符可交换,而要"挣脱"有序记号(山寨外),就必须排好次序.这个想法引导笔者利用表象的完备性把复杂的 Ket-Bra 算符写成有序记号内的积分,在记号内基本的算符因可以交换次序而被视为普通参数,于是就可以进行积分了.这不但丰富和发展了量子统计力学,而且可以提出新的算符的二项式定理、算符厄密多项式理论等.

在量子论诞生 100 周年之际,物理学家惠勒写了一篇文章,题目是《我们的荣耀和惭愧》.荣耀是因为这 100 年中,物理学的所有分支的发展都有量子论的影子.惭愧则是虽然 100 年过去了,但是人们仍然不知道量子化的来源.

现在,有了有序算符内的积分方法——一种简捷而有效的算符序的重排理论,它可以将经典变换直接通过积分过渡到量子幺正算符,把普通函数的数理统计算符化,我们就在数学上对量子化的来源有了较深入的理解.诸位学习量子力学想得到真知的,不可不掌握这种方法啊!

写一本新书,应该新在观点、内容和方法上,而且数学推导要气势足,如晴空之云,舒展无迹.而要做到这一点,就必须言理足,表意足.理足则物性自现,意足则话语蕴藉,从而通篇书的内容生动,体现灵性.

有序算符内的积分方法是能体现量子世界"性灵"的,它把态矢量、表象与算符以积分相联系,又把表象积分完备性与算符排序融合,不但可以导出大量有物理意义的新表象和新幺正算符,而且提供了从经典变换过渡到量子力学幺正变换的自然途径,使得原本因抽象而"干涩"的量子力学表象与变换论有了生气与灵动,成为一个严密的、自洽的、内部"经脉疏通、气息调匀"的数理系统,就像是从一幅山水画中既听到了幽涧之泉的潺潺水流,又感到了风云叱咤的万千气象.笔者相信,在懂得了对量子力学的 Ket-Bra 算符的有序算符内的积分方法以后,就可进一步体会到狄拉克符号法"随物赋形"的韵律和美感,原本"底气不足"的读者对于现行量子力学数理基础正确性的信心就会大大增强,对于探索量子世界的奥秘就会兴趣盎然.

在有序算符内的积分方法的帮助下,本书从理论上重新阐述了激光相干态、压缩态及广义混沌光场,便于读者进入量子光学前沿.

"物理理论必须具有数学美",这是狄拉克探索物理本质的信条,也是笔者在写作风格方面所追求的.本书一改以往量子力学传统的写作方式,而以光子的"不生不灭"为源头,然而有此创新也难免有不到之处,望四方读者不吝指教.

感谢贤妻翁海光对笔者写作工作的一贯支持与鼓励.

范 洪义

2020 年 1 月

目录

第1章

从光子产生–湮灭机制谈起

只要细说光子产生–湮灭, 就必有量子论.

1.1　小议能量不连续

　　1900 年普朗克在对黑体辐射的研究中发现了其辐射能量 ε 是不连续的, 而与光的频率成比例, 即 $\varepsilon = \hbar\omega$, 其中 $\hbar = 1.057 \times 10^{-27}$ 尔格 · 秒, 是一个自然界的常数. 能量子 $\hbar\omega$ 的发现使得人们对物质世界的认识焕然一新, 并出现了 "量子化" 这一术语. 普朗克还将光描述为电磁能在一组电磁振子中的分布, 从而提出了黑体辐射公式. 这一划时代的发现不但解决了 "紫外灾难" (即瑞利–金斯的波长缩短, 辐射强度无止境增大的公式) 问题带来的困惑 (即任何有限能量体系都不能有过多的高频电磁振子存在), 而且给出了普朗克长度. 随后, 爱因斯坦提出光的传播也是量子化的, 并解释了光电效应. 玻尔随后对原子轨道进行量子化,用离散能级解释光谱线系,顺理成章地提出了原子半径的表达式 $\frac{\hbar^2}{me^2} = \frac{e^2}{mc^2}\left(\frac{\hbar c}{e^2}\right)^2$,其中,$\frac{\hbar c}{e^2} = 137.03$ 为精细结构常数,解释了原子光谱的规律. 狄拉克刚从事研究工作时曾很有激情地对原子中电子的玻尔轨道进行研究,为了理解在相互作用下玻尔轨道的形成原因他苦苦工作了 2～3 年,但劳而无功,不了了之. 直到他看了海森伯在 1926 年发表的文章后才意识到 "我赖以出发的基本观念是错误的". 海森伯在文中放弃研究电子轨道理论,认为对原子和光之间的相互作用产生明显的吸收频率和发射频率的实验观察,是量子力学表述的基本出发点,理论上只有那些连接两个玻尔轨道的值 (跃迁矩阵元) 才会出现,这导致了坐标算符与动量算符不可以交换. 海森伯与玻恩等揭示了量子力学的基本对易关系

$$[X, P] = i\hbar \tag{1.1}$$

这里,X, P 是坐标算符和动量算符. 它不但是量子理论的核心,也是不确定关系的理论源头. 然后,海森伯是在爱因斯坦的 "正是理论决定什么是可以观察的" 启发下,根据 "只有能用量子力学的数学方程式表示的那些情况,才能在自然界中找到" 的基本原则,考虑了同时想知道一个波包的速度和其位置的最佳精度是多少的问题,而奠定不确定原理的. 受海森伯的文章的启示,狄拉克想到了经典泊松括号与量子对易括号的相似处,也想到了经典力学的哈密顿形式在量子化中所起的作用,这是他对量子化的第一个贡献.

另一方面,薛定谔在德布罗意波粒两象的基础上,想出了波动方程. 狄拉克花了一年时间发明了 Ket-Bra 符号,建立了能反映波粒两象、能统一海森伯与薛定谔提出的两种陈述、抽象出表象的理论. 该理论的特点是具有完备性,丰富了量子化内容. 狄拉克钟爱符号法,认为它是永垂不朽的. 用 X, P 的组合定义算符 $a^\dagger$ 和 a:

$$a = \frac{1}{\sqrt{2}}\left(\sqrt{\frac{m\omega}{\hbar}}X + i\frac{P}{\sqrt{m\hbar\omega}}\right) \tag{1.2}$$

$$a^\dagger = \frac{1}{\sqrt{2}}\left(\sqrt{\frac{m\omega}{\hbar}}X - i\frac{P}{\sqrt{m\hbar\omega}}\right) \tag{1.3}$$

根据式 (1.1) 易得

$$[a, a^\dagger] = 1 \tag{1.4}$$

下面我们将说明 $a^\dagger$ 是产生算符,a 是湮灭算符,并阐述量子力学是为描写自然界光的产生–湮灭现象而出现的一门学科.

在能量量子化假设提出之后的十余年里,普朗克本人一直试图利用经典的连续概念来解释辐射能量的不连续性,但最终归于失败.

而范洪义却无意中注意到能量 (精神) 的不连续性. 我国清代的曾国藩 (1811—1872) 也有一番评论:

"凡精神, 抖擞处易见, 断续处难见. 断者出处断, 续者闭处续. 道家所谓'收拾入门'之说, 不了处看其脱略, 做了处看其针线. 小心者, 从其做不了处看之, 疏节阔目, 若不经意, 所谓脱略也. 大胆者, 从其做了处看之, 慎重周密, 无有苟且, 所谓针线也. 二者实看向内处, 稍移外便落情态矣, 情态易见."

为了弄懂这段话, 范洪义参考了明代学者高攀龙的笔记: "圣学全不靠静, 但个人禀赋不同, 若精神短弱, 决要静中培拥丰硕. 收拾来便是良知, 漫散去都成妄想……", 并请教朋友何锐.

何锐对这段话很感兴趣, 说道: "曾氏此语, 出自《冰鉴》, 极为后人所重. 本义是用以识人鉴能的方法, 具有极高智慧. 范老师却从中看出能量存在的不连续性, 可谓独抒新见."最关键的一句"断者出处断, 续者闭处续", 其意为"精神不足, 是由于故作抖擞并表现于外; 精神有余, 是由于自然而生并蕴涵于内"(译自网络), 我们是否可以这样理解: 精神有余, 则视为高能状态, 能量的不连续性就不明显; 而精神不足, 视为低能状态, 则精神的断续性 (也就是量子性) 就显示出来了.

可见, 对于精神 (能量) 存在不连续性, 曾国藩早就注意到了, 早于 1900 年普朗克的报告, 对于断续观察的"脱略", 曾国藩也有些精辟的阐述, 只是他不知道能量子, 更没有确定它的值, 是普朗克做了慎重周密的"针线"活确定了量子, 所以诺贝尔奖还是应该授予普朗克.

范洪义自觉将曾国藩之说扯上量子的物理涵义有牵强附会、望文生义之嫌. 不过, 大智如曾氏者也确实有点先知先觉, 倘若不是, 那为什么从未见别人谈论过精神之断续呢?

以下我们来另循量子力学的本源.

1.2 从光子的产生–湮灭机制浅谈量子力学产生的必然

有一次范洪义去外校讲学, 未及正题前他问听众: 诸位想想为什么一定会有量子力学这门学科出现?

甲不假思索道:"牛顿力学只能描写宏观物体,谈到微观世界就需量子力学."

乙顿了一下说:"因为物质有波粒二象性,所以要有量子力学."

其他人未置可否,也许皆以为然吧.

范洪义接着说:"量子力学理论是聪明人自由思考的产物. 我这里不谈量子的出现如何源于普朗克思考的前前后后的历史 (大自然的园地关不住春色,量子的红杏出墙来,终于给普朗克觉悟到),也不讲德国人如何从观察钢水的颜色和温度的关系发现了量子的物理背景. 我以为量子力学是为了适应和描写自然界光的产生–湮灭现象而出现的一门学科."

范洪义看到听众中颇有惊讶或不解之表情,又说:"不少人以为量子力学来得突兀,表现出诡异性,颠覆了人们以往的自然观,实际上它始终在我们身边发挥作用,例如中国古代就有后羿射日的神话,实际上是对太阳能否晒死人的一种担忧 (在海边晒日光浴的人都有皮肤晒黑的体验). 太阳的光谱就是遵循量子论的,光作为电磁能在一组电磁振子中的分布,低频的多,高频的少,所以人不在阳光下暴晒是晒不死的. 牛顿力学和 Lagrange-Hamilton 的分析力学只能描写物体的运动规律;经典光学只讨论光在传播过程中的干涉、衍射等,它们都不涉及自然界中光的产生–湮灭 (例如光的吸收和辐射) 这一无时无刻不在发生的现象. 电磁学也没有描写光的产生–湮灭机制,例如打雷时光的闪和灭,尽管把闪电归结到正负电荷之间的放电是电磁学的一大看点,但只是浅尝辄止,除了麦克斯韦发展出的光的电磁波理论外,还有更深刻的课题可研究."

几十年的科研经历使范洪义领悟到:在自然界中,产生–湮灭既是暂态过程,又是永恒的. 暂者绵之永,短者引之长,故而生灭不息.

谈到产生–湮灭,就有"不生不灭"说,不生不得言有,不灭不得言无,注意不是"不灭不生". 这表明生和灭是有次序的,对于特指的个体,终是生在前、灭在后. 我们人类的每一员也是如此,先诞生、后逝世 (这里排斥人的因果轮回说). 那么,不生不灭有征兆吗?

回答是: 既在某固定处,却又弥望皆是也.

固定处用狄拉克的 δ-函数表示,"弥望皆是"即为平面波,这两种情形都是理想的. 在此理想情况下,动量 p 值确定的波是单值平面波 e^{ipx},弥散在空间中,所以其 x 值不定;反之,当弥散的波收敛于一个点,如同一个经典意义下的有确定位置的质点,则用狄拉克发明的 $\delta(x)$ 表示,就无谓奢谈确定动量 p 的值,用数学式表达为

$$\delta(x) = \frac{1}{2\pi} \int_{-\infty}^{\infty} \mathrm{d}p e^{ipx} \tag{1.5}$$

左边代表粒子,右边的 e^{ipx} 代表平面波. 介于这两个理想情况之间的就是一个波包,它是若干个不同 p 值的平面波的叠加,造就了坐标–动量之测不准关系. 可见坐标本征态

(组成坐标表象) 和动量本征态 (组成动量表象) 的相悖相成反映了德布罗意的波粒二象性. 换言之, 波粒二象性与海森伯的不确定性原理自洽.

因此, 当把产生–湮灭用算符来表示时, 即有产生算符 $a^\dagger$ 和湮灭算符 a 之区别, 两者是不可交换的. 注意到, $a^\dagger a$ 只是一个数算符 (例如用手把一物体从口袋里拿出来, 再放回口袋中的操作相当于 "数" 一下, 因为手里还是空的), $aa^\dagger$ 表示先产生后湮灭 (例如在口袋里产生一物体, 用手取出, 手里就有一物), 就可以理解 $[a, a^\dagger] = aa^\dagger - a^\dagger a = 1$ 了, 这个 1 代表这个个体实际产生过, 这就是量子力学的基本对易关系.

定义

$$X = \frac{a + a^\dagger}{\sqrt{2}} \sqrt{\frac{\hbar}{m\omega}}, \quad P = \frac{a - a^\dagger}{\sqrt{2}\mathrm{i}} \sqrt{m\omega\hbar} \tag{1.6}$$

就可以导出 $[X, P] = \mathrm{i}\hbar$ 和海森伯不确定性关系:

$$\Delta X \Delta P \geqslant \frac{\hbar}{2} \tag{1.7}$$

所以量子力学这门学科的出现是必然的, 在理论上是可以缘起光子的产生–湮灭机制的, 相信这种理解不难为大众所接受.

1.3 怎样发展量子力学的数学

从数学的角度来看, 量子力学就是处理算符的学科. 爱因斯坦在世时, 对量子力学有两个不满: 一是对以玻尔为代表的哥本哈根学派关于量子力学测量的说法不满, 认为上帝不玩骰子 [爱因斯坦说: "观察微观世界时, 其结果用统计的方法表示是可以理解的……电子存在的概率——以 A 点 50%、B 点 30%、C 点 20% 表示 (好比扑克的三张牌). 但认为观测的电子在 A、B、C 三点共同存在岂不可笑?"], 当玻尔去抽牌时, 爱因斯坦认为上帝不会愚蠢到那样做, 上帝早就知道是哪张牌了, 只是不说而已. 二是认为量子力学的数学不完美. 他觉得要弄懂狄拉克符号太难了, 就像在黑暗中行路. 那么, 以什么为突破口来发展量子力学的数学呢? 范洪义以为是发展狄拉克的符号法. 因为狄拉克符号已经成为量子力学的语言.

海森伯、薛定谔和狄拉克三人摈弃了 "老式量子论", 分别建立了量子论的矩阵力学、波动力学和狄拉克符号法理论, 这些是现行的量子理论. 三者形式不同但目标统一. 量子力学的数学表述必须是能对量子系统状态和演化进行严谨的描述, 能充分地反映物

理概念. 由于量子力学中许多物理概念与经典力学中的截然不同, 因此量子力学需要有自己的符号, 或是"语言". 狄拉克发明了左矢 $\langle|$ 与右矢 $|\rangle$, 它们的内积是一个普通数, 而 $|\rangle\langle|$ 是一个算符, 因为它作用于另外一个态矢 (右矢或左矢) 分别得到右矢或左矢. 用狄拉克符号可把海森伯矩阵算符简化为 $|\rangle\langle|$(狄拉克称之为 q 数), 右矢代表列矩阵, 左矢代表行矩阵; 而坐标空间薛定谔波函数 $\psi(x)$ 被表达为 $\langle x|\psi\rangle$. 注意, 这样一来, 狄拉克就引入了坐标表象. $\langle x|p\rangle$ 即代表表象变换. 表象 (representation) 原指客观事物在人类大脑中的映象, 用以描述不同"坐标系"下微观粒子体系的状态和力学量的具体表示形式. 把系统状态的波函数看成抽象空间中的态矢量, 力学量的本征函数系即此空间的一组基矢, 波函数由这组基矢和相应的展开系数表示. 狄拉克的符号法成功地引入了 q 数和表象理论, "用抽象的方式直接处理有根本重要意义的一些量", 业已成为量子力学的标准语言.

1930 年, 狄拉克出版了《量子力学原理》一书. 该书包含了量子力学的基本原理及数学基础, 它的出版标志着量子力学的大体确立. 狄拉克的符号法不仅对量子力学做出了奠基性的贡献, 而且利用它可以解决某些数学问题. 狄拉克的符号法更能深入事物的本质, 由他搭建的这个符号法框架, 多年来, 一直被认为是简明扼要而又深刻形象地反映物理概念和物理规律的方法. 狄拉克用符号法建立起来的表象及其变换论是理论物理的精华, 被另一位量子论的创造者海森伯认为是"惊人的进步"和对量子力学"超乎想象的概括". 符号法的引入符合爱因斯坦的研究信条: "人类的头脑必须独立地构思形式, 然后我们才能在事物中找到形式."狄拉克符号由于其简洁与高度的抽象, 从一开始就得到人们的青睐. 毫无疑问, 它也应该随着量子理论与实践的不断发展而日趋丰富、深化和完善. 关于符号法, 狄拉克曾经预言: "在将来当它变得更为人们所了解, 而且它本身的数学得到发展时, 它将更多地被人们所采用."但是, 从 1930 年到 1980 年的半个世纪中, 没有一篇真正直接地发展符号法的文献, 以至于人们慢慢遗忘了狄拉克的这种期望.

范洪义注意到 17 世纪牛顿和莱布尼茨发明微积分时并无狄拉克符号, 将牛顿–莱布尼茨积分方法发展为对狄拉克符号进行积分的方法, 使其系统化、深刻化、应用多样化, 成为积分学的一个新分支和数学物理的一个新领域, 这充分体现了数学和量子力学的交叉.

1966 年前后, 范洪义在自学研读《量子力学原理》时, 意识到牛顿–莱布尼茨积分规则对由连续的 Ket-Bra 组成的算符积分存在困难, 原因是这些算符包含着不可对易的成分. 例如怎样完成积分 $\int_{-\infty}^{\infty} \mathrm{d}x \left|\dfrac{x}{2}\right\rangle \langle x|$, 其中, $|x\rangle$ 是坐标本征态, 尽管以前的书中有量子力学坐标表象的完备性 $\int_{-\infty}^{\infty} \mathrm{d}x |x\rangle \langle x| = 1$, 这个问题乍一看来似觉肤浅, 但实际上是一个有基本重要性的课题. 这是继 17 世纪继牛顿–莱布尼茨发明微积分、18 世纪泊松把

积分推广到复平面, 积分学对应于量子力学应该发展的一个新方向. 如何使牛顿–莱布尼茨积分适用于对 $\left|\dfrac{x}{2}\right\rangle\langle x|$ 的积分是一个挑战.

范洪义发明了有序 [包括正规乘积、反正规乘积和 Weyl-排序 (或对称编序)] 算符 (玻色型和费米型) 内的积分方法, 英文称为 the Method of Integration of Within an Ordered Product of Operators(简称 IWOP 方法), 达到了将牛顿–莱布尼茨积分理论直接用于 Ket-Bra 算符积分的目的. 狄拉克曾指出:"理论物理学的发展中有一个相当普遍的原则, 即人们应当让自己被引入数学提示的方向. 让数学思想引导自己前进是可取的." 用 IWOP 的数学形式引导我们做以上所提的多种研究是我们的思路.

掌握了这类积分, 才能使符号法更完美、更实用, 人们就可以找到许多新的物理态与新的表象, 特别是连续变量纠缠态表象的建立, 深刻地表述了丰富的量子纠缠现象, 可谓 "浅入深出, 推陈出新, 别开生面". IWOP 方法, 使得量子力学根深树大叶茂. 发展这套数学方法, 就会对概率假设有更深刻的理解. 就像写文学作品的人如果缺乏语感写不好文章一样, 初学量子力学的人要先了解量子力学的用语, 即狄拉克符号, 如果学生们一开始就能径以狄拉克符号为其思想之表象, 不必要处处 "译" 成函数, 并且学会使用 IWOP 方法, 那么他们就容易熟悉量子论的用语和表象变换, 学到一个系统, 从而熟悉量子力学, 自然地接受量子论, 正所谓 "习惯成自然".

清代学者方东树在《昭昧詹言》一书中指出:"学一家而能寻求其未尽之美, 引而伸之, 以益吾短……方是自成一家, 不随人作计. 古之作者, 未有不如此而能立门户者也." 范洪义 "自立门户" 的科研工作能尽狄拉克符号法之未尽之美, 担得起在量子力学的教科书中增添新的章节的责任, 是中国人对量子力学基础理论的难能可贵的贡献.

IWOP 方法对于量子力学基础理论的影响起码可以用 "苔衬法" 在中国山水画中的地位作比喻. 在画山、水、树、石时都少不了点苔. 细微的点苔在整个画中似乎只是点缀和衬托, 但点苔本身也是一门学问, 有了它, 画才能气韵生动, 故称为 "山水眼目", 不可或缺. IWOP 方法把量子论中的几个重要的基本概念, 如态矢量、表象、算符等以积分贯成一气来研究, 打通了量子力学的 "任脉" 与 "督脉", 使其 "经络疏通".

严格来说, 中国山水画的苔点的功能主要不是求真, 而是求美, 即以苔点之美来沟通整幅画的气韵之美. 而 IWOP 方法还有求真的效能, 它有很多应用, 使得量子力学的内容更加丰富, 对量子力学的概率解释也可以更上一层楼 (用正规乘积排序的正态分布来理解量子力学的表象).

事实上, 范洪义的研究表明, 当我们用算符排序的眼光研究量子世界时, 就可以用数理统计中的正态分布来描写量子力学的表象了, 这是后话.

实际上, 正如不少有识之士预言: 数学家, 只要他是懂一点量子力学的, 就也应该掌握 IWOP 方法对 $|\rangle\langle|$ 的积分. 古人云:"天下之文, 莫妙于言有尽而意无穷." IWOP 方

法是用之不竭的, 它使得量子力学理论的 "脉" 运行生动连贯了, 其意可绵绵不息矣!

1.4 真空投影算符 $|0\rangle\langle 0|$ 的正规排列形式

一般而言, $|\psi\rangle$ 对应列矩阵, 形式为

$$|\psi\rangle \to \begin{pmatrix} \\ \\ \end{pmatrix} \tag{1.8}$$

而行矩阵的形式为

$$\langle\psi| \to \begin{pmatrix} & & \end{pmatrix} \tag{1.9}$$

那么 $\langle\psi|\psi\rangle$ 就是一个数. 而

$$|\psi\rangle\langle\psi| \to \begin{pmatrix} \\ \\ \end{pmatrix} \begin{pmatrix} & & \end{pmatrix} \to \begin{pmatrix} \\ \\ \end{pmatrix} \tag{1.10}$$

是一个方阵, 代表一个算符. $|0\rangle\langle 0|$ 就是一个算符. $|0\rangle$ 满足性质

$$a|0\rangle = 0 \tag{1.11}$$

也就是说, 存在一个真空态 $|0\rangle$, 再向它索取的结果是 0. 唐代诗人杜荀鹤曾为 "空" 写一禅诗:

大道本无幻, 常情自有魔.

人皆迷著此, 师独悟如何.

为岳开窗阔, 因虫长草多.

说空空说得, 空得到维摩.

换言之, "空" 的含义深刻. 吴承恩在《西游记》第二十七回 "尸魔三戏唐三藏, 圣僧恨逐美猴王" 讲的是唐僧师徒四人为取真经, 行至白虎岭前, 在白虎岭内, 住着一个尸魔白骨精. 其为了吃唐僧肉, 先后变身为村姑、老妪和老翁, 全被孙悟空识破. 唐僧却不

辨人妖, 反而责怪孙悟空恣意行凶, 连伤无辜性命, 违反戒律, 写下贬书, 将孙悟空赶回了花果山. 此故事启示人们: 不要被表面现象、虚情假意、伪善的一面所蒙骗. 孙悟空能识破妖精真面目靠的是火眼金睛, 妖精的外表变换, 但其本质不变.

由此我们可以联想到同一个量子算符函数在不同排序规则下, 其本质不变, 只是呈现的形式不同, 它们有各自的应用. 理论物理的精华就是在变换中求不变的东西. 物理学家的 "火眼金睛" 是能找到不同排序形式之间的转换关系. 以下以光场的真空投影算符 $|0\rangle\langle0|$ 为例进行展开.

根据 "不生不灭" 这个物理感觉, 范洪义以为真空用算符 δ-函数表示为

$$|0\rangle\langle0| = \pi\delta(a)\delta(a^\dagger) \tag{1.12}$$

这里, $\delta(a^\dagger)$ 在右边先作用, $\delta(a)$ 排在 $\delta(a^\dagger)$ 左边, 表示先产生后湮灭 (即常说的自生自灭), 即是哪里有光子产生 [用 δ 函数 $\delta(a^\dagger)$ 表示], 就在哪里湮灭它 [用 $\delta(a)$ 表示], 这符合真空的直观意思. 在以下的计算中要时刻注意算符的排序问题. 再用 δ-函数的傅里叶变换式将上式写为积分式:

$$\pi\delta(a)\delta(a^\dagger) = \int\frac{d^2\xi}{\pi}e^{i\xi a}e^{i\xi^* a^\dagger} = \colon\int\frac{d^2\xi}{\pi}e^{i\xi a}e^{i\xi^* a^\dagger}\colon \tag{1.13}$$

在一个由 $a, a^\dagger$ 函数所组成的单项式中, 若所有的 a 都排在 $a^\dagger$ 的左边, 则称其为已被排好为反正规乘积了, 以 $\vdots\ \vdots$ 标记. 相反, 若所有的 $a^\dagger$ 都排在 a 的左边, 则称其为已被排好为正规乘积了, 以 $\colon\ \colon$ 标记. 那么 $|0\rangle\langle0|$ 的正规排序形式 (以 $\colon\ \colon$ 表示) 是什么呢?

若两个算符 $[A, B] \neq 0$, 由指数算符的 Taylor 展开得

$$e^A B e^{-A} = \left(1 + A + \frac{A^2}{2!} + \frac{A^3}{3!} + \cdots\right)B\left(1 - A + \frac{A^2}{2!} - \frac{A^3}{3!} + \cdots\right)$$

$$= B + [A, B] + \frac{1}{2!}[A, [A, B]] + \frac{1}{3!}[A, [A, [A, B]]] + \cdots \tag{1.14}$$

右边是将 A 的幂次分类组合所得的结果. 若 $[A, [A, B]] = 0$, 则级数中断. 例如, 由于 $[a, a^\dagger] = 1$, 我们有

$$e^{\frac{\mu}{2\lambda}a^2}a^\dagger e^{-\frac{\mu}{2\lambda}a^2} = a^\dagger + \left[\frac{\mu}{2\lambda}a^2, a^\dagger\right] + \cdots = a^\dagger + \frac{\mu}{\lambda}a \tag{1.15}$$

于是

$$e^{\frac{\mu}{2\lambda}a^2}e^{\lambda a^\dagger}e^{-\frac{\mu}{2\lambda}a^2} = e^{\lambda a^\dagger + \mu a} \tag{1.16}$$

又利用式 (1.15) 得到

$$e^{\frac{\mu}{2\lambda}a^2}e^{\lambda a^\dagger} = e^{\lambda a^\dagger}\left(e^{-\lambda a^\dagger}e^{\frac{\mu}{2\lambda}a^2}e^{\lambda a^\dagger}\right) = e^{\lambda a^\dagger}e^{\frac{\mu}{2\lambda}(a+\lambda)^2} \tag{1.17}$$

将式 (1.17) 代入式 (1.16) 得到

$$e^{\lambda a^\dagger + \mu a} = e^{\lambda a^\dagger} e^{\frac{\mu}{2\lambda}(a+\lambda)^2} e^{-\frac{\mu}{2\lambda}a^2} = e^{\lambda a^\dagger} e^{\mu a} e^{\frac{1}{2}\mu\lambda} \tag{1.18}$$

又从

$$e^{-\frac{\lambda}{2\mu}a^{\dagger 2}} a e^{\frac{\lambda}{2\mu}a^{\dagger 2}} = a + \frac{\lambda}{\mu}a^\dagger \tag{1.19}$$

得到

$$e^{\lambda a^\dagger + \mu a} = e^{-\frac{\lambda}{2\mu}a^{\dagger 2}} e^{\mu a} e^{\frac{\lambda}{2\mu}a^{\dagger 2}} \tag{1.20}$$

又有

$$e^{\mu a} e^{-\mu a} e^{-\frac{\lambda}{2\mu}a^{\dagger 2}} e^{\mu a} = e^{\mu a} e^{-\frac{\lambda}{2\mu}\left(a^\dagger - \mu\right)^2} \tag{1.21}$$

代入式 (1.21) 得到

$$e^{\lambda a^\dagger + \mu a} = e^{\mu a} e^{\lambda a^\dagger} e^{-\frac{\mu\lambda}{2}} \tag{1.22}$$

所以比较式 (1.22) 和式 (1.18) 得

$$e^{\mu a} e^{\lambda a^\dagger} = e^{\lambda a^\dagger} e^{\mu a} e^{\mu\lambda} =: e^{\lambda a^\dagger} e^{\mu a} : e^{\left[\mu a, \lambda a^\dagger\right]} \tag{1.23}$$

所以用此公式可将 $e^{i\xi^* a^\dagger} e^{i\xi a}$ 重排为

$$|0\rangle\langle 0| = \int \frac{d^2\xi}{\pi} : e^{i\xi^* a^\dagger + i\xi a - |\xi|^2} : \tag{1.24}$$

对 $d^2\xi$ 积分时, 在 :: 内部 a 与 $a^\dagger$ 是可交换的 (这是正规乘积的一个重要性质, 见下面的进一步说明), 可以被视为积分参量, 这就是范洪义提出的正规乘积排序算符内的积分方法. 积分上式得到

$$|0\rangle\langle 0| =: e^{-a^\dagger a} := \sum_{n=0}^\infty \frac{(-1)^n a^{\dagger n} a^n}{n!} \tag{1.25}$$

这就是 $|0\rangle\langle 0|$ 的正规排序算符形式.

1.5 真空场 $|0\rangle\langle 0|$ 的 Weyl-排序形式

用 $e^{\lambda a^\dagger} e^{\mu a} = e^{\lambda a^\dagger + \mu a} e^{-\frac{1}{2}\mu\lambda}$ 改写式 (1.24) 为

$$|0\rangle\langle 0| = \int \frac{d^2\xi}{\pi} e^{i\xi^* a^\dagger} e^{i\xi a - |\xi|^2} = \int \frac{d^2\xi}{\pi} e^{i\xi^* a^\dagger + i\xi a - |\xi|^2/2} \tag{1.26}$$

称经典函数 $e^{i\xi^*\alpha^*+i\xi\alpha}$ 量子化为算符 $e^{i\xi^*a^\dagger+i\xi a}$ 的 Weyl 对应 (Weyl-排序), 记为 $\vdots\ \vdots$, 它不同于正规排序 $e^{i\xi^*a^\dagger}e^{i\xi a}$, 也不同于反正规排序 $e^{i\xi a}e^{i\xi^*a^\dagger}$, 有

$$e^{i\xi^*a^\dagger+i\xi a} = \begin{smallmatrix}\vdots\\\vdots\end{smallmatrix}e^{i\xi^*a^\dagger+i\xi a}\begin{smallmatrix}\vdots\\\vdots\end{smallmatrix} \tag{1.27}$$

在 $\begin{smallmatrix}\vdots\\\vdots\end{smallmatrix}$ 内部, a 与 $a^\dagger$ 是可交换的, 所以

$$\begin{smallmatrix}\vdots\\\vdots\end{smallmatrix}e^{i\xi^*a^\dagger+i\xi a}\begin{smallmatrix}\vdots\\\vdots\end{smallmatrix} = 2\int d^2\alpha\, e^{i\xi^*\alpha^*+i\xi\alpha}\frac{1}{2}\begin{smallmatrix}\vdots\\\vdots\end{smallmatrix}\delta\left(a^\dagger-\alpha^*\right)\delta\left(a-\alpha\right)\begin{smallmatrix}\vdots\\\vdots\end{smallmatrix} \tag{1.28}$$

我们称此积分核为 Wigner 算符, 即

$$\frac{1}{2}\begin{smallmatrix}\vdots\\\vdots\end{smallmatrix}\delta\left(a^\dagger-\alpha^*\right)\delta\left(a-\alpha\right)\begin{smallmatrix}\vdots\\\vdots\end{smallmatrix} = \Delta\left(\alpha\right) \tag{1.29}$$

或

$$\Delta\left(x,p\right) = \begin{smallmatrix}\vdots\\\vdots\end{smallmatrix}\delta\left(x-X\right)\delta\left(p-P\right)\begin{smallmatrix}\vdots\\\vdots\end{smallmatrix} \tag{1.30}$$

将式 (1.29) 用傅里叶变换化为正规乘积形式:

$$\begin{aligned}
\Delta\left(\alpha\right) &= \int\frac{d^2\xi}{2\pi^2}\begin{smallmatrix}\vdots\\\vdots\end{smallmatrix}e^{i\xi^*\left(a^\dagger-\alpha^*\right)+i\xi\left(a-\alpha\right)}\begin{smallmatrix}\vdots\\\vdots\end{smallmatrix} \\
&= \int\frac{d^2\xi}{2\pi^2}e^{i\xi^*\left(a^\dagger-\alpha^*\right)+i\xi\left(a-\alpha\right)} \\
&= \int\frac{d^2\xi}{2\pi^2}:e^{i\xi^*\left(a^\dagger-\alpha^*\right)}e^{i\xi\left(a-\alpha\right)}e^{-\frac{1}{2}|\xi|^2}: \\
&= \frac{1}{\pi}:\exp\left[-2\left(a^\dagger-\alpha^*\right)\left(a-\alpha\right)\right]: \\
&= \frac{1}{\pi}:e^{-(x-X)^2-(p-P)^2}:
\end{aligned} \tag{1.31}$$

用式 (1.27) 将式 (1.26) 写成 Weyl-排序下的积分:

$$|0\rangle\langle0| = \int\frac{d^2\xi}{\pi}e^{i\xi^*a^\dagger+i\xi a}e^{-|\xi|^2/2} = 2\begin{smallmatrix}\vdots\\\vdots\end{smallmatrix}e^{-2a^\dagger a}\begin{smallmatrix}\vdots\\\vdots\end{smallmatrix} \tag{1.32}$$

这是 $|0\rangle\langle0|$ 的 Weyl-排序形式. 利用它可以方便地求得新态矢量. 例如, 当有幺正算符 $S = \exp\left[\frac{\lambda}{2}\left(a^2-a^{\dagger2}\right)\right]$ 对 $|0\rangle\langle0|$ 作用时, 鉴于

$$SaS^{-1} = a\cosh\lambda + a^\dagger\sinh\lambda \tag{1.33}$$

我们就有

$$\begin{aligned}
S|0\rangle\langle0|S^{-1} &= \int\frac{d^2\xi}{\pi}Se^{i\xi^*a^\dagger+i\xi a-|\xi|^2/2}S^{-1} \\
&= \int\frac{d^2\xi}{\pi}e^{i\xi^*\left(a^\dagger\cosh\lambda+a\sinh\lambda\right)+i\xi\left(a\cosh\lambda+a^\dagger\sinh\lambda\right)-|\xi|^2/2}
\end{aligned}$$

$$= \int \frac{\mathrm{d}^2\xi}{\pi} \vdots \mathrm{e}^{\mathrm{i}\xi^*\left(a^\dagger \cosh\lambda + a\sinh\lambda\right) + \mathrm{i}\xi\left(a\cosh\lambda + a^\dagger\sinh\lambda\right) - |\xi|^2/2} \vdots$$

$$= 2 \vdots \mathrm{e}^{-2\left(a^\dagger\cosh\lambda + a\sinh\lambda\right)\left(a\cosh\lambda + a^\dagger\sinh\lambda\right)} \vdots \tag{1.34}$$

再用式 (1.31) 可得

$$2 \vdots \mathrm{e}^{-2\left(a^\dagger\cosh\lambda + a\sinh\lambda\right)\left(a\cosh\lambda + a^\dagger\sinh\lambda\right)} \vdots$$

$$= \int \mathrm{d}^2\alpha\, \mathrm{e}^{-2(\alpha^*\cosh\lambda + a\sinh\lambda)(\alpha\cosh\lambda + \alpha^*\sinh\lambda)} \frac{1}{2} \vdots \delta\left(a^\dagger - \alpha^*\right)\delta\left(a - \alpha\right) \vdots$$

$$= \int \frac{\mathrm{d}^2\alpha}{\pi} \mathrm{e}^{-2(\alpha^*\cosh\lambda + a\sinh\lambda)(\alpha\cosh\lambda + \alpha^*\sinh\lambda)} : \exp\left[-2\left(a^\dagger - \alpha^*\right)\left(a - \alpha\right)\right] :$$

$$= \int \frac{\mathrm{d}^2\alpha}{\pi} : \exp\left[-4|\alpha|^2\cosh^2\lambda - \left(\alpha^{*2} + \alpha^2\right)\sinh 2\lambda + 2\alpha a^\dagger + 2\alpha^* a - 2a^\dagger a\right] :$$

$$= \frac{1}{4\cosh\lambda} : \exp\left[\left(a^\dagger a - \frac{4a^{\dagger 2}\sinh 2\lambda + 4a^2\sinh 2\lambda}{16\cosh^2\lambda}\right) - 2a^\dagger a\right] :$$

$$= \operatorname{sech}^{\frac{1}{2}}\lambda \exp\left(\frac{-a^{\dagger 2}\tanh\lambda}{2}\right)|0\rangle\langle 0|\exp\left(\frac{-a^2\tanh\lambda}{2}\right)\cdot\operatorname{sech}^{\frac{1}{2}}\lambda \tag{1.35}$$

这里 $\operatorname{sech}^{1/2}\lambda \exp\left(\frac{-a^{\dagger 2}\tanh\lambda}{2}\right)|0\rangle$ 恰是压缩态.

另一个例子: 试求宇称算符 $(-1)^{a^\dagger a}$ 的 Weyl-排序形式.

$$(-1)^{a^\dagger a} = \mathrm{e}^{\mathrm{i}\pi a^\dagger a} =: \mathrm{e}^{-2a^\dagger a} := \int \frac{\mathrm{d}^2 z}{2\pi} : \mathrm{e}^{za^\dagger}\mathrm{e}^{z^* a - \frac{|z|^2}{2}} :$$

$$= \int \frac{\mathrm{d}^2 z}{2\pi} \vdots \mathrm{e}^{za^\dagger + z^* a} \vdots = \frac{\pi}{2} \vdots \delta\left(a\right)\delta\left(a^\dagger\right) \vdots$$

1.6 量子相算符

在经典谐振子理论中, 位相是振动的三要素 (振幅、位相、频率) 之一. 那么在量子论中, 应该存在位相算符. 量子相算符最早由狄拉克定义, 他令玻色湮灭算符 $a = \sqrt{N}\mathrm{e}^{\mathrm{i}\phi}$, 其中 $N = a^\dagger a$ 为数算符, $[a, a^\dagger] = 1$, 对照一个复数 α 的极分解 $\alpha = |\alpha|\mathrm{e}^{\mathrm{i}\theta}$, $\sqrt{N}$ 对应 $|\alpha|$, 那么 $\mathrm{e}^{\mathrm{i}\phi}$ 就代表相算符. 后来 Susskind 和 Glogower 将它修改为

$$\mathrm{e}^{\mathrm{i}\phi} = (N+1)^{-\frac{1}{2}}a, \quad \mathrm{e}^{-\mathrm{i}\phi} = a^\dagger(N+1)^{-\frac{1}{2}} \tag{1.36}$$

以避免 $N^{-\frac{1}{2}}|0\rangle$ 的尴尬, $|0\rangle$ 是真空态. 容易证明

$$\mathrm{e}^{\mathrm{i}\phi}\mathrm{e}^{-\mathrm{i}\phi}=1, \quad \mathrm{e}^{-\mathrm{i}\phi}\mathrm{e}^{\mathrm{i}\phi}=1-|0\rangle\langle 0| \tag{1.37}$$

故 $\mathrm{e}^{\mathrm{i}\phi}$ 与 $\mathrm{e}^{-\mathrm{i}\phi}$ 不可交换.

我们从新的角度审视相算符, 指出相算符可以作为量子谐振子海森伯方程的解而被引入. 海森伯方程是

$$\frac{\mathrm{d}}{\mathrm{d}t}a^{\dagger}=-\mathrm{i}\left[a^{\dagger},H\right]=\mathrm{i}a^{\dagger}, \quad H=\omega a^{\dagger}a \tag{1.38}$$

设此方程有如下的解:

$$a=f(N)\mathrm{e}^{\mathrm{i}\phi}, \quad a^{\dagger}=\mathrm{e}^{-\mathrm{i}\phi}f(N) \tag{1.39}$$

其中, $\mathrm{e}^{\mathrm{i}\phi}$ 是待定的算符, 代入式 (1.38) 有

$$\frac{\mathrm{d}}{\mathrm{d}t}a^{\dagger}=-\mathrm{i}\left[\mathrm{e}^{-\mathrm{i}\phi},H\right]f(N)=\mathrm{i}\omega\mathrm{e}^{-\mathrm{i}\phi}f(N) \tag{1.40}$$

这就要求

$$\left[\mathrm{e}^{-\mathrm{i}\phi},N\right]=-\mathrm{e}^{-\mathrm{i}\phi}, \quad \left[\mathrm{e}^{\mathrm{i}\phi},N\right]=\mathrm{e}^{\mathrm{i}\phi} \tag{1.41}$$

联立式 (1.41) 与式 (1.39) 得到

$$a^{\dagger}a=\mathrm{e}^{-\mathrm{i}\phi}f^{2}(N)\mathrm{e}^{\mathrm{i}\phi}=f^{2}(N-1)\mathrm{e}^{-\mathrm{i}\phi}\mathrm{e}^{\mathrm{i}\phi} \tag{1.42}$$

和

$$aa^{\dagger}=f(N)\mathrm{e}^{\mathrm{i}\phi}\mathrm{e}^{-\mathrm{i}\phi}f(N) \tag{1.43}$$

这两个方程最简单的解是

$$\mathrm{e}^{\mathrm{i}\phi}=\frac{1}{\sqrt{N+1}}a, \quad f(N)=\sqrt{N+1} \tag{1.44}$$

或

$$a=\sqrt{N+1}\mathrm{e}^{\mathrm{i}\phi} \tag{1.45}$$

而 $\sqrt{N+1}$ 比拟为振幅, $\mathrm{e}^{\mathrm{i}\phi}$ 代表相算符. a 的这种振幅–相分解可以从相干态表象中看得更明白. 相干态 $|\alpha\rangle$ 是 a 的本征态, 在第 5 章中我们将详细说明 $a|\alpha\rangle=\mathrm{e}^{\mathrm{i}\theta}|\alpha||\alpha\rangle$, 而 $\langle\alpha|N|\alpha\rangle=|\alpha|^{2}$, 当 $|\alpha|$ 大时, $\langle\alpha|\sqrt{N+1}|\alpha\rangle\sim|\alpha|$. 这就是为什么 $\mathrm{e}^{\mathrm{i}\phi}$ 会对应经典相因子 $\mathrm{e}^{\mathrm{i}\theta}$. $\mathrm{e}^{\mathrm{i}\phi}$ 用狄拉克符号表示为

$$\mathrm{e}^{\mathrm{i}\phi}=\frac{1}{\sqrt{N+1}}a=\sum_{n=1}^{\infty}|n-1\rangle\langle n| \tag{1.46}$$

其中, $|n\rangle = \dfrac{a^{\dagger n}}{\sqrt{n!}} |0\rangle$ 是粒子态. 但是 $\mathrm{e}^{\mathrm{i}\phi}$ 与 $\mathrm{e}^{-\mathrm{i}\phi}$ 非幺正, 于是

$$\left(\mathrm{e}^{\mathrm{i}\phi}\right)^{\dagger} = a^{\dagger} \frac{1}{\sqrt{N+1}} = \sum_{n=0}^{\infty} |n+1\rangle\langle n| \tag{1.47}$$

由此可见

$$\mathrm{e}^{\mathrm{i}\phi} \left(\mathrm{e}^{\mathrm{i}\phi}\right)^{\dagger} = 1, \quad \left(\mathrm{e}^{\mathrm{i}\phi}\right)^{\dagger} \mathrm{e}^{\mathrm{i}\phi} = 1 - |0\rangle\langle 0| \tag{1.48}$$

所以引入

$$\cos\phi = \frac{\mathrm{e}^{\mathrm{i}\phi} + \mathrm{e}^{-\mathrm{i}\phi}}{2} \tag{1.49}$$

容易看出

$$[N, \cos\phi] = -\mathrm{i}\sin\phi, \quad [N, \sin\phi] = \mathrm{i}\cos\phi \tag{1.50}$$

故有测不准关系

$$\Delta N \Delta \cos\phi \geqslant \frac{1}{2} |\langle\sin\phi\rangle|, \quad \Delta N \Delta \sin\phi \geqslant \frac{1}{2} |\langle\cos\phi\rangle| \tag{1.51}$$

可以证明, 相干态是使得数-相测不准关系取极小的态. 以上是借助湮灭算符的极分解 ($\alpha = |\alpha|\mathrm{e}^{\mathrm{i}\theta}$ 称为复数的极分解) 的思想来研究相算符的.

$$[\mathrm{e}^{\mathrm{i}\phi}, N] = \mathrm{e}^{\mathrm{i}\phi}, \quad \left[\left(\mathrm{e}^{\mathrm{i}\phi}\right)^{\dagger}, N\right] = -\left(\mathrm{e}^{\mathrm{i}\phi}\right)^{\dagger} \tag{1.52}$$

从 $\left[\mathrm{e}^{\mathrm{i}\phi}, N\right] = \mathrm{e}^{\mathrm{i}\phi}$ 可推断出

$$[N, \phi] = \mathrm{i} \tag{1.53}$$

从而形式上有

$$\Delta N \Delta \phi \geqslant \frac{1}{2} \tag{1.54}$$

但这有不严格之处, 因为当 $\Delta N = 0$ 时, 粒子数测准了, 而 "相角" 的取值 $\Delta\phi \leqslant \pi$, 并非趋于无穷. 范洪义曾引入双模相算符 $\sqrt{\dfrac{a-b^{\dagger}}{a^{\dagger}-b}}$, 它作用于纠缠态表象能显示相的面貌, 这是后话.

式 (1.53) 表明, 波动性 ($\mathrm{e}^{\mathrm{i}\phi}$ 的本征态) 与粒子性 ($a^{\dagger}a$ 的本征态) 不能同时精确地被测量, 这反映了德布罗意的波粒二象性.

请读者试求相算符的经典 Weyl 对应函数, 并分析其物理意义.

第2章

粒子数表象和Fock空间的新划分

闪电在天空中炫耀,在理论上光子应该有一个"空间"栖身. 我们用 $|0\rangle\langle 0| =\,:\mathrm{e}^{-a^\dagger a}:$ 导出之.

2.1　粒子数表象的产生

从 $|0\rangle\langle 0| =\,:\mathrm{e}^{-a^\dagger a}:$,我们可得

$$1 =\,:\mathrm{e}^{a^\dagger a - a^\dagger a}: =\,:\sum_{n=0}^{\infty} \frac{a^{\dagger n} a^n}{n!} \mathrm{e}^{-a^\dagger a}: =\, \sum_{n=0}^{\infty} \frac{a^{\dagger n}}{\sqrt{n!}} :\mathrm{e}^{-a^\dagger a}: \frac{a^n}{\sqrt{n!}}$$

$$= \sum_{n=0}^{\infty} \frac{a^{\dagger n}}{\sqrt{n!}} |0\rangle \langle 0| \frac{a^n}{\sqrt{n!}} \tag{2.1}$$

所以自然引入定义粒子态

$$\frac{a^{\dagger n}}{\sqrt{n!}} |0\rangle = |n\rangle \tag{2.2}$$

则有

$$\sum_{n=0}^{\infty} |n\rangle \langle n| = 1 \tag{2.3}$$

这表明了粒子态的完备性, 故而有资格成为表象, 称为粒子数表象. 就像我们看到电闪雷鸣是在浩瀚的天空中发生的那样, 阐述光子的产生和湮灭也要有一个人们构想的理论"空间", 也称为 Fock 空间. 利用 $[a, a^\dagger] = 1$, 得到

$$a |n\rangle = \left[a, \frac{a^{\dagger n}}{\sqrt{n!}} \right] |0\rangle = \sqrt{n} \frac{a^{\dagger n-1}}{\sqrt{(n-1)!}} |0\rangle = \sqrt{n} |n-1\rangle \tag{2.4}$$

从 $\langle n| a^\dagger a |n\rangle = n$, 以及

$$\langle n| a^\dagger a |n\rangle = \langle n| a^\dagger \sqrt{n} |n-1\rangle \tag{2.5}$$

可知, 必有

$$(a |n\rangle)^\dagger = \langle n| a^\dagger = \sqrt{n} \langle n-1| \tag{2.6}$$

$\langle n-1|$ 是 $|n-1\rangle$ 的共轭虚量, 所以 $a |n\rangle$ "在镜中" 的共轭虚量是 $\langle n| a^\dagger$, 记为

$$(a |n\rangle)^\dagger = \left[\sqrt{n} |n-1\rangle \right]^\dagger = \sqrt{n} \langle n-1| = \langle n| a^\dagger \tag{2.7}$$

操作 "†" 称为厄密共轭.

$$a^\dagger |n\rangle = \frac{a^{\dagger n+1}}{\sqrt{n!}} |n\rangle = \sqrt{n+1} |n+1\rangle \tag{2.8}$$

结合两者得到

$$a^\dagger a |n\rangle = \sqrt{n} a^\dagger |n-1\rangle = n |n\rangle \tag{2.9}$$

所以, $|n\rangle$ 是 $a^\dagger a$ 的本征态, n 是零或正整数, $|n\rangle$ 的集合就是谐振子的 "量子库". 打个比方, 把 $|n\rangle$ 看作是一个装有 n 元钱的口袋, a 是湮灭算符, $a^\dagger$ 是产生算符, $a^\dagger a$ 就表示 "数" 钱的操作 (算符). 在 "量子银行" 里, 先存入后取出与先取出后存入的效果不同, 故 $aa^\dagger - a^\dagger a = [a, a^\dagger] = 1$. 具体说, 对 $|n\rangle$ 以 a 作用, 表示从口袋里取出一元钱, $n \to n-1$ 再将这一元钱放回口袋 (此操作以 $a^\dagger$ 对 $|n-1\rangle$ 作用表示); 口袋里的钱又变回到 n 元, 可见取出一次又放回去相当于 "数" 钱的操作, 以 $a^\dagger a$ 表示.

记 $N = a^\dagger a$, 得到

$$a^{\dagger l} a^l = a^{\dagger l} \sum_{m=0}^{\infty} |m\rangle \langle m| a^l =: \sum_{m=0}^{\infty} \frac{(a^\dagger a)^m}{(m-l)!} e^{-a^\dagger a} :$$

$$=: \sum_{m=0}^{\infty} m(m-1)\cdots(m-l+1)\frac{(a^\dagger a)^m}{m!}e^{-a^\dagger a}:$$

$$= N(N-1)\cdots(N-l+1) \tag{2.10}$$

现在我们可以进一步将 $|0\rangle\langle 0|$ 形式上记为

$$|0\rangle\langle 0| = \sum_{l=0}^{\infty}\frac{(-1)^l}{l!}N(N-1)\cdots(N-l+1) = (1-1)^N = 0^N \tag{2.11}$$

其中, 0^N 是一个值得推敲的标记.

2.2 粒子数空间以二项式态划分

$|n\rangle\langle n|$ 是一个纯态, 范洪义等发现 Fock 空间也可以按照混合态来划分. 在二项分布 $\begin{pmatrix} n \\ l \end{pmatrix}\sigma^l(1-\sigma)^{n-l}$ 的基础上, $0 < \sigma < 1$, 我们构建光场的二项式态, 其密度算符是

$$\sum_{l=0}^{n}\begin{pmatrix} n \\ l \end{pmatrix}\sigma^l(1-\sigma)^{n-l}|l\rangle\langle l| \equiv \rho_n(\sigma) \tag{2.12}$$

这里, $|l\rangle = \dfrac{a^{\dagger l}}{\sqrt{l!}}|0\rangle$ 是数态, $\mathrm{tr}\rho_n(\sigma) = 1$, $\rho_n(\sigma)$ 是混合态. 用 Laguerre 多项式 $\mathrm{L}_n(x)$ 的母函数

$$(1-z)^{-1}e^{\frac{z}{z-1}x} = \sum_{n=0}^{\infty}\mathrm{L}_n(x)z^n \tag{2.13}$$

并注意到 $a^\dagger$ 和 a 在 : : 内部可以交换, 于是对 1 进行如下分解:

$$1 =: e^{a^\dagger a}e^{-a^\dagger a}:$$

$$= \sigma\frac{1}{1-(1-\sigma)}:e^{\frac{1-\sigma}{-\sigma}\left(\frac{\sigma}{\sigma-1}a^\dagger a\right)}e^{-a^\dagger a}:$$

$$= \sigma\sum_{n=0}^{\infty}(1-\sigma)^n:\mathrm{L}_n\left(\frac{\sigma}{\sigma-1}a^\dagger a\right)e^{-a^\dagger a}: \tag{2.14}$$

这里的 Laguerre 多项式 $\mathrm{L}_n(x)$ 是

$$\mathrm{L}_n(x) = \sum_{l=0}^{n}\begin{pmatrix} n \\ l \end{pmatrix}\frac{(-1)^l}{l!}x^l \tag{2.15}$$

在方程 (2.14) 中使用正规排序形式的真空投影, 我们将式 (2.14) 重新写为

$$1 = \sigma \sum_{n=0}^{\infty} (1-\sigma)^n \sum_{l=0}^{n} \binom{n}{l} \frac{(-1)^l}{l!} : \left(\frac{\sigma}{\sigma-1} a^\dagger a \right)^l e^{-a^\dagger a} :$$

$$= \sigma \sum_{n=0}^{\infty} (1-\sigma)^n \sum_{l=0}^{n} \binom{n}{l} \frac{(-1)^l}{l!} \left(\frac{\sigma}{\sigma-1} \right)^l a^{\dagger l} |0\rangle \langle 0| a^l$$

$$= \sigma \sum_{n=0}^{\infty} \sum_{l=0}^{n} \binom{n}{l} \sigma^l (1-\sigma)^{n-l} |l\rangle \langle l| \tag{2.16}$$

再使用方程 (2.12), 我们将上式写成更紧凑的形式:

$$1 = \sigma \sum_{n=0}^{\infty} \rho_n(\sigma) \tag{2.17}$$

该式表明单位算符可以表示成或者分成多个二项式态. 这可以在理论上指导我们如何在实验上得到这样的混合态.

在第 6 章我们将会展示当一个纯数态 $|l\rangle \langle l|$ 通过一个振幅耗散通道后的输出态, 恰好是一个二项式态.

2.3　粒子数空间以负二项式态划分

用求和重排公式

$$\sum_{n=0}^{\infty} \sum_{l=0}^{n} A_{n-l} B_l = \sum_{s=0}^{\infty} \sum_{m=0}^{\infty} A_s B_m \tag{2.18}$$

由上一节的式 (2.16) 可知

$$1 = \sigma \sum_{n=0}^{\infty} \rho_n(\sigma)$$

$$= \sigma \sum_{n=0}^{\infty} \sum_{l=0}^{n} \binom{n}{n-l} (1-\sigma)^{n-l} \sigma^l |l\rangle \langle l|$$

$$= \sum_{m=0}^{\infty} \sum_{s=0}^{\infty} \binom{m+s}{s} (1-\sigma)^s \sigma^{m+1} |m\rangle \langle m| \tag{2.19}$$

这里的 $\binom{m+s}{s} (1-\sigma)^s \sigma^{m+1}$ 表示负二项分布.

令 $1 - \sigma = \gamma$, 我们有

$$1 = \sum_{s=0}^{\infty} \sum_{m=0}^{\infty} \binom{m+s}{m} \gamma^s (1-\gamma)^{m+1} |m\rangle\langle m| \tag{2.20}$$

通过定义

$$\sum_{m=0}^{\infty} \binom{m+s}{m} \gamma^{s+1} (1-\gamma)^m |m\rangle\langle m| \equiv \rho_s(\gamma) \tag{2.21}$$

式 (2.20) 就被称为负二项式态 (它也是一个混合态), 然后使用如下的负二项分布公式:

$$(1+x)^{-(s+1)} = \sum_{m=0}^{\infty} \binom{m+s}{m} (-x)^m \tag{2.22}$$

可见

$$\mathrm{tr}\rho_s(\gamma) = \gamma^{s+1} \sum_{m=0}^{\infty} \binom{m+s}{m} (1-\gamma)^m = 1 \tag{2.23}$$

此时的单位算符则分解为

$$1 = \frac{1-\gamma}{\gamma} \sum_{s=0}^{\infty} \rho_s(\gamma) \tag{2.24}$$

这表明了单位算符在 Fock 空间中可以负二项态划分.

我们下面的任务就是看看负二项式态 (Negative Binomial State, NBS) 是如何在理论上产生的.

我们用 $a|n\rangle = \sqrt{n}\,|n-1\rangle$ 以及

$$a^s |n\rangle = \sqrt{\frac{n!}{(n-s)!}}\, |n-s\rangle \tag{2.25}$$

将式 (2.21) 中的 ρ_s 转变

$$\begin{aligned}
\rho_s(\gamma) &= \gamma^{s+1} \sum_{n'=s}^{\infty} \binom{n'}{n'-s} (1-\gamma)^{n'-s} |n'-s\rangle\langle n'-s| \\
&= \frac{\gamma^{s+1}}{(1-\gamma)^s s!} \sum_{n=0}^{\infty} (1-\gamma)^n \frac{n!}{(n-s)!} |n-s\rangle\langle n-s| \\
&= \frac{\gamma^s}{(1-\gamma)^s s!} a^s \sum_{n=0}^{\infty} \gamma (1-\gamma)^n |n\rangle\langle n| a^{\dagger s} \\
&= \frac{1}{s!\,(n_c)^s} a^s \rho_c a^{\dagger s} \tag{2.26}
\end{aligned}$$

其中,

$$n_c = \frac{1-\gamma}{\gamma}$$

$$\rho_c = \sum_{n=0}^{\infty} \gamma (1-\gamma)^n |n\rangle \langle n| = \gamma (1-\gamma)^{a^\dagger a} = \gamma e^{a^\dagger a \ln(1-\gamma)} = \gamma : e^{-\gamma a^\dagger a} : \qquad (2.27)$$

描述了热光场 (或混沌光). 平均光子数为

$$n_c \equiv \mathrm{Tr}(\rho_c N) = \sum_{n=0}^{\infty} \gamma (1-\gamma)^n \langle n| a^\dagger a |n\rangle = \gamma \sum_{n=0}^{\infty} n (1-\gamma)^n = \frac{1-\gamma}{\gamma} \qquad (2.28)$$

表明当原子从热光子注中吸收 s 个光子时, 就会生成负二项式态. 式 (2.26) 中, 算符 $N = a^\dagger a$, $\gamma = \dfrac{1}{n_c+1}$. 从 $\rho_s = \dfrac{1}{s!(n_c)^s} a^s \rho_c a^{\dagger s}$, 我们发现负二项态可以通过从混合态 ρ_c 吸收 s 个光子产生, 这一过程可以发生在光-原子相互作用中, 被相互作用哈密顿量 $H = g a^s \sigma_+ + g^* a^{\dagger s} \sigma_-$ 支配着, 这里 $\sigma_\pm$ 指的是原子的升降算符.

　　以上我们说明了光子所在的"空间", 既可以按光子数态 (纯态) 来划分, 也可以按混合态 (二项式态或负二项式态) 来划分.

第 3 章

粒子态波函数的新算法

在以往的文献中, 粒子态波函数通常用两种方法计算: 一是解谐振子的薛定谔方程, 二是李代数方法. 这里用更简便的方法, 即范洪义自创的算符厄密多项式法. 用此方法还能直接从粒子数态表象建立坐标表象.

3.1　算符厄密多项式的引入和恒等式

参照厄密多项式 $\mathrm{H}_n(x)$ 的母函数

$$\mathrm{e}^{-\lambda^2+2\lambda x} = \sum_{n=0}^{\infty} \mathrm{H}_n(x) \frac{\lambda^n}{n!} \tag{3.1}$$

我们引入坐标算符的厄密多项式 $\mathrm{H}_n(X)$, 其中 $X = \dfrac{a+a^\dagger}{\sqrt{2}}$, 于是

$$\mathrm{e}^{2\lambda X - \lambda^2} = \sum_{n=0} \frac{\lambda^n}{n!} \mathrm{H}_n(X) \tag{3.2}$$

将其化为正规乘积

$$\mathrm{e}^{2\lambda X - \lambda^2} = \mathrm{e}^{\sqrt{2}\lambda\left(a+a^\dagger\right) - \lambda^2} =: \mathrm{e}^{2\lambda X} := \sum_{n=0} \frac{(2\lambda)^n}{n!} X^n : \tag{3.3}$$

比较 λ^n 的系数后得到范氏恒等式

$$\mathrm{H}_n(X) = 2^n : X^n : \tag{3.4}$$

很明显, 在 $::$ 里我们有

$$n : X^{n-1} :=: \frac{\mathrm{d}}{\mathrm{d}X} X^n := n : X^{n-1} : \tag{3.5}$$

另一方面, 从很常用的关系式 $\dfrac{\mathrm{d}}{\mathrm{d}X}\mathrm{H}_n(X) = 2n\mathrm{H}_{n-1}(X)$ 出发, 我们得知

$$2^n \frac{\mathrm{d}}{\mathrm{d}X} : X^n := \frac{\mathrm{d}}{\mathrm{d}X}\mathrm{H}_n(X) = \frac{\mathrm{d}}{\mathrm{d}X} : 2^n X^n := 2n\mathrm{H}_{n-1}(X) = n2^n : X^{n-1} : \tag{3.6}$$

比较式 (3.4) 和式 (3.5) 可得

$$\frac{\mathrm{d}}{\mathrm{d}X} : X^n :=: \frac{\mathrm{d}}{\mathrm{d}X} X^n : \tag{3.7}$$

这是正规排序的一个非常重要的属性. 使用式 (3.6) 和式 (3.3), 我们可以方便地通过简单的玻色算符代数方法推导出 $\mathrm{H}_n(X)$ 的主要性质 (同样对 $\mathrm{H}_n(x)$ 也可以). 比如

$$\left(\frac{\mathrm{d}}{\mathrm{d}X}\right)^s \mathrm{H}_n(X) = 2^n \left(\frac{\mathrm{d}}{\mathrm{d}X}\right)^s : X^n := 2^n : \left(\frac{\mathrm{d}}{\mathrm{d}X}\right)^s X^n :$$
$$= \frac{2^n n!}{(n-s)!} : X^{n-s} := \frac{2^s n!}{(n-s)!} \mathrm{H}_{n-s}(X) \tag{3.8}$$

从

$$[: f(a, a^\dagger) :, a] = -: \frac{\partial}{\partial a^\dagger} f(a, a^\dagger) :, \quad [: f(a, a^\dagger) :, a^\dagger] =: \frac{\partial}{\partial a} f(a, a^\dagger) : \tag{3.9}$$

我们可以计算出对易关系:

$$[: X^n :, a] = -: \frac{\partial}{\partial a^\dagger} X^n := -\frac{1}{\sqrt{2}} n : X^{n-1} : \tag{3.10}$$

$$[: X^n :, a^\dagger] =: \frac{\partial}{\partial a} X^n := \frac{1}{\sqrt{2}} n : X^{n-1} : \tag{3.11}$$

根据 $X = \dfrac{a + a^{\dagger}}{2}$，有

$$
\begin{aligned}
: X^n : &= \frac{1}{\sqrt{2}} \left(a^{\dagger} : X^{n-1} : + : X^{n-1} : a \right) \\
&= \frac{1}{\sqrt{2}} \left[a^{\dagger} : X^{n-1} : + a : X^{n-1} : - \frac{1}{\sqrt{2}} (n-1) : X^{n-2} : \right] \\
&= X : X^{n-1} : - \frac{1}{2} (n-1) : X^{n-2} :
\end{aligned}
\tag{3.12}
$$

式 (3.12) 表明了如下递归关系：

$$
H_n (X) = 2X H_{n-1} (X) - 2 (n-1) H_{n-2} (X)
\tag{3.13}
$$

从式 (3.6) 我们也可以得到

$$
\frac{\mathrm{d}^2}{\mathrm{d} X^2} : X^n : = n (n-1) : X^{n-2} : = 2n \left(X : X^{n-1} : - : X^n : \right)
\tag{3.14}
$$

比较式 (3.3) 和式 (3.13)，我们可以导出厄密方程：

$$
H_n'' (x) - 2X H_n' (x) + 2n H (x) = 0
\tag{3.15}
$$

3.2　粒子态波函数的新算法——算符厄密多项式法

注意到用范氏恒等式

$$
H_n (X) |0\rangle = 2^n : X^n : |0\rangle = \sqrt{2^n} : (a + a^{\dagger})^{n} : |0\rangle = \sqrt{2^n} a^{\dagger n} |0\rangle = \sqrt{2^n n!} |n\rangle
\tag{3.16}
$$

故

$$
|n\rangle = \frac{a^{\dagger n}}{\sqrt{n!}} |0\rangle = \frac{1}{\sqrt{2^n n!}} H_n (X) |0\rangle
\tag{3.17}
$$

记 $|x\rangle$ 为坐标算符 $\hat{X}$ 的本征态，$X|n\rangle = x|n\rangle$），则粒子态的波函数就是

$$
\langle x | n \rangle = \frac{1}{\sqrt{2^n n!}} \langle x | H_n (X) | 0 \rangle = \frac{1}{\sqrt{2^n n!}} H_n (x) \langle 0 | x \rangle
\tag{3.18}
$$

其中

$$
\langle 0 | x \rangle = \pi^{-\frac{1}{4}} \mathrm{e}^{-\frac{x^2}{2}}
\tag{3.19}
$$

于是坐标本征态在 Fock 空间的表示为

$$|x\rangle = \sum_{n=0}^{\infty} |n\rangle\langle n\,|\,x\rangle = \sum_{n=0}^{\infty} \frac{a^{\dagger n}}{\sqrt{n!}}|0\rangle \frac{1}{\sqrt{2^n n!}} H_n(x)\langle 0\,|\,x\rangle = \pi^{-\frac{1}{4}} e^{-\frac{x^2}{2}+\sqrt{2}xa^{\dagger}-\frac{a^{\dagger 2}}{2}}|0\rangle \quad (3.20)$$

3.3　坐标表象的形成与其正态分布形式

现在用 IWOP 方法、方程 $|0\rangle\langle 0| =: e^{-a^{\dagger}a}:$ 以及式 (3.20), 计算如下积分:

$$\int_{-\infty}^{\infty} dx |x\rangle\langle x| = \int_{-\infty}^{\infty} dx \sqrt{\pi} e^{-\frac{x^2}{2}+\sqrt{2}xa^{\dagger}-\frac{a^{\dagger 2}}{2}}|0\rangle\langle 0| e^{-\frac{x^2}{2}+\sqrt{2}xa-\frac{a^2}{2}}$$

$$= \int_{-\infty}^{\infty} \frac{dx}{\sqrt{\pi}} : e^{-x^2+2x\left(\frac{a+a^{\dagger}}{\sqrt{2}}\right)-\frac{1}{2}(a+a^{\dagger})^2} :$$

$$= \frac{1}{\sqrt{\pi}} \int_{-\infty}^{\infty} dx : e^{-(x-X)^2} := 1 \quad (3.21)$$

其中, $X = \dfrac{a+a^{\dagger}}{\sqrt{2}}$. 这称为坐标表象的完备性. 在以前所有文献的观点都是: $\int_{-\infty}^{\infty} dx|x\rangle\langle x| = 1$ 是从 $\int_{-\infty}^{\infty} dx |\psi(x)|^2 = 1$ 提炼出来的, 此数学表达式在物理上代表在全空间找到粒子的概率为 1. 这是玻恩为薛定谔方程的解所找到的解释: 在空间任何一个点上的波动强度 $|\psi(x)|^2$——数学上通过波函数的模的平方来表达——是在这一点碰到粒子的概率的大小. 据此, 物质波有点类似流感. 假如流感波及一座城市, 这就意味着: 这座城市里的人患流行性感冒的概率增大了. 波动描述的是患病的统计图样, 而非流感病原体自身. 物质波以同样的方式描述的仅仅是概率的统计图样, 而非粒子自身数量.

式 (3.21) 的好处就在于从数学上将量子力学的概率假说体现为有序算符的正态分布. 类似地, 我们可以将 1 的分解写为

$$1 = \frac{1}{\sqrt{\pi}} \int_{-\infty}^{\infty} dp : e^{-(p-P)^2} := \int_{-\infty}^{\infty} \frac{dp}{\sqrt{\pi}} : e^{-p^2+2p\left(\frac{a-a^{\dagger}}{\sqrt{2}i}\right)+\frac{1}{2}(a-a^{\dagger})^2} := \int_{-\infty}^{\infty} dp|p\rangle\langle p| \quad (3.22)$$

其中, $P = \dfrac{a-a^{\dagger}}{\sqrt{2}i}$. 从式 (3.22) 读出 P 的本征态

$$|p\rangle = \pi^{-1/4} e^{-\frac{p^2}{2}+\sqrt{2}ipa^{\dagger}+\frac{a^{\dagger 2}}{2}}|0\rangle, \quad P|p\rangle = p|p\rangle, \quad [X,P] = i\hbar$$

这样就直接导出了动量表象. 可以证明

$$\langle x\,|\,p\rangle = \frac{1}{\sqrt{2\pi}} e^{ipx}, \quad \langle x\,|\,x'\rangle = \delta(x-x')$$

这两个式子相辅相成, 是波粒二象性的数学体现, e^{ipx} 反映平面波, 而 $\delta(x)$ 反映粒子性.

3.4 构建坐标–动量中介表象以及完备的纯高斯积分形式

用 IWOP 方法可以构建很多新表象. 考虑如下积分值为 1 的积分:

$$\frac{1}{\sqrt{2\pi}\sigma} \int_{-\infty}^{\infty} \mathrm{d}y : \exp\left[\frac{-(y-\lambda X - \nu P)^2}{2\sigma^2}\right] := 1 \tag{3.23}$$

其中, $2\sigma^2 = \lambda^2 + \nu^2$, 用 $|0\rangle\langle 0| =: \exp(-a^\dagger a):$ 把指数算符拆为

$$1 = \frac{1}{\sqrt{2\pi}\sigma} \int_{-\infty}^{\infty} \mathrm{d}y : \exp\left\{\frac{-1}{\lambda^2 + \nu^2}[y^2 - \sqrt{2}y[a^\dagger(\lambda + \mathrm{i}\nu) + a(\lambda - \mathrm{i}\nu)] + \frac{1}{2}[(\lambda + \mathrm{i}\nu)^2 a^{\dagger 2} \right.$$
$$\left. + (\lambda - \mathrm{i}\nu)^2 a^2 + 2(\lambda^2 + \nu^2) a^\dagger a]\right\}:$$
$$= \int_{-\infty}^{\infty} \mathrm{d}y\, |y\rangle_{\lambda,\nu}\, {}_{\lambda,\nu}\langle y| \tag{3.24}$$

其中

$$|y\rangle_{\lambda,\nu} = \frac{\pi^{-1/4}}{\sqrt{\lambda^* + \nu^*}} \exp\left[-\frac{y^2}{2(\lambda^2 + \nu^2)} + \frac{\sqrt{2}y}{\lambda - \mathrm{i}\nu}a^\dagger - \frac{\lambda + \mathrm{i}\nu}{\lambda - \mathrm{i}\nu}\frac{a^{\dagger 2}}{2}\right]|0\rangle \tag{3.25}$$

是一个新的态矢量, 满足

$$a\,|y\rangle_{\lambda,\nu} = \left(\frac{\sqrt{2}\mathrm{i}y}{\mathrm{i}\lambda + \nu} - \frac{\mathrm{i}\lambda - \nu}{\mathrm{i}\lambda + \nu}a^\dagger\right)|y\rangle_{s,r} \tag{3.26}$$

上式可以变为

$$(\lambda X + \nu P)\,|y\rangle_{\lambda,\nu} = y\,|y\rangle_{\lambda,\nu} \tag{3.27}$$

可以证明

$${}_{\lambda,\nu}\langle y'\,|y\rangle_{\lambda,\nu} = \delta(y - y') \tag{3.28}$$

当 $\lambda = 1, \nu = 0$ 时, 上式约化为坐标表象: $1 = \int_{-\infty}^{\infty} \frac{\mathrm{d}x}{\sqrt{\pi}} : \exp[-(x-X)^2] :$, 而当 $\lambda = 0, \nu = 1$ 时, 上式约化为动量表象: $1 = \int_{-\infty}^{\infty} \frac{\mathrm{d}p}{\sqrt{\pi}} : \exp[-(p-P)^2] :$, 所以我们称 $|y\rangle_{\lambda,\nu}$ 为坐标–动量中介表象, 其应用见 4.3 节.

练习:

(1) 求 $_{\lambda,\nu}\langle y|n\rangle$;

(2) 引入参数 τ,σ, 使得 $\lambda\tau - \sigma\nu = 1$, 若 $[\lambda X + \nu P, \tau P + \sigma X] = \mathrm{i}$, 求 $\tau P + \sigma X$ 的本征态及其完备性.

需要指出的是, 表象在量子论中的产生是为了给出波粒二象性的数学描述, 我们在本章中完成了从数-相二象性到坐标-动量二象性的自然过渡. 在第 4 章中, 我们将指出用 IWOP 方法可以直接引入混合态表象.

3.5 x^n 用 $\mathrm{H}_n(x)$ 的展开

接下来我们将展示一下 IWOP 方法是如何帮助我们建立正规排序算符的 Fredholm 方程的. 首先, 我们将分别在 Weyl-Wigner 对应和 P-表示下展开讨论, 之后将会寻找这些方程的解, 这些解则代表了能够推导出量子算符的 Weyl 经典对应以及 P-表示的新公式. 为了说明什么是正规排序算符的 Fredholm 方程, 我们举例如下:

$$\frac{1}{\sqrt{\pi}}\int_{-\infty}^{\infty}\mathrm{d}x : \mathrm{e}^{-(x-X)^2} : \varphi(x) =: f(X): \tag{3.29}$$

在这里正规排序算符 $: \exp\left[-(x-X)^2\right] :$ 是一个积分内核. 另一方面, 使用式 (3.21) 我们有

$$\frac{1}{\sqrt{\pi}}\int_{-\infty}^{\infty}\mathrm{d}x : \mathrm{e}^{-(x-X)^2} : \varphi(x) = \int_{-\infty}^{\infty}\mathrm{d}x|x\rangle\langle x|\varphi(x) = \varphi(X) \tag{3.30}$$

通过比较式 (3.29) 和式 (3.30), 我们知道 $\varphi(X)$ 的正规排序展开是

$$\varphi(X) =: f(X): \tag{3.31}$$

于是, 许多算符恒等式以及一些新的量子力学态表示就可以从中推导出来. 我们还说明了基础的算符恒等式 $\mathrm{H}_n(X) = 2^n : X^n :$ 的一些应用. 这里 $X = \dfrac{a + a^\dagger}{\sqrt{2}}$ 是坐标算符, 其中 $[a, a^\dagger] = 1$; $\mathrm{H}_n(X)$ 是厄密多项式算符; :: 标记了正规排序. 我们将会展示 IWOP 方法不仅仅可以简化厄密多项式性质的推导, 还可以直接得到一些新的算符恒等式和新的关于 $\mathrm{H}_n(x)$ 的积分公式. 我们把这样的方法称为算符厄密多项式方法. 例如从式 (3.4) 得

$$\mathrm{H}_n(X) = \int_{-\infty}^{\infty}\mathrm{H}_n(x)|x\rangle\langle x|\mathrm{d}x$$

$$= \int_{-\infty}^{\infty} \mathrm{H}_n(x) : \mathrm{e}^{-(x-X)^2} : \mathrm{d}x$$

$$= 2^n : X^n : \tag{3.32}$$

所以有积分公式

$$\sqrt{\frac{1}{\pi}} \int_{-\infty}^{\infty} \mathrm{d}s \mathrm{H}_n(s) \exp\left[-(x-s)^2\right] = 2^n x^n \tag{3.33}$$

这是一个新的算符恒等式.

通过 $\mathrm{H}_n(X) = 2^n : X^n :$, 我们得到

$$\mathrm{H}_n(X) = \int_{-\infty}^{\infty} \mathrm{d}x \, |x\rangle \langle x| \, \mathrm{H}_n(x)$$

$$= \frac{1}{\sqrt{\pi}} \int_{-\infty}^{\infty} \mathrm{d}x : \mathrm{e}^{-(x-X)^2} : \mathrm{H}_n(x)$$

$$=: 2^n X^n : \tag{3.34}$$

这表明有下面的积分公式:

$$\frac{1}{\sqrt{\pi}} \int_{-\infty}^{\infty} \mathrm{d}x \mathrm{e}^{-(x-y)^2} \mathrm{H}_n(x) = 2^n y^n \tag{3.35}$$

另一方面, 从

$$\mathrm{e}^{-\lambda X} =: \mathrm{e}^{-\lambda X} : \mathrm{e}^{\frac{\lambda^2}{4}} =: \mathrm{e}^{\lambda^2/4 - \lambda X} := \sum_{n=0}^{\infty} \frac{(\mathrm{i}\lambda/2)^n}{n!} : \mathrm{H}_n(\mathrm{i}X) : \tag{3.36}$$

我们也可以得到用厄密多项式展开的形式:

$$\mathrm{e}^{-\lambda X} = \mathrm{e}^{\frac{\lambda^2}{4}} : \mathrm{e}^{-\lambda X} := \mathrm{e}^{\lambda^2/4} \sum_{n=0}^{\infty} : \frac{(-\lambda X)^n}{n!} := \mathrm{e}^{\frac{\lambda^2}{4}} \sum_{n=0}^{\infty} \frac{(-\lambda)^n}{2^n n!} \mathrm{H}_n(X) \tag{3.37}$$

以及

$$\mathrm{e}^{-\lambda X} = \sum_{n=0}^{\infty} \frac{(-\lambda X)^n}{n!} \tag{3.38}$$

比较式 (3.37) 和式 (3.38) 的两边, 我们得到另一个算符的恒等式:

$$X^n = (2\mathrm{i})^{-n} : \mathrm{H}_n(\mathrm{i}X) : \tag{3.39}$$

使用式 (3.34) 可将式 (3.39) 转化为

$$X^n = \int_{-\infty}^{\infty} \mathrm{d}x x^n \, |x\rangle \langle x| = \frac{1}{\sqrt{\pi}} \int_{-\infty}^{\infty} \mathrm{d}x : \mathrm{e}^{-(x-X)^2} x^n := (2\mathrm{i})^{-n} : \mathrm{H}_n(\mathrm{i}X) :$$

$$= \sum_{k=0}^{[n/2]} \frac{n!}{2^{2k} k! (n-2k)!} : X^{n-2k} := \sum_{k=0}^{[n/2]} \frac{n!}{2^n k! (n-2k)!} \mathrm{H}_{n-2k}(X) \tag{3.40}$$

这是 X^n 以厄密多项式来展开的公式, 与厄密多项式的级数定义

$$H_n\left(x\right) = 2^n \sum_{k=0}^{[n/2]} \frac{\left(-1\right)^k n!}{2^{2k} k! \left(n-2k\right)!} x^{n-2k} \qquad (3.41)$$

互逆. 于是直接得出积分公式:

$$\frac{1}{\sqrt{\pi}} \int_{-\infty}^{\infty} \mathrm{d}x \mathrm{e}^{-(x-y)^2} x^n = (2\mathrm{i})^{-n} H_n\left(\mathrm{i}y\right) = \sum_{k=0}^{[n/2]} \frac{n!}{2^{2k} k! \left(n-2k\right)!} y^{n-2k} \qquad (3.42)$$

而无需做具体的积分操作.

第 4 章

混合态表象、相空间准概率分布函数和Weyl-Wigner量子化

坐标 X 与动量 P 是不能同时被精确地测定的, 但人们可以在理论上引入相空间来描述量子力学规律. 最早把相空间概念用于量子化的是 Bohr-Sommerfeld, $\oint p\mathrm{d}x = n\hbar$. 1930 年, Wigner 首先引入量子态的分布函数, 它的边缘分布与态的波函数的模的平方相关. 本章将介绍用正规序算符内的积分方法在相空间中引入完备算符集更有利于表示与揭示分布函数的性质.

4.1 完备性 $\displaystyle\iint_{-\infty}^{\infty}\frac{\mathrm{d}p\mathrm{d}x}{\pi} : \mathrm{e}^{-(x-X)^2-(p-P)^2} := 1$ 的应用

由坐标投影算符

$$|x\rangle\langle x| = \delta(x-X) = \frac{1}{2\pi}\int_{-\infty}^{\infty}\mathrm{d}p\mathrm{e}^{\mathrm{i}p(x-X)}$$

$$= \frac{1}{2\pi} \int_{-\infty}^{\infty} \mathrm{d}p e^{\mathrm{i}p\left(x - \frac{a+a^\dagger}{\sqrt{2}}\right)} = \frac{1}{2\pi} \int_{-\infty}^{\infty} \mathrm{d}p : e^{\mathrm{i}p\left(x - \frac{a+a^\dagger}{\sqrt{2}}\right)} : e^{-\frac{p^2}{4}}$$

$$= \frac{1}{\sqrt{\pi}} : e^{-(x-X)^2} : \tag{4.1}$$

和动量投影算符

$$|p\rangle\langle p| = \delta(p - P) = \frac{1}{\sqrt{\pi}} : e^{-(p-P)^2} : \tag{4.2}$$

我们立刻可组成 Wigner 算符:

$$\frac{1}{\pi} : e^{-(x-X)^2 - (p-P)^2} : \equiv \Delta(x, p) \tag{4.3}$$

式 (4.3) 与式 (1.31) 一致. 它的完备性体现在

$$\iint_{-\infty}^{\infty} \mathrm{d}p \mathrm{d}x \Delta(x, p) = \frac{1}{\pi} \iint_{-\infty}^{\infty} \frac{\mathrm{d}p \mathrm{d}x}{\pi} : e^{-(x-X)^2 - (p-P)^2} := 1 \tag{4.4}$$

可见, $\Delta(x, p)$ 组成了一个混合态表象. 或用 $X = \frac{a+a^\dagger}{\sqrt{2}}$, $P = \frac{a-a^\dagger}{\sqrt{2}\mathrm{i}}$, 设 $\frac{x+\mathrm{i}p}{\sqrt{2}} = \alpha$, 将式 (4.3) 改写为

$$\Delta(x, p) \rightarrow \frac{1}{\pi} : e^{-2(a^\dagger - \alpha^*)(a - \alpha)} := \frac{1}{\pi} e^{2\alpha a^\dagger} (-1)^{a^\dagger a} e^{2\alpha^* a - 2|\alpha|^2} \equiv \Delta(\alpha) \tag{4.5}$$

可见, 它是一个厄密算符.

Wigner 算符具有正交性, 它的正交意义体现在

$$\mathrm{Tr}\left[\Delta(x, p)\Delta(x', p')\right] = \frac{1}{\pi^2} \int_{-\infty}^{\infty} \frac{\mathrm{d}^2 z}{\pi} \langle z| e^{2\alpha a^\dagger} (-1)^{a^\dagger a} e^{2\alpha^* a} e^{2\alpha' a^\dagger} (-1)^{a^\dagger a} e^{2\alpha'^* a} |z\rangle$$

$$= 2\pi\delta(x - x')\delta(p - p') \tag{4.6}$$

可见, Wigner 算符可以构成一个正交完备的混合态表象. 而 $\Delta(x, p)$ 的单侧积分是

$$\int_{-\infty}^{\infty} \mathrm{d}p \Delta(x, p) = |x\rangle\langle x| \tag{4.7}$$

$$\int_{-\infty}^{\infty} \mathrm{d}x \Delta(x, p) = |p\rangle\langle p| \tag{4.8}$$

处于量子态 $|\psi\rangle$ 时, 厄密算符 $\Delta(x, p)$ 的平均值

$$\langle\psi| \Delta(x, p) |\psi\rangle = \mathrm{Tr}\left[|\psi\rangle\langle\psi| \Delta(x, p)\right] \equiv W(x, p) \tag{4.9}$$

称为 Wigner 函数 (物理学家已经想出了测量它的办法), 其边缘分布分别是坐标空间和动量空间的概率密度:

$$\int_{-\infty}^{\infty} \mathrm{d}p W(x, p) = \mathrm{Tr}\left[|\psi\rangle\langle\psi| \int_{-\infty}^{\infty} \mathrm{d}p \Delta(x, p)\right] = \langle\psi|qx\rangle\langle x|\psi\rangle = |\psi(x)|^2 \tag{4.10}$$

$$\int_{-\infty}^{\infty} \mathrm{d}x W(x, p) = \mathrm{Tr}\left[|\psi\rangle\langle\psi| \int_{-\infty}^{\infty} \mathrm{d}x \Delta(x, p)\right] = \langle\psi|p\rangle\langle p|\psi\rangle = |\psi(p)|^2 \tag{4.11}$$

这就是 Wigner 函数的物理意义——准概率分布函数, 它不一定是正定的.

4.2　Weyl-Wigner 量子化与 Weyl-排序

我们用 Weyl-排序算符内的积分方法得到 Wigner 算符的 Weyl-排序形式—— δ-算符函数形式:

$$\Delta(\alpha) = \frac{1}{2}\int_{-\infty}^{\infty}\frac{\mathrm{d}^2\beta}{\pi^2}\vdots\mathrm{e}^{-\mathrm{i}\beta(a^{\dagger}-\alpha^*)-\mathrm{i}\beta^*(a-\alpha)}\vdots = \frac{1}{2}\vdots\delta(a-\alpha)\delta(a^{\dagger}-\alpha^*)\vdots \tag{4.12}$$

或

$$\Delta(x,p) = \vdots\delta(x-X)\delta(p-P)\vdots \tag{4.13}$$

比较式 (4.13) 与式 (4.3), 可见同一算符在不同排序下会呈现不同的形式.

根据完备性, 任何算符 H 可以用 $\Delta(x,p)$ 展开

$$H = \iint_{-\infty}^{\infty}\mathrm{d}p\mathrm{d}x\,\Delta(x,p)\,h(x,p) \tag{4.14}$$

展开系数 $h(x,p)$ 就是 H 的一种经典对应, 或称 H 为 $h(x,p)$ 的 Weyl-Wigner 量子算符对应, 用式 (4.13) 得

$$H = \iint_{-\infty}^{\infty}\mathrm{d}p\mathrm{d}x\vdots\delta(x-X)\delta(p-P)\vdots h(x,p) = \vdots h(X,P)\vdots \tag{4.15}$$

这是算符 H 的 Weyl-排序形式.

一般而言, 一种经典–量子对应方案就隐含着一种算符排序规则. 具体说, 就是将 Wigner 算符改写为 (注意 P 与 X 在 $\vdots\ \vdots$ 内部对易)

$$\Delta(x,p) = \iint_{-\infty}^{\infty}\frac{\mathrm{d}u\mathrm{d}v}{4\pi^2}\vdots\mathrm{e}^{\mathrm{i}(x-X)u+\mathrm{i}(p-P)v}\vdots \tag{4.16}$$

或

$$\Delta(x,p) = \iint_{-\infty}^{\infty}\frac{\mathrm{d}u\mathrm{d}v}{4\pi^2}\mathrm{e}^{\mathrm{i}(x-X)u+\mathrm{i}(p-P)v} \tag{4.17}$$

根据式 (3.23) 有

$$\iint_{-\infty}^{\infty}\mathrm{d}p\mathrm{d}x\mathrm{e}^{\lambda x+\sigma p}\Delta(x,p) = \iint_{-\infty}^{\infty}\mathrm{d}p\mathrm{d}x\mathrm{e}^{\lambda x+\sigma p}\vdots\delta(x-X)\delta(p-P)\vdots$$
$$= \vdots\mathrm{e}^{\lambda X+\sigma P}\vdots = \mathrm{e}^{\lambda X+\sigma P} \tag{4.18}$$

所以, Weyl-Wigner 量子化的本质就是把经典量 $\mathrm{e}^{\lambda x + \sigma p}$ 直接量子化为 $\mathrm{e}^{\lambda X + \sigma P}$ 的方法, 或是以下式表征:

$$\vdots (\lambda X + \sigma P)^n \vdots = (\lambda X + \sigma P)^n \tag{4.19}$$

4.3 Wigner 算符的 Radon 变换

根据式 (3.23) 和式 (3.25), 我们可以把坐标–动量中介表象的投影算符改写为

$$|x\rangle_{D,B\ D,B}\langle x| = \frac{1}{\sqrt{\pi}\sqrt{D^2+B^2}} : \exp\left[-\frac{1}{D^2+B^2}(x-DX+BP)^2\right] : \tag{4.20}$$

这里

$$|x\rangle_{D,B} = \frac{\pi^{-1/4}}{\sqrt{D+\mathrm{i}B}} \exp\left(-\frac{A-\mathrm{i}C}{D+\mathrm{i}B}\frac{x^2}{2} + \frac{\sqrt{2}x}{D+\mathrm{i}B}a^\dagger - \frac{D-\mathrm{i}B}{D+\mathrm{i}B}\frac{a^{\dagger 2}}{2}\right)|0\rangle \tag{4.21}$$

其中 $AD - BC = 1$, 式 (4.20) 是将式 (4.19) 用 $|0\rangle\langle 0| = : \mathrm{e}^{-a^\dagger a} :$ 拆开的结果. 而 Wigner 算符为

$$\frac{1}{\pi} : \mathrm{e}^{-(x-X)^2-(p-P)^2} := \Delta(x,p)$$

所以有以下积分关系成立:

$$|x\rangle_{D,B\ D,B}\langle x| = \iint_{-\infty}^{\infty} \mathrm{d}x'\mathrm{d}p'\delta[x-(Dx'-Bp')]\frac{1}{\pi} : \mathrm{e}^{-(x'-X)^2-(p'-P)^2} :$$
$$= \iint_{-\infty}^{\infty} \mathrm{d}x'\mathrm{d}p'\delta[x-(Dx'-Bp')]\Delta(x',p') \tag{4.22}$$

此式右边 $\delta[x-(Dx'-Bp')]$ 代表投影到一条射线上的积分, 称为 Wigner 算符的 Radon 变换, 即 $|x\rangle_{D,B\ D,B}\langle x|$ 恰好是 Wigner 算符的 Radon 变换. 由 Wigner 算符的正交性可得到其逆关系为

$$2\pi\mathrm{Tr}\left[\Delta(x',p')|x\rangle_{D,B\ D,B}\langle x|\right]$$
$$= 2\pi\mathrm{Tr}\left\{\Delta(x',p')\iint_{-\infty}^{\infty}\mathrm{d}x''\mathrm{d}p''\delta[x-(Dx''-Bp'')]\Delta(x'',p'')\right\}$$
$$= \delta[x-(Dx'-Bp')] \tag{4.23}$$

从另一角度讲, 按照 Weyl 量子化的定义, 函数 $\delta\left[x-(Dx'-Bp')\right]$ 恰好是投影算符 $|x\rangle_{D,B\ D,B}\langle x|$ 的经典 Weyl 对应. 所以一个量子态 $|\psi\rangle$ 的 Wigner 函数 $[W(x',p') = \langle\psi|\Delta(x',p')|\psi\rangle]$ 的 Radon 变换 [称作量子 Tomogram(层析摄影)] 为

$$|_{B,D}\langle x|\psi\rangle|^2 = \iint_{-\infty}^{\infty}\mathrm{d}x'\mathrm{d}p'\delta\left[x-(Dx'-Bp')\right]W(x',p') \tag{4.24}$$

即是 $|\psi\rangle$ 在坐标-动量中介表象中的波函数的模的平方, 这也是引入此表象的物理意义.

4.4 量子层析术与菲涅尔变换

假设存在算符 F, $F|x\rangle=|x\rangle_{D,B}$(后面我们要证明 F 是经典光学 Fresnel 积分变换对应的 Fresnel 算子), 于是 $|x\rangle_{D,B\ D,B}\langle x|=F|x\rangle\langle x|F^\dagger$, 所以式 (4.24) 又等于

$$\iint_{-\infty}^{\infty}\mathrm{d}x'\mathrm{d}p'\delta\left[x-(Dx'-Bp')\right]\Delta(x',p')=F|x\rangle\langle x|F^\dagger \tag{4.25}$$

于是

$$|\langle x|F^\dagger|\psi\rangle|^2 = \iint_{-\infty}^{\infty}\mathrm{d}x'\mathrm{d}p'\delta\left[x-(Dx'-Bp')\right]W(x',p') \tag{4.26}$$

这就说明, 处于量子态 $|\psi\rangle$ 的 Wigner 函数的 (以 B,D 为投影参数)Radon 变换恰是 $|\psi\rangle$ 在菲涅尔变换后的坐标表象中的概率分布. 量子层析术与菲涅尔变换之间的这个关系值得实验物理学家检验. 用 IWOP 方法由 $F|x\rangle=|x\rangle_{D,B}$ 和式 (4.21) 可得

$$
\begin{aligned}
F &= \int_{-\infty}^{\infty}\mathrm{d}x\left(|x\rangle_{D,B}\right)\langle x| \\
&= \int_{-\infty}^{\infty}\frac{\mathrm{d}x}{\sqrt{\pi(D+\mathrm{i}B)}}\exp\left(-\frac{A-\mathrm{i}C}{D+\mathrm{i}B}\frac{x^2}{2}+\frac{\sqrt{2}x}{D+\mathrm{i}B}a^\dagger-\frac{D-\mathrm{i}B}{D+\mathrm{i}B}\frac{a^{\dagger 2}}{2}\right)|0\rangle\langle 0| \\
&\quad\times\exp\left(-\frac{x^2}{2}+\sqrt{2}xa-\frac{a^2}{2}\right) \\
&= \exp\left(\frac{-r}{2s^*}a^{\dagger 2}\right)\exp\left[\left(a^\dagger a+\frac{1}{2}\right)\ln\frac{1}{s^*}\right]\exp\left(\frac{r^*}{2s^*}a^2\right)
\end{aligned} \tag{4.27}
$$

这里 $s=\frac{1}{2}\left[A+D-\mathrm{i}(B-C)\right], r=-\frac{1}{2}\left[A-D+\mathrm{i}(B+C)\right]$, 我们称 F 为菲涅尔算符.

以下讨论式 (4.26) 的逆变换. 从本征方程及中介表象完备性关系, 可得

$$\mathrm{e}^{-\mathrm{i}\lambda(DX-BP)} = \int_{-\infty}^{\infty}\mathrm{d}x|x\rangle_{D,B\ D,B}\langle x|\mathrm{e}^{-\mathrm{i}\lambda x} \tag{4.28}$$

另一方面, 由 Weyl 对应可得

$$\mathrm{e}^{-\mathrm{i}\lambda(DX-BP)} = \iint_{-\infty}^{\infty} \mathrm{d}x\mathrm{d}p\, \Delta\,(x,p)\, \mathrm{e}^{-\mathrm{i}\lambda(Dx-Bp)} \tag{4.29}$$

把右边看作是一个傅立叶变换, 则其逆变换是

$$\begin{aligned}
\Delta\,(x,p) &= \frac{-1}{4\pi^2} \iint_{-\infty}^{\infty} \mathrm{d}\,(\lambda D)\,\mathrm{d}\,(\lambda B)\, \mathrm{e}^{-\mathrm{i}\lambda(DX-B\hat{P})} \mathrm{e}^{\mathrm{i}\lambda(Dx-Bp)} \\
&= \frac{-1}{4\pi^2} \int_{-\infty}^{\infty} \mathrm{d}x' \int_{-\infty}^{\infty} \mathrm{d}\lambda'\, |\lambda'| \int_{0}^{\pi} \mathrm{d}\varphi\, |x'\rangle_{D,B\ D,B}\langle x'| \\
&\quad \cdot \exp\left[-\mathrm{i}\lambda'\left(\frac{x'}{\sqrt{\mu^2+\nu^2}} - x\cos\varphi - p\sin\varphi\right)\right]
\end{aligned} \tag{4.30}$$

式中

$$\lambda' = \lambda\sqrt{D^2+B^2}, \quad \cos\varphi = \frac{D}{\sqrt{D^2+B^2}}, \quad \sin\varphi = \frac{-B}{\sqrt{D^2+B^2}}$$

所以从投影算符 $|x'\rangle_{D,B\ D,B}\langle x'|$ 反过来给出 Wigner 算符, 或从 $\langle\psi|x'\rangle_{D,B\ D,B}\langle x'|\psi\rangle$ 重构出 Wigner 函数, 这就是所谓量子层析术的意义. 类似于式 (4.22)、式 (4.27) 求菲涅尔算符对动量本征态的作用, 我们有

$$\begin{aligned}
|p\rangle_{A,C\ A,C}\langle p| &= \iint_{-\infty}^{\infty} \mathrm{d}x'\mathrm{d}p'\,\delta\,[x - (Ax' - Cp')]\,\Delta\,(x',p') \\
&= \frac{1}{\sqrt{\pi}\sqrt{A^2+c^2}} : \exp\left[-\frac{1}{A^2+C^2}(p - AX + CP)^2\right] :
\end{aligned} \tag{4.31}$$

于是

$$|p\rangle_{A,C} = F\,|p\rangle = \frac{\pi^{-1/4}}{\sqrt{A-\mathrm{i}C}} \exp\left(-\frac{D+\mathrm{i}B}{A-\mathrm{i}C}\frac{p^2}{2} + \frac{\sqrt{2}\mathrm{i}p}{A-\mathrm{i}C}a^\dagger + \frac{A+\mathrm{i}C}{A-\mathrm{i}C}\frac{a^{\dagger 2}}{2}\right)|0\rangle \tag{4.32}$$

满足关系:

$$F\,|p\rangle\,\langle p|\,F^\dagger = |p\rangle_{A,C\ A,C}\langle p| = \iint_{-\infty}^{\infty} \mathrm{d}x'\mathrm{d}p'\,\delta\,[p - (Ap' - Cx')]\,\Delta\,(x',p') \tag{4.33}$$

第 5 章

相干光场和负二项光场

利用光子的产生–湮灭算符的正规乘积性质, 很容易从理论上发现相干光场即激光的存在.

5.1　消灭算符的本征态——相干态的导出

量子力学从某种意义上来说是算符排序的学科. 如在一个由 a 与 $a^\dagger$ 函数所组成的单项式中, 所有的 $a^\dagger$ 都排在 a 的左边, 则称其已被排好为正规乘积了, 以 $:\,:$ 标记之. 由于它已经是正规排序的算符了, 因此在 $:\,:$ 的内部, a 与 $a^\dagger$ 是可以交换的 (因为无论它们在内部如何任意地交换, 而当要撤去 $:\,:$ 时, 所有的 $a^\dagger$ 都必须排在 a 的左边, 在 $:\,:$ 内部 a 与 $a^\dagger$ 的任何交换不会改变其最终结果), 于是就可以对 $:\,:$ 内部的普通函数 (以 a 与

$a^\dagger$ 为积分参数) 进行积分了. 所以对 $\left|\begin{matrix} x \\ \mu \end{matrix}\right\rangle \langle x|$ 积分的步骤是首先将它用 a 与 $a^\dagger$ 展开, 然后将其纳入正规排列, 套上 :: 后, a 与 $a^\dagger$ 就从原来的不可交换变成可对易了, 就可以对 x 进行积分了, 积分过程中保留 ::. 而在积分后去掉 :: 时, 要事先把产生算符都置于消灭算符的左边. 这个积分方法就是我们前面提出的 IWOP 方法. 它揭开了发展量子力学表象与变换理论新的一页, 也实现了由表征与符号向所谓"纯结构"的转变. 用数学公式

$$\int \frac{\mathrm{d}^2 z}{\pi} \mathrm{e}^{-|z|^2 + zf + z^* g} = \mathrm{e}^{fg} \tag{5.1}$$

得到

$$1 =: \mathrm{e}^{a^\dagger a - a^\dagger a} := \int \frac{\mathrm{d}^2 z}{\pi} : \mathrm{e}^{-|z|^2 + za^\dagger + z^* a - a^\dagger a} :$$

$$= \int \frac{\mathrm{d}^2 z}{\pi} : \mathrm{e}^{-|z|^2/2 + za^\dagger} |0\rangle \langle 0| \mathrm{e}^{-|z|^2/2 + z^* a} : \tag{5.2}$$

表明在对 $\mathrm{d}^2 z$ 进行积分时, 在 :: 内部, a 与 $a^\dagger$ 可以被视为积分参量. 令

$$\mathrm{e}^{-|z|^2/2 + za^\dagger} |0\rangle = |z\rangle = D(z) |0\rangle \tag{5.3}$$

其中 $D(z) = \mathrm{e}^{za^\dagger - z^* a}$ 是平移算符, 式 (5.2) 即为

$$\int \frac{\mathrm{d}^2 z}{\pi} |z\rangle \langle z| = 1 \tag{5.4}$$

可见 $|z\rangle$ 构成完备性, 又有

$$a|z\rangle = \left[a, \mathrm{e}^{-|z|^2/2 + za^\dagger} \right] |0\rangle = z|z\rangle \tag{5.5}$$

此式说明湮灭算符有本征态, 意思是消灭一个粒子, 此态形式不变. 这是因为 $|z\rangle$ 是由大量粒子叠加成的态, 好比一个大家族中一个人走了, 这大家族还存在. (但是, 产生算符没有可归一化的本征态, 请读者自己证明.) 由于

$$|\langle n|z\rangle|^2 = \mathrm{e}^{-|z|^2} \frac{|z|^{2n}}{n!}, \quad |n\rangle = \frac{a^{\dagger n}}{\sqrt{n!}} |0\rangle \tag{5.6}$$

说明在相干态中出现 n 个光子的概率是泊松分布. 实验发现, 激光在激发度高的情形下, 其光子统计趋近与泊松分布, 因此相干态是描述激光的量子态. 由 $\langle z|N|z\rangle = |z|^2, \langle z|N^2|z\rangle = |z|^2 + |z|^4$, 可见

$$\Delta N = |z|^2, \quad \frac{\Delta N}{\langle N\rangle} = \frac{1}{|z|} \tag{5.7}$$

表明当平均光子数多 ($|z|$大) 时, 光子数的起伏变小, 接近经典光场. 由式 (5.2) 及 IWOP 方法导出

$$\mathrm{e}^{fa} \mathrm{e}^{ga^\dagger} = \int \frac{\mathrm{d}^2 z}{\pi} \mathrm{e}^{fz} |z\rangle \langle z| \mathrm{e}^{gz^*}$$

$$= \int \frac{\mathrm{d}^2 z}{\pi} : \mathrm{e}^{-|z|^2 + z(f + a^\dagger) + z^*(a+g) - a^\dagger a} :$$

$$=: \mathrm{e}^{(f + a^\dagger)(a+g) - a^\dagger a} :$$

$$= \mathrm{e}^{g a^\dagger} \mathrm{e}^{f a} \mathrm{e}^{fg} \tag{5.8}$$

故而就得到

$$\langle z' | z \rangle = \mathrm{e}^{-\frac{1}{2}\left(|z|^2 + |z'|^2\right)} \langle 0 | \mathrm{e}^{z'^* a} \mathrm{e}^{z a^\dagger} | 0 \rangle$$

$$= \mathrm{e}^{-\frac{1}{2}\left(|z|^2 + |z'|^2\right) + z'^* z} \langle 0 | \mathrm{e}^{z a^\dagger} \mathrm{e}^{z'^* a} | 0 \rangle$$

$$= \mathrm{e}^{-\frac{1}{2}\left(|z|^2 + |z'|^2\right) + z'^* z} \tag{5.9}$$

这说明, $|z\rangle$ 是非正交的.

问题: 试求 $|z\rangle\langle z|$ 的 Weyl-排序形式. [提示: 用式 (1.32).]

下面计算光场中一对互为共轭的正交分量 $X_1 = \frac{1}{2}\left(a^\dagger + a\right)$ 和 $X_2 = \frac{1}{2\mathrm{i}}\left(a - a^\dagger\right)$ 在相干态中的量子涨落, $[X_1, X_2] = \frac{\mathrm{i}}{2}$, 由

$$\langle z | X_1 | z \rangle = \frac{1}{2}(z + z^*), \quad \langle z | X_2 | z \rangle = \frac{1}{2\mathrm{i}}(z - z^*) \tag{5.10}$$

$$\langle z | X_1^2 | z \rangle = \frac{1}{4}\left(z^2 + z^{*2} + 2|z|^2 + 1\right), \quad \langle z | X_2^2 | z \rangle = \frac{1}{4}\left(z^2 + z^{*2} - 2|z|^2 - 1\right) \tag{5.11}$$

其均方差为

$$(\Delta X_1)^2 = \langle z | X_1^2 | z \rangle - (\langle z | X_1 | z \rangle)^2 = \frac{1}{4}, \quad (\Delta X_2)^2 = \langle z | X_2^2 | z \rangle - (\langle z | X_2 | z \rangle)^2 = \frac{1}{4} \tag{5.12}$$

于是

$$\Delta X_1 \Delta X_2 = \frac{1}{4} \tag{5.13}$$

注意到, $X_1 = \frac{1}{\sqrt{2}} X$, $X_2 = \frac{1}{\sqrt{2}} P$, $[X, P] = \mathrm{i}\hbar$, 说明相干态 $|z\rangle$ 是使得坐标-动量不确定关系取极小值的态. 让 $z = \frac{1}{\sqrt{2}}(x + \mathrm{i}p)$, $\langle z | X | z \rangle = x$, $\langle z | P | z \rangle = p$, 在坐标 x-动量 p 相空间中, 代表相干态的不是一个点, 而是一个占面积为 $\frac{\hbar}{2}$ 的小圆, 圆心处在 (x, p) 点, 因此描述经典相点运动的理论进入量子论中也要做相应的修改.

早在 1951 年, 爱因斯坦写道: "All the fifty years of conscious brooding have brought me no closer to the answer to the question, "what are light quanta?" Of course today every rascal thinks he knows the answer, but he is deluding himself." (整整 50 年有意识的沉思并没有使我接近此问题的答案. 当然, 如今每一个自以为自己知道了答案的人, 其实都是在自欺欺人.) 爱因斯坦逝世后约 10 年, 伴随着激光器的制作

成功, 诞生了量子光学. 顾名思义, 量子光学是涉及那些光学现象 (光的非经典性质) 只能用光束是一串光子 (光子小涓流) 的理论 (而非经典电磁波的理论) 解释的一门学问. ["涓流"使人联想到这样一句英语:There was a stream of people coming out of the theatre (剧终, 一溜人熙熙攘攘走出剧场) 所描写的场景.] 而激光器在高于一定阈值发出的光展现了扑朔迷离的非经典性质, 人们用什么量子态来描写这种光场呢? 那就是相干态. 那么为何称之为相干态呢? 相干是描述光的稳定性的物理概念, 如同在声学中, 音叉被敲击时, 产生几乎纯质的音调, 其音量经久不衰 (稳定). 在经典电磁论中, 光被视为电磁波, 人们自然认为最稳定的光是一束完全相干的光, 有确定的频率、振幅和位相. 激光是一束经典的单色电磁波的量子对应, 故而被称为相干态.

为了进一步理解相干态的意义, 首先要回顾一下经典光学中什么是光的相干. 例如人们看到的光的稳定的干涉现象是由光的相干性引起的, 相干分为时间相干和空间相干. 量子光学对光的分析主要针对时间相干而言. 光的时间相干性由 "相干时间" 而定量化. 相干时间 τ 由光的谱线宽度 $\Delta\omega$ 决定, $\tau = \dfrac{1}{\Delta\omega}$. 以一个放电管发光为例, 由于很多原子被随机地电激发而辐射出有一定位相的光, 原子间的相互碰撞使得位相不稳定, 所以带热噪声源发出的白光只具有很短的相干时间, 而完全单色光是相干性最好的, 理论上有无限长的相干时间. 介于这两者之间的称为部分相干光, 例如由放电灯发出的单谱线 (有线宽 $\Delta\omega$).

利用相干态, 物理学家们可以从理论上阐述光的非经典性质, 逐步实现爱因斯坦要了解光的本性的希望. 因此, 隶属于量子光学范畴的相干态理论应着重于讨论它的光子数行为和统计规律. 根据量子力学对应原理, 也必定存在讨论量子光学与经典光学之间对应的可能性.

5.2　正规乘积内的积分方法

现在深入介绍中国学者创建的 IWOP 方法, 它是对 Ket-Bra 算符实现积分的理论. 首先我们给出算符正规乘积的性质:

(1) 算符 $a, a^\dagger$ 在正规乘积内是对易的, 即 $: a^\dagger a := : aa^\dagger := a^\dagger a$.

(2) C 数可以自由出入正规乘积记号, 并且可以对正规乘积内的 C 数进行积分或微分运算, 前者要求积分收敛.

(3) 正规乘积内部的正规乘积记号可以取消, 即 $: f(a^\dagger, a) :: g(a^\dagger, a) := : f(a^\dagger, a) g(a^\dagger, a) :$.

(4) 正规乘积与正规乘积的和满足: $f(a^\dagger, a): + :g(a^\dagger, a):= :[f(a^\dagger, a) + g(a^\dagger, a)]:$.

(5) 厄密共轭操作可以进入 :: 内部进行, 即 $:(W \cdots V):^\dagger =: (W \cdots V)^\dagger:$.

(6) 在正规乘积内部以下两个等式成立:

$$: \frac{\partial}{\partial a} f(a, a^\dagger) := [: f(a, a^\dagger) :, a^\dagger] \tag{5.14}$$

$$: \frac{\partial}{\partial a^\dagger} f(a, a^\dagger) := [: f(a, a^\dagger) :, a] \tag{5.15}$$

对于多模情形, 以上两式可推广为

$$: \frac{\partial}{\partial a_i} \frac{\partial}{\partial a_j} f(a_i, a_i^\dagger, a_j, a_j^\dagger) := \left\{ \left[: f(a_i, a_i^\dagger, a_j, a_j^\dagger) :, a_j^\dagger \right], a_i^\dagger \right\} \tag{5.16}$$

作为 IWOP 方法的一个应用, 我们构建平移 Fock 态:

$$D(z)|n\rangle = \frac{1}{\sqrt{n!}} \left(a^\dagger - z^* \right)^n |z\rangle \tag{5.17}$$

它是完备的, 体现在

$$\begin{aligned}
\int \frac{\mathrm{d}^2 z}{\pi} D(z)|n\rangle \langle n| D^\dagger(z) &= \int \frac{\mathrm{d}^2 z}{\pi} \frac{1}{n!} : \left(a^\dagger - z^* \right)^n (a - z)^n \mathrm{e}^{-|z|^2 + za^\dagger + z^* a - a^\dagger a} : \\
&= \frac{1}{n!} \int \frac{\mathrm{d}^2 z}{\pi} : \left(a^\dagger - z^* \right)^n (a - z)^n \mathrm{e}^{-(z^* - a^\dagger)(z - a)} : \\
&= \frac{1}{n!} \int \frac{\mathrm{d}^2 z}{\pi} z^{*n} z^n \mathrm{e}^{-|z|^2} = 1
\end{aligned} \tag{5.18}$$

而且

$$\int \frac{\mathrm{d}^2 z}{\pi} D(z)|n\rangle \langle m| D^\dagger(z) = \delta_{m,n} \tag{5.19}$$

5.3   相干态表象中的 P-表示和化算符为反正规排序的公式

用相干态完备性可以将任一算符展开:

$$\rho = \int \frac{\mathrm{d}^2 z}{\pi} \mathrm{P}(z) |z\rangle \langle z| \tag{5.20}$$

展开函数 $\mathrm{P}(z)$ 称为 ρ 的 P-表示. 例如, 由真空的直观意思 $|0\rangle\langle 0| = \pi\delta(a)\delta(a^\dagger)$, 它的 P-表示就是

$$
\begin{aligned}
|0\rangle\langle 0| &= \pi\int\frac{\mathrm{d}^2 z}{\pi}\delta(a)|z\rangle\langle z|\delta(a^\dagger) \\
&= \int\mathrm{d}^2 z\,\delta(z)|z\rangle\langle z|\delta(z^*) \\
&= \int\mathrm{d}^2 z\,\delta(z):\mathrm{e}^{-|z|^2+za^\dagger+z^*a-a^\dagger a}:\delta(z^*) \\
&=:\mathrm{e}^{-a^\dagger a}:
\end{aligned}
\tag{5.21}
$$

下面推导化算符为反正规乘积的范氏公式.

任意 $\rho(a,a^\dagger)$ 在相干态表象中可以表示为

$$
\begin{aligned}
\rho(a,a^\dagger) &= \int\frac{\mathrm{d}^2 z}{\pi}\mathrm{P}(z)|z\rangle\langle z| \\
&= \int\frac{\mathrm{d}^2 z}{\pi}\mathrm{P}(z):\exp\left[-(z^*-a^\dagger)(z-a)\right]:
\end{aligned}
\tag{5.22}
$$

引入另一相干态

$$
|\beta\rangle = \exp\left(-\frac{|\beta|^2}{2}+\beta a^\dagger\right)|0\rangle
\tag{5.23}
$$

可见

$$
\langle z|\beta\rangle = \exp\left[-\frac{1}{2}(|z|^2+|\beta|^2)+z^*\beta\right]
\tag{5.24}
$$

就有

$$
\begin{aligned}
\langle-\beta|\rho(a,a^\dagger)|\beta\rangle &= \int\frac{\mathrm{d}^2 z}{\pi}\mathrm{P}(z)\langle-\beta|z\rangle\langle z|\beta\rangle \\
&= \int\frac{\mathrm{d}^2 z}{\pi}\mathrm{P}(z)\exp\left[-|z|^2+\beta^* z-\beta z^*\right]
\end{aligned}
\tag{5.25}
$$

式中, $\exp(\beta^* z-\beta z^*)$ 是一个傅里叶积分变换核, 故其逆变换给出

$$
\mathrm{P}(z) = \mathrm{e}^{|z|^2}\int\frac{\mathrm{d}^2\beta}{\pi}\langle-\beta|\rho(a,a^\dagger)|\beta\rangle\exp\left[|\beta|^2+\beta^* z-\beta z^*\right]
\tag{5.26}
$$

鉴于 $|z\rangle\langle z|$ 的反正规乘积形式 (记 $\vdots\ \vdots$ 是反正规乘积)

$$
|z\rangle\langle z| =:\exp[-|z|^2+za^\dagger+az^*-a^\dagger a)]:= \pi\vdots\delta(z-a)\delta(z^*-a^\dagger)\vdots
\tag{5.27}
$$

所以结合式 (5.22) 与式 (5.27) 给出

$$
\rho(a,a^\dagger) = \int\mathrm{d}^2 z\,\mathrm{e}^{|z|^2}\int\frac{\mathrm{d}^2\beta}{\pi}\langle-\beta|\rho(a,a^\dagger)|\beta\rangle
$$

$$\times \exp\left(|\beta|^2 + \beta^* z - \beta z^*\right) \vdots \delta(z-a) \delta\left(z^* - a^\dagger\right) \vdots$$

$$= \int \frac{\mathrm{d}^2\beta}{\pi} \vdots \langle -\beta| \rho(a, a^\dagger) |\beta\rangle \exp\left(|\beta|^2 + \beta^* a - \beta a^\dagger + a^\dagger a\right) \vdots \tag{5.28}$$

这是把正规乘积排序变为反正规乘积排序的公式, 由范洪义首先给出. 特别的, 当 $\rho = 1$, $\langle -z| z\rangle = \exp[(-2|z|^2)]$ 时, 上式变为

$$\int \frac{\mathrm{d}^2\beta}{\pi} \vdots \exp\left[-|\beta|^2 + \beta^* a - \beta a^\dagger + a^\dagger a\right] \vdots = 1 \tag{5.29}$$

鉴于 $a^\dagger$ 和 a 在 $\vdots \vdots$ 内部可交换, 就有反正规乘积排序算符内的积分 (求和) 理论: 如在一个由 a 与 $a^\dagger$ 函数所组成的单项式中, 所有的 a 都排在 $a^\dagger$ 的左边, 则称其为已被排好为反正规乘积了, 以 $\vdots \vdots$ 标记该算符的反正规乘积, 就有

(1) 算符 $a, a^\dagger$ 在反正规乘积内是对易的, 即 $\vdots a^\dagger a \vdots = \vdots a a^\dagger \vdots = a a^\dagger$.

(2) C 数可以自由出入反正规乘积记号, 并且可以对反正规乘积内的 C 数进行积分或微分运算, 前者要求积分收敛.

可以证明恒等式

$$\mathrm{e}^{-\lambda} \vdots \mathrm{e}^{(1-\mathrm{e}^{-\lambda})a^\dagger a} \vdots = \mathrm{e}^{-\lambda} \vdots \mathrm{e}^{(1-\mathrm{e}^{-\lambda})a^\dagger a} \vdots \int \frac{\mathrm{d}^2 z}{\pi} |z\rangle \langle z|$$

$$= \mathrm{e}^{-\lambda} \int \frac{\mathrm{d}^2 z}{\pi} \mathrm{e}^{(1-\mathrm{e}^{-\lambda})|z|^2} |z\rangle \langle z|$$

$$= \mathrm{e}^{-\lambda} \int \frac{\mathrm{d}^2 z}{\pi} : \exp\left(-\mathrm{e}^{-\lambda}|z|^2 + z a^\dagger + z^* a - a^\dagger a\right) :$$

$$= : \exp\left[\left(\mathrm{e}^\lambda - 1\right) a^\dagger a\right] := \mathrm{e}^{\lambda a^\dagger a} \tag{5.30}$$

第 2 章中的式 (2.26) 已经提到负二项式对应的光场 $\frac{1}{s!(n_\mathrm{c})^s} a^s \rho_c a^{\dagger s}$, 其中混沌光场为

$$\rho_c = \gamma \int \frac{\mathrm{d}^2\beta}{\pi} \langle -\beta| : \mathrm{e}^{-\gamma a^\dagger a} : |\beta\rangle \mathrm{e}^{|\beta|^2 + \beta^* a - \beta a^\dagger + a^\dagger a} \vdots$$

$$= \frac{\gamma}{1-\gamma} \vdots \mathrm{e}^{\frac{\gamma}{\gamma-1} a a^\dagger} \vdots \tag{5.31}$$

故

$$\rho_s(\gamma) = \frac{1}{s!(n_\mathrm{c})^{s+1}} \vdots a^s \mathrm{e}^{\frac{\gamma}{\gamma-1} a a^\dagger} a^{\dagger s} \vdots \tag{5.32}$$

在反正规乘积排序算符内对 s 求和得到

$$\sum_{s=0}^{\infty} \rho_s(\gamma) = \frac{1}{n_\mathrm{c}} \sum_{s=0}^{\infty} \frac{1}{s!(n_\mathrm{c})^s} \vdots a^s a^{\dagger s} \mathrm{e}^{\frac{-1}{n_\mathrm{c}} a a^\dagger} \vdots$$

$$= \frac{1}{n_\mathrm{c}} \vdots \mathrm{e}^{\frac{1}{n_\mathrm{c}} a a^\dagger} \mathrm{e}^{\frac{-1}{n_\mathrm{c}} a a^\dagger} \vdots = \frac{1}{n_\mathrm{c}} \tag{5.33}$$

5.4 相干光场扩散为广义混沌光场

考虑更一般的情形:

$$\rho = C e^{\lambda a^\dagger} e^{f a^\dagger a} e^{\lambda^* a} \tag{5.34}$$

其中, C 待定. 在相干态表象下, 对 ρ 的归一化计算是

$$
\begin{aligned}
1 = \mathrm{Tr}\rho &= \mathrm{Tr}\left(\int \frac{\mathrm{d}^2\alpha}{\pi} |\alpha\rangle \langle\alpha| \rho \right) \\
&= C \int \frac{\mathrm{d}^2\alpha}{\pi} \langle\alpha| e^{\lambda a^\dagger} e^{f a^\dagger a} e^{\lambda^* a} |\alpha\rangle \\
&= C \int \frac{\mathrm{d}^2\alpha}{\pi} e^{\lambda\alpha^* + \lambda^*\alpha} \langle\alpha| : \exp\left[\left(e^f - 1 \right) a^\dagger a \right] : |\alpha\rangle \\
&= C \int \frac{\mathrm{d}^2\alpha}{\pi} e^{\lambda\alpha^* + \lambda^*\alpha} \exp\left[-\left(1 - e^f \right) |\alpha|^2 \right] \\
&= \frac{C}{1 - e^f} \exp\frac{|\lambda|^2}{1 - e^f}
\end{aligned}
\tag{5.35}
$$

故

$$C = \left(1 - e^f \right) \exp\frac{-|\lambda|^2}{1 - e^f} \tag{5.36}$$

所以归一化的密度算符是

$$\rho = e^{-\frac{|\lambda|^2}{1 - e^f}} \left(1 - e^f \right) e^{\lambda a^\dagger} e^{f a^\dagger a} e^{\lambda^* a} \tag{5.37}$$

特别地, 当取

$$f = \ln\frac{\kappa t}{1 + \kappa t}, \quad 1 - e^f = \frac{1}{1 + \kappa t}, \quad \lambda = \frac{z}{1 + \kappa t}, \quad \frac{|\lambda|^2}{1 - e^f} = \frac{|z|^2}{1 + \kappa t} \tag{5.38}$$

时, 式 (5.37) 就记为

$$\rho_t = \frac{1}{1 + \kappa t} e^{\frac{z}{1 + \kappa t} a^\dagger} e^{a^\dagger a \ln\frac{\kappa t}{1 + \kappa t}} e^{\frac{z^*}{1 + \kappa t} a} e^{-\frac{|z|^2}{1 + \kappa t}} \tag{5.39}$$

用 IWOP 方法将其转变为反正规乘积, 过程如下:

$$
\begin{aligned}
\rho_t &= \frac{1}{1 + \kappa t} e^{\frac{z}{1 + \kappa t} a^\dagger} : e^{\left(\frac{\kappa t}{1 + \kappa t} - 1 \right) a^\dagger a} : e^{\frac{z^*}{1 + \kappa t} a} e^{-\frac{|z|^2}{1 + \kappa t}} \\
&= \frac{1}{\kappa t} \int \frac{\mathrm{d}^2\alpha}{\pi} : \exp\left[\frac{-1}{\kappa t} \left(z^* - \alpha^* \right) \left(z - \alpha \right) - |\alpha|^2 + \alpha a^\dagger + \alpha^* a - a^\dagger a \right] :
\end{aligned}
$$

$$= \frac{1}{\kappa t} \int \frac{\mathrm{d}^2 \alpha}{\pi} |\alpha\rangle \langle\alpha| \exp\left[\frac{-1}{\kappa t}(z^* - \alpha^*)(z - \alpha)\right]$$

$$= \frac{1}{\kappa t} : \exp\left[\frac{-1}{\kappa t}(z^* - a^\dagger)(z - a)\right] : \int \frac{\mathrm{d}^2 \alpha}{\pi} |\alpha\rangle \langle\alpha|$$

$$= \frac{1}{\kappa t} : \exp\left[\frac{-1}{\kappa t}(z^* - a^\dagger)(z - a)\right] : = \frac{1}{1 + \kappa t} \mathrm{e}^{\frac{z^* a}{\kappa t}} \mathrm{e}^{a^\dagger a \ln\frac{\kappa t}{1+\kappa t}} \mathrm{e}^{\frac{z a^\dagger}{\kappa t}} \tag{5.40}$$

在最后一步用式 (5.30) 可以验证 $\mathrm{tr}\rho_t = 1$, 故而 ρ_t 是一个新的广义的混沌光场, 它满足方程

$$\frac{\mathrm{d}\rho}{\mathrm{d}t} = \kappa(a^\dagger a \rho - a^\dagger \rho a - a \rho a^\dagger + \rho a a^\dagger) \tag{5.41}$$

这里的 κ 是扩散系数. 以下说明式 (5.41) 的物理意义. 当初态是相干光场时, $\rho_0 = |z\rangle\langle z|$, 其 P-表示为

$$\mathrm{P}_0 = \delta(z^* - \alpha^*)\delta(z - \alpha) \tag{5.42}$$

由扩散方程 $\dfrac{\partial \mathrm{P}(z,t)}{\partial t} = -\kappa \dfrac{\partial^2 \mathrm{P}(z,t)}{\partial z \partial z^*}$ 支配的终态解是

$$\mathrm{P}_t = \frac{1}{\kappa t} \exp\left[\frac{-1}{\kappa t}(z^* - \alpha^*)(z - \alpha)\right] \tag{5.43}$$

它是某个密度算符在相干态表象中的 P-表示, 从式 (5.40) 可见, ρ_t 是从纯相干态经扩散通道演化而来的, 它不再是纯态.

在之后的章节中我们还会讨论密度算符 ρ_t 经衰减通道的演化.

5.5 对应相干光场扩散后的热真空态

下面用 IWOP 方法求 ρ_t 对应的热真空态. 鉴于式 (5.40) 中的

$$\mathrm{e}^{\frac{z^* a}{\kappa t}} \mathrm{e}^{a^\dagger a \ln\frac{\kappa t}{1+\kappa t}} \mathrm{e}^{\frac{z a^\dagger}{\kappa t}} = \mathrm{e}^{\frac{z^* a}{\kappa t}} : \mathrm{e}^{\frac{\kappa t}{1+\kappa t} a^\dagger a - a^\dagger a} : \mathrm{e}^{\frac{z a^\dagger}{\kappa t}}$$

$$= \mathrm{e}^{\frac{z^* a}{\kappa t}} \int \frac{\mathrm{d}^2 \beta}{\pi} : \mathrm{e}^{-|\beta|^2 + \beta^* \sqrt{\frac{\kappa t}{1+\kappa t}} a^\dagger + \beta \sqrt{\frac{\kappa t}{1+\kappa t}} a - a^\dagger a} : \mathrm{e}^{\frac{z a^\dagger}{\kappa t}} \tag{5.44}$$

在此我们引入一个虚模相干态 $\left|\tilde{\beta}\right\rangle = \mathrm{e}^{-\frac{|\beta|^2}{2} + \beta \tilde{a}^\dagger} |\tilde{0}\rangle$, 则由 $[\tilde{a}, \tilde{a}^\dagger] = 1$, 可知

$$\text{式}(5.44) = \int \frac{\mathrm{d}^2 \beta}{\pi} \langle\tilde{\beta}| \tilde{0}\rangle \mathrm{e}^{\frac{z^* \beta^*}{\kappa t} \sqrt{\frac{\kappa t}{1+\kappa t}}} \left\|\beta^* \sqrt{\frac{\kappa t}{1+\kappa t}}\right\rangle \left\langle\beta^* \sqrt{\frac{\kappa t}{1+\kappa t}}\right\| \mathrm{e}^{\frac{z \beta}{\kappa t} \sqrt{\frac{\kappa t}{1+\kappa t}}} \langle\tilde{0}| \tilde{\beta}\rangle \tag{5.45}$$

其中, $||\ \rangle$ 是未归一化的 a-模相干态. 进一步将式 (5.45) 化为

$$
\begin{aligned}
\text{式}(5.45) &= \int \frac{\mathrm{d}^2\beta}{\pi} \langle \tilde{\beta}| \mathrm{e}^{\frac{z^*\beta^*}{\kappa t}\sqrt{\frac{\kappa t}{1+\kappa t}}+\beta^*\sqrt{\frac{\kappa t}{1+\kappa t}}a^\dagger} |0,\tilde{0}\rangle \langle 0,\tilde{0}| \mathrm{e}^{\frac{z\beta}{\kappa t}\sqrt{\frac{\kappa t}{1+\kappa t}}+\beta\sqrt{\frac{\kappa t}{1+\kappa t}}a} |\tilde{\beta}\rangle \\
&= \int \frac{\mathrm{d}^2\beta}{\pi} \langle \tilde{\beta}| \mathrm{e}^{z^*\tilde{a}^\dagger\sqrt{\frac{1}{\kappa t(1+\kappa t)}}+\sqrt{\frac{\kappa t}{1+\kappa t}}\tilde{a}^\dagger a^\dagger} |0,\tilde{0}\rangle \langle 0,\tilde{0}| \mathrm{e}^{z\tilde{a}\sqrt{\frac{1}{\kappa t(1+\kappa t)}}+\sqrt{\frac{\kappa t}{1+\kappa t}}\tilde{a}a} |\tilde{\beta}\rangle \\
&= \widetilde{\mathrm{tr}} \int \frac{\mathrm{d}^2\beta}{\pi} |\tilde{\beta}\rangle \langle \tilde{\beta}| \mathrm{e}^{z^*\tilde{a}^\dagger\sqrt{\frac{1}{\kappa t(1+\kappa t)}}+\sqrt{\frac{\kappa t}{1+\kappa t}}\tilde{a}^\dagger a^\dagger} |0,\tilde{0}\rangle \langle 0,\tilde{0}| \mathrm{e}^{z\tilde{a}\sqrt{\frac{1}{\kappa t(1+\kappa t)}}+\sqrt{\frac{\kappa t}{1+\kappa t}}\tilde{a}a}
\end{aligned}
$$

由此定义热真空态为

$$
|\psi\rangle \equiv \frac{1}{\sqrt{1+\kappa t}} \mathrm{e}^{-\frac{|z|^2}{2\kappa t}} \mathrm{e}^{z^*\tilde{a}^\dagger\sqrt{\frac{1}{\kappa t(1+\kappa t)}}+\sqrt{\frac{\kappa t}{1+\kappa t}}\tilde{a}^\dagger a^\dagger} |0,\tilde{0}\rangle \tag{5.46}
$$

形式上它是一个归一化的双模平移压缩态, 即

$$
\begin{aligned}
\langle \psi|\psi\rangle &= \frac{1}{1+\kappa t} \mathrm{e}^{-\frac{|z|^2}{\kappa t}} \langle 0,\tilde{0}| \mathrm{e}^{z\tilde{a}\sqrt{\frac{1}{\kappa t(1+\kappa t)}}+\sqrt{\frac{\kappa t}{1+\kappa t}}\tilde{a}a} \mathrm{e}^{z^*\tilde{a}^\dagger\sqrt{\frac{1}{\kappa t(1+\kappa t)}}+\sqrt{\frac{\kappa t}{1+\kappa t}}\tilde{a}^\dagger a^\dagger} |0,\tilde{0}\rangle \\
&= \frac{1}{1+\kappa t} \mathrm{e}^{-\frac{|z|^2}{\kappa t}} \\
&\quad \times \int \frac{\mathrm{d}^2 z_1' \mathrm{d}^2 z_2'}{\pi^2} \langle 0,\tilde{0}| \mathrm{e}^{z\tilde{a}\sqrt{\frac{1}{\kappa t(1+\kappa t)}}+\sqrt{\frac{\kappa t}{1+\kappa t}}\tilde{a}a} |z_1',\tilde{z}_2'\rangle \langle z_1',\tilde{z}_2'| \mathrm{e}^{z^*\tilde{a}^\dagger\sqrt{\frac{1}{\kappa t(1+\kappa t)}}+\sqrt{\frac{\kappa t}{1+\kappa t}}\tilde{a}^\dagger a^\dagger} |0,\tilde{0}\rangle \\
&= \frac{1}{1+\kappa t} \mathrm{e}^{-\frac{|z|^2}{\kappa t}} \int \frac{\mathrm{d}^2 z_1' \mathrm{d}^2 z_2'}{\pi^2} \\
&\quad \times \exp\left[-|z_1'|^2 - |z_2'|^2 + zz_2'\sqrt{\frac{1}{\kappa t(1+\kappa t)}} + \sqrt{\frac{\kappa t}{1+\kappa t}}z_2' z_1' \right. \\
&\qquad\qquad \left. + z^* z_2'^*\sqrt{\frac{1}{\kappa t(1+\kappa t)}} + \sqrt{\frac{\kappa t}{1+\kappa t}}z_2'^* z_1'^* \right] \\
&= \frac{1}{1+\kappa t} \mathrm{e}^{-\frac{|z|^2}{\kappa t}} \int \frac{\mathrm{d}^2 z_2'}{\pi} \mathrm{e}^{-\frac{1}{1+\kappa t}|z_2'|^2 + zz_2'\sqrt{\frac{1}{\kappa t(1+\kappa t)}} + z^* z_2'^*\sqrt{\frac{1}{\kappa t(1+\kappa t)}}} = 1 \tag{5.47}
\end{aligned}
$$

知道了热真空态, 就容易计算相干态扩散过程中的光子数变化. 先计算下式:

$$
\begin{aligned}
\langle \psi|\tilde{a}\tilde{a}^\dagger|\psi\rangle &= \frac{1}{1+\kappa t} \mathrm{e}^{-\frac{|z|^2}{\kappa t}} \langle 0,\tilde{0}| \mathrm{e}^{z\tilde{a}\sqrt{\frac{1}{\kappa t(1+\kappa t)}}+\sqrt{\frac{\kappa t}{1+\kappa t}}\tilde{a}a} \\
&\quad \times \int \frac{\mathrm{d}^2 z_1' \mathrm{d}^2 z_2'}{\pi^2} \tilde{a}|z_1',\tilde{z}_2'\rangle \langle z_1',\tilde{z}_2'| \tilde{a}^\dagger \mathrm{e}^{z^*\tilde{a}^\dagger\sqrt{\frac{1}{\kappa t(1+\kappa t)}}+\sqrt{\frac{\kappa t}{1+\kappa t}}\tilde{a}^\dagger a^\dagger} |0,\tilde{0}\rangle \\
&= \frac{1}{1+\kappa t} \mathrm{e}^{-\frac{|z|^2}{\kappa t}} \int \frac{\mathrm{d}^2 z_2'}{\pi} \mathrm{e}^{-\frac{1}{1+\kappa t}|z_2'|^2 + zz_2'\sqrt{\frac{1}{\kappa t(1+\kappa t)}} + z^* z_2'^*\sqrt{\frac{1}{\kappa t(1+\kappa t)}}} |z_2'|^2 \\
&= (1+\kappa t)\mathrm{e}^{-\frac{|z|^2}{\kappa t}} \int \frac{\mathrm{d}^2 z_2'}{\pi} \mathrm{e}^{-|z_2'|^2 + zz_2'\sqrt{\frac{1}{\kappa t}} + z^* z_2'^*\sqrt{\frac{1}{\kappa t}}} |z_2'|^2 \\
&= \mathrm{e}^{-\frac{|z|^2}{\kappa t}} \left(-\frac{\partial}{\partial f} \right) \int \frac{\mathrm{d}^2 z_2'}{\pi} \mathrm{e}^{-f|z_2'|^2 + zz_2'\sqrt{\frac{1}{\kappa t}} + z^* z_2'^*\sqrt{\frac{1}{\kappa t}}} \Big|_{f=1} \\
&= -(1+\kappa t)\mathrm{e}^{-\frac{|z|^2}{\kappa t}} \frac{\partial}{\partial f} \left(\frac{1}{f}\exp\frac{|z|^2}{f\kappa t} \right) \Big|_{f=1}
\end{aligned}
$$

$$= -\mathrm{e}^{-\frac{|z|^2}{\kappa t}} \left(-\frac{1}{f^2} \exp \frac{|z|^2}{f\kappa t} - \frac{1}{f^3} \frac{|z|^2}{\kappa t} \exp \frac{|z|^2}{f\kappa t} \right) \Big|_{f=1}$$

$$= (1+\kappa t)\left(1+\frac{|z|^2}{\kappa t}\right) \tag{5.48}$$

再根据

$$a\,|\psi\rangle = \sqrt{\frac{\kappa t}{1+\kappa t}}\,\tilde{a}^\dagger\,|\psi\rangle \tag{5.49}$$

故有

$$\langle \psi\,|a^\dagger a|\,\psi\rangle = \frac{\kappa t}{1+\kappa t}\langle \psi\,\tilde{a}\tilde{a}^\dagger|\,\psi\rangle = \kappa t\left(1+\frac{|z|^2}{\kappa t}\right) = |z|^2 + \kappa t \tag{5.50}$$

其与初态的 $\mathrm{tr}\left[a^\dagger a\rho_{|z\rangle\langle z|}(0)\right] = |z|^2$ 相比较, 光子数增加了 κt, 因此这可以被用于量子调控. 当 κ 很小时, 就可以体现扩散的本意了. 关于热真空态的开拓与应用, 我们在 7.2 节还要继续讨论.

5.6 有关双变量厄密多项式的两个重要算符恒等式

用 IWOP 方法, 我们可以导出 $a^n a^{\dagger m}$ 的正规乘积表示.

一方面,

$$\sum_{n,m=0}^{\infty} \frac{\tau^n t^m}{n!m!} a^n a^{\dagger m} = \mathrm{e}^{\tau a}\mathrm{e}^{t a^\dagger} =:\, \exp\left(\tau a + t a^\dagger + \tau t\right):$$

$$=:\, \exp\left[-(-\mathrm{i}\tau)(-\mathrm{i}t) + (-\mathrm{i}t)(\mathrm{i}a^\dagger) + (-\mathrm{i}\tau)(\mathrm{i}a)\right]: \tag{5.51}$$

根据 $\mathrm{H}_{m,n}(x,y)$ 的母函数公式是

$$\sum_{n,m=0}^{\infty} \frac{t^m \tau^n}{m!n!} \mathrm{H}_{m,n}(x,y) = \exp\left(-t\tau + tx + \tau y\right) \tag{5.52}$$

或

$$\mathrm{H}_{m,n}(x,y) = \frac{\partial^{n+m}}{\partial t^m \partial \tau^n}\exp\left(-t\tau + tx + \tau y\right)\big|_{t=0,\tau=0} \tag{5.53}$$

可见有简明的算符公式:

$$a^n a^{\dagger m} = (-\mathrm{i})^{m+n} :\mathrm{H}_{m,n}\left(\mathrm{i}a^\dagger,\mathrm{i}a\right): \tag{5.54}$$

它是将反正规序化为正规序. 或者

$$a^l a^{\dagger k} = \frac{\partial^{l+k}}{\partial t^k \partial \tau^l} : \exp\left(\tau a + t a^\dagger + \tau t\right) : |_{t=0, \tau=0}$$

$$= \sum_{s=0}^{\infty} \frac{l! k! a^{\dagger k-s} a^{l-s}}{s!(l-s)!(k-s)!} = \sum_{s=0}^{\infty} s! \binom{l}{s} \binom{k}{s} a^{\dagger k-s} a^{l-s} \tag{5.55}$$

另一方面,

$$\sum_{n,m=0}^{\infty} \frac{\tau^n t^m}{n! m!} a^{\dagger m} a^n = \mathrm{e}^{t a^\dagger} \mathrm{e}^{\tau a} = \: \exp\left(\tau a + t a^\dagger - \tau t\right) \vdots$$

$$= \sum_{n,m=0}^{\infty} \frac{\tau^n t^m}{n! m!} \vdots \mathrm{H}_{n,m}\left(a, a^\dagger\right) \vdots \tag{5.56}$$

所以

$$a^{\dagger m} a^n = \vdots \mathrm{H}_{n,m}\left(a, a^\dagger\right) \vdots \tag{5.57}$$

这是将正规序化为反正规序, 式 (5.54) 和式 (5.57) 是容易记忆的公式, 由范洪义首先给出.

5.7　相干态在相空间运动的演化算符——菲涅耳算符

经典光学的菲涅耳变换是衍射论的基础, 矩阵光学的 Collins 衍射公式是以菲涅耳变换为基础的, 洛伦兹评菲涅耳说: "我们大家不分民族和年龄都敬仰这位伟大的科学能手, 他是在探索大自然奥秘中走得比别人深远的科学家之一, 是创造天才令人炫目的科学家和发明家之一." 本节发展出菲涅耳变换的量子对应. 注意到经典统计力学中有相体积不变定理——刘维定理, 那么在量子力学中的情况如何呢? 上面讲到相干态 $|z\rangle$ 在相空间中占据一个小圆, 小圆在相空间运动受什么算符支配呢? 为此, 我们构造相干态的表示为

$$F(r,s) = \sqrt{s} \int \frac{\mathrm{d}^2 z}{\pi} |sz - rz^*\rangle \langle z| \equiv \sqrt{s} \int \frac{\mathrm{d}^2 z}{\pi} \left| \begin{pmatrix} s & -r \\ -r^* & s^* \end{pmatrix} \begin{pmatrix} z \\ z^* \end{pmatrix} \right\rangle \left\langle \begin{pmatrix} z \\ z^* \end{pmatrix} \right|$$

$$= \frac{1}{\sqrt{s^*}} \exp\left(-\frac{r}{2s^*} a^{\dagger 2}\right) : \exp\left[\left(\frac{1}{s^*} - 1\right) a^\dagger a\right] : \exp\left(\frac{r^*}{2s^*} a^2\right) \equiv U(r,s) \tag{5.58}$$

其中, s 和 r 是复数, 而且满足幺模性质的条件:

$$ss^* - rr^* = 1, \quad |z\rangle = \exp\left(-\frac{1}{2}|z|^2 + za^\dagger\right)|0\rangle \equiv \left|\begin{pmatrix} z \\ z^* \end{pmatrix}\right\rangle \tag{5.59}$$

使用真空投影算符的正规排序表示 $|0\rangle\langle 0| =: \exp\left(-a^\dagger a\right):$, 以及 IWOP 方法, 并使用内积公式

$$\langle z | z'\rangle = \exp\left[-\frac{1}{2}\left(|z|^2 + |z'|^2\right) + z^* z'\right] \tag{5.60}$$

我们得到了 $U(r,s)$ 的乘法规则, 即

$$U(r,s)U(r',s') = \sqrt{ss'}\int \frac{\mathrm{d}^2 z \mathrm{d}^2 z'}{\pi^2}|sz - rz^*\rangle\langle z | s'z' - r'z'^*\rangle\langle z'| = U(r'',s'') \tag{5.61}$$

这里

$$\begin{pmatrix} s & -r \\ -r^* & s^* \end{pmatrix}\begin{pmatrix} s' & -r' \\ -r'^* & s'^* \end{pmatrix} = \begin{pmatrix} s'' & -r'' \\ -r^{*''} & s^{*''} \end{pmatrix}, \quad |s''|^2 - |r''|^2 = 1 \tag{5.62}$$

或者 $s'' = ss' + rr'^*, r'' = rs'^* + r's$. 用 IWOP 方法可以证明

$$F(s',r')F(s,r) = F(s'',r'') \tag{5.63}$$

上式表明: 菲涅尔算符成群, 是广义刘维定理的算符表示.

5.8　量子光学 ABCD 定律

在经典光学中有光学成像的 ABCD 定律, ABCD 是光学系统的参量. 为了说明在量子光学中也有 ABCD 定律, 我们令 $z = \frac{1}{\sqrt{2}}(x + \mathrm{i}p)$, 有

$$|z\rangle = \left|\begin{pmatrix} x \\ p \end{pmatrix}\right\rangle = \exp[\mathrm{i}(pX - xP)]|0\rangle \quad \left(X = \frac{a + a^\dagger}{\sqrt{2}}, \ P = \frac{a - a^\dagger}{\sqrt{2}\mathrm{i}}\right) \tag{5.64}$$

以及

$$s = \frac{1}{2}[A + D - \mathrm{i}(B - C)], \quad r = -\frac{1}{2}[A - D + \mathrm{i}(B + C)] \tag{5.65}$$

这里的幺模性质 $ss^* - rr^* = 1$ 变成了 $AD - BC = 1$, 保证了经典泊松括号的不变性. 于是, 方程 (5.58) 可以重新写为

$$U(r, s) = \frac{\sqrt{A + D - \mathrm{i}(B - C)}}{\sqrt{2}} \iint \frac{\mathrm{d}x \mathrm{d}p}{2\pi} \left| \begin{pmatrix} A & B \\ C & D \end{pmatrix} \begin{pmatrix} x \\ p \end{pmatrix} \right\rangle \left\langle \begin{pmatrix} x \\ p \end{pmatrix} \right|$$

$$\equiv F(A, B, C) \tag{5.66}$$

以及式 (5.66) 变成了

$$F(A, B, C) = \sqrt{\frac{2}{A + D + \mathrm{i}(B - C)}} : \exp\left\{ \frac{A - D + \mathrm{i}(B + C)}{2[A + D + \mathrm{i}(B - C)]} a^{\dagger 2} \right.$$

$$\left. + \left[\frac{2}{A + D + \mathrm{i}(B - C)} - 1 \right] a^{\dagger} a - \frac{A - D - \mathrm{i}(B + C)}{2[A + D + \mathrm{i}(B - C)]} a^2 \right\} : \tag{5.67}$$

从式 (5.67) 我们看到在相空间的变换 $\begin{pmatrix} x \\ p \end{pmatrix} \rightarrow \begin{pmatrix} A & B \\ C & D \end{pmatrix} \begin{pmatrix} x \\ p \end{pmatrix}$, 映射到 $F(A, B, C)$. 从式 (5.61) 和 (5.66) 可知 F 的乘法规则是 $F(A', B', C', D') F(A, B, C, D) = F(A'', B'', C'', D'')$, 这里

$$\begin{pmatrix} A'' & B'' \\ C'' & D'' \end{pmatrix} = \begin{pmatrix} A' & B' \\ C' & D' \end{pmatrix} \begin{pmatrix} A & B \\ C & D \end{pmatrix} = \begin{pmatrix} A'A + B'C & A'B + B'D \\ C'A + D'C & C'B + D'D \end{pmatrix} \tag{5.68}$$

为了证明 F 正是经典菲涅耳变换对应的菲涅耳算子, 下面我们推导 F 的正则算子形式. 为了达到这个目标, 注意到当 $B = 0$, $A = 1$, $C \rightarrow C/A$, $D = 1$ 时, 式 (5.67) 变为

$$F\left(1, 0, \frac{C}{A}\right) = \sqrt{\frac{2}{2 - \mathrm{i}C/A}} : \exp\left[\frac{\mathrm{i}C/A}{2 - \mathrm{i}C/A} \frac{(a^{\dagger 2} + 2a^{\dagger} a + a^2)}{2} \right] : = \exp\left(\frac{\mathrm{i}C}{2A} X^2 \right) \tag{5.69}$$

这也被称为二次位相算子, 在最后一步中我们使用了算符恒等式:

$$\mathrm{e}^{\lambda X^2} = \int_{-\infty}^{\infty} \mathrm{d}x \mathrm{e}^{\lambda x^2} |x\rangle \langle x| = \int_{-\infty}^{\infty} \frac{\mathrm{d}x}{\sqrt{\pi}} \mathrm{e}^{-\lambda x^2} : \mathrm{e}^{-(x - X)^2} := \frac{1}{\sqrt{1 - \lambda}} : \exp\left(\frac{\lambda}{1 - \lambda} X^2 \right) : \tag{5.70}$$

当 $C = 0$, $A = 1$, $B \rightarrow \frac{B}{A}$, $D = 1$ 时, 式 (5.67) 变为

$$F\left(1, \frac{B}{A}, 0\right) = \sqrt{\frac{2}{2 + \mathrm{i}B/A}} : \exp\left[\frac{\mathrm{i}B/A}{2 + \mathrm{i}B/A} \frac{(a^{\dagger 2} - 2a^{\dagger} a + a^2)}{2} \right] : = \exp\left(-\frac{\mathrm{i}B}{2A} P^2 \right) \tag{5.71}$$

这叫作自由空间中的菲涅耳算子, 这里我们使用了如下的算符恒等式:

$$e^{\lambda P^2} = \frac{1}{\sqrt{1-\lambda}} : \exp\left(\frac{\lambda}{1-\lambda}P^2\right) : \tag{5.72}$$

鉴于矩阵可以作如下分解:

$$\begin{pmatrix} A & B \\ C & D \end{pmatrix} = \begin{pmatrix} 1 & 0 \\ C/A & 1 \end{pmatrix} \begin{pmatrix} A & 0 \\ 0 & A^{-1} \end{pmatrix} \begin{pmatrix} 1 & B/A \\ 0 & 1 \end{pmatrix} \tag{5.73}$$

由此我们发现, $F(A, B, C)$ 有它对应的正则算子分解, 即

$$F(A, B, C) = F\left(1, 0, \frac{C}{A}\right) F(A, 0, 0) F\left(1, \frac{B}{A}, 0\right)$$
$$= \exp\left(\frac{\mathrm{i}C}{2A}X^2\right) \exp\left[-\frac{\mathrm{i}}{2}(XP+PX)\ln A\right] \exp\left(-\frac{\mathrm{i}B}{2A}P^2\right)$$

这里 $F(A, 0, 0)$ 是压缩算符, 则有

$$F(A, 0, 0) = \mathrm{sech}^{\frac{1}{2}}\sigma : \exp\left[\frac{1}{2}a^{\dagger 2}\tanh\sigma + (\mathrm{sech}\,\sigma - 1)a^{\dagger}a - \frac{1}{2}a^2\tanh\sigma\right] :$$
$$= \exp\left[-\frac{\mathrm{i}}{2}(XP+PX)\ln A\right] \tag{5.74}$$

这里 $A \equiv \mathrm{e}^{\sigma}$, $\frac{A - A^{-1}}{A + A^{-1}} = \tanh\sigma$. 利用 F 的正则算子形式, 我们可以在坐标本征态 $|x\rangle$(它的共轭态是 $|p\rangle$) 中推导出它的矩阵元, 为

$$\langle x' | F(A, B, C) | x\rangle = \mathrm{e}^{\frac{\mathrm{i}C}{2A}x'^2} \langle x'| \exp\left[-\frac{\mathrm{i}}{2}(XP+PX)\ln A\right] \int \mathrm{d}p \mathrm{e}^{-\frac{\mathrm{i}B}{2A}p^2} \langle p | x\rangle$$
$$= \mathrm{e}^{\frac{\mathrm{i}C}{2A}x'^2} \langle x'| \int \frac{\mathrm{d}p}{\sqrt{A}} \mathrm{e}^{-\frac{\mathrm{i}B}{2A}p^2} |p/A\rangle \langle p | x\rangle$$
$$= \frac{1}{2\pi} \mathrm{e}^{\frac{\mathrm{i}C}{2A}x'^2} \int \frac{\mathrm{d}p}{\sqrt{A}} \mathrm{e}^{-\frac{\mathrm{i}B}{2A}p^2 + \mathrm{i}p(x'/A - x)}$$
$$= \frac{1}{\sqrt{2\pi\mathrm{i}B}} \exp\left[\frac{\mathrm{i}}{2B}\left(Ax^2 - 2x'x + Dx'^2\right)\right] \tag{5.75}$$

这恰是经典光学中菲涅耳积分变换的核, 这也就是我们将 $F(A, B, C)$ 命名为菲涅耳算子 (FO)[尽管它也可以命名为 SU(1, 1) 广义压缩算子] 的原因. 上面的讨论演示了如何通过相干态和 IWOP 方法将经典菲涅耳变换转换为量子符形式 (及其正则算符的分解).

现在我们直接使用 FO 来推导出量子光学中的 ABCD 定律. 从式 (5.67) 我们看到 FO 满足:

$$F(A, B, C) |0\rangle = \sqrt{\frac{2/(C + \mathrm{i}D)}{q_1 - \mathrm{i}}} \exp\left[\frac{q_1 + \mathrm{i}}{2(q_1 - \mathrm{i})}a^{\dagger 2}\right] |0\rangle \tag{5.76}$$

这里我们有等式:

$$\frac{A-D+\mathrm{i}(B+C)}{A+D+\mathrm{i}(B-C)} = \frac{q_1+\mathrm{i}}{q_1-\mathrm{i}} \tag{5.77}$$

表明了

$$q_1 \equiv \frac{A+\mathrm{i}B}{C+\mathrm{i}D} \tag{5.78}$$

或者我们令 $A = D = 1, B = 0, C = \dfrac{1}{q_1}, \dfrac{A-D+\mathrm{i}(B+C)}{A+D+\mathrm{i}(B-C)} = \dfrac{\mathrm{i}C}{2-\mathrm{i}C}$,然后根据两个 FO 的乘法法则以及式 (5.76) 和式 (5.77),我们有

$$F(A',B',C')F(A,B,C)|0\rangle$$

$$= \sqrt{\frac{2}{A''+D''+\mathrm{i}(B''-C'')}} \exp\left\{\frac{A''-D''+\mathrm{i}(B''+C'')}{2[A''+D''+\mathrm{i}(B''-C'')]}a^{\dagger 2}\right\}|0\rangle$$

$$= \sqrt{\frac{2}{A'(A+\mathrm{i}B)+B'(C+\mathrm{i}D)-\mathrm{i}C'(A+\mathrm{i}B)-\mathrm{i}D'(C+\mathrm{i}D)}}$$

$$\times \exp\left\{\frac{A'(A+\mathrm{i}B)+B'(C+\mathrm{i}D)+\mathrm{i}C'(A+\mathrm{i}B)+\mathrm{i}D'(C+\mathrm{i}D)}{2[A'(A+\mathrm{i}B)+B'(C+\mathrm{i}D)-\mathrm{i}C'(A+\mathrm{i}B)-\mathrm{i}D'(C+\mathrm{i}D)]}a^{\dagger 2}\right\}|0\rangle$$

$$= \sqrt{\frac{2/(C+\mathrm{i}D)}{A'q_1+B'-\mathrm{i}(C'q_1+D')}} \exp\left\{\frac{A'q_1+B'+\mathrm{i}(C'q_1+D')}{2[A'q_1+B'-\mathrm{i}(C'q_1+D')]}a^{\dagger 2}\right\}|0\rangle \tag{5.79}$$

到这里如果我们引入

$$q_2 = \frac{A'q_1+B'}{C'q_1+D'} \tag{5.80}$$

我们就可以将式 (5.79) 简化为

$$F(A',B',C')F(A,B,C)|0\rangle = \sqrt{\frac{2/(C+\mathrm{i}D)}{(q_2-\mathrm{i})(C'q_1+D')}} \exp\left[\frac{q_2+\mathrm{i}}{2(q_2-\mathrm{i})}a^{\dagger 2}\right]|0\rangle \tag{5.81}$$

对比式 (5.76),我们发现式 (5.81) 和式 (5.79) 表明了新的量子光学 ABCD 定律,对应于高斯光束的传播. 例如,当 $B = 0, A = 1, C \to \dfrac{C}{A}, D = 1, C' = 0, A' = 1, B' \to \dfrac{B'}{A'}$, $D' = 1, q_1 \equiv \dfrac{1}{\mathrm{i}+C/A}, q_2 = q_1 + \dfrac{B'}{A'}$,从式 (5.81) 我们发现

$$\exp\left(-\frac{\mathrm{i}B'}{2A'}P^2\right)\exp\left(\frac{\mathrm{i}C}{2A}X^2\right)|0\rangle = \sqrt{\frac{2A/(C+\mathrm{i}A)}{(q_2-\mathrm{i})}} \exp\left[\frac{q_2+\mathrm{i}}{2(q_2-\mathrm{i})}a^{\dagger 2}\right]|0\rangle \tag{5.82}$$

综上所述,利用相干态和 IWOP 方法将经典菲涅耳变换转换为算子形式,我们看到对应菲涅耳变换存在量子光学理论中的单模菲涅耳算子. 通过菲涅耳算子的正规排序形式和相干态表示明确了作为光线传输 ABCD 定律的映射算符,菲涅耳算子的乘法规则自然地导致经典光学中 ABCD 定律的量子光学版本. 因此,ABCD 定律不仅存在于经典光学中,而且存在于量子光学中,这是两个领域之间的深层次的相似之处.

5.9　含 Laguerre 多项式的广义负二项式定理

作为方程 (5.33) 的应用, 我们可以使用 $\rho_s(\gamma)$ 的形式来推导出涉及 Laguerre 多项式的广义负二项式定理. 为此, 我们需要将式 (5.32) 改为正规排序. 在式 (5.52) 中已经引入了双变量 Hermite 多项式

$$\sum_{m,n=0}^{\infty} \frac{t^m \tau^n}{m!n!} \mathrm{H}_{m,n}(x,y) = \exp(tx + \tau y - t\tau) \tag{5.83}$$

于是有

$$\begin{aligned}
\mathrm{H}_{m,n}(x,y) &= \frac{\partial^{n+m}}{\partial t^m \partial \tau^n} \exp(tx + \tau y - t\tau)|_{t=\tau=0} \\
&= \frac{\partial^m}{\partial t^m} \mathrm{e}^{tx} \frac{\partial^n}{\partial \tau^n} \exp(\tau(y-t))|_{t=\tau=0} \\
&= \frac{\partial^m}{\partial t^m} \left[\mathrm{e}^{tx} (y-t)^n \right]|_{t=0} \\
&= \sum_{l=0}^{\min(m,n)} \binom{m}{l} \frac{\partial^l}{\partial t^l} (y-t)^n \frac{\partial^{m-l}}{\partial t^{m-l}} \mathrm{e}^{tx}|_{t=0} \\
&= \sum_{l=0}^{\min(m,n)} \frac{m!n!(-1)^l}{l!(m-l)!(n-l)!} x^{m-l} y^{n-l}
\end{aligned} \tag{5.84}$$

将它与 Laguerre 多项式进行比较, 我们得出

$$\mathrm{L}_n(xy) = \frac{(-1)^n}{n!} \mathrm{H}_{n,n}(x,y) \tag{5.85}$$

然后使用相干态表象的完备关系

$$\int \frac{\mathrm{d}^2 z}{\pi} |z\rangle \langle z| = \int \frac{\mathrm{d}^2 z}{\pi} : \mathrm{e}^{-|z|^2 + za^\dagger + z^* a - a^\dagger a} := 1 \tag{5.86}$$

这里 $|z\rangle = \exp\left(-\frac{|z|^2}{2} + za^\dagger\right)|0\rangle$, 以及 IWOP 方法推导出

$$\begin{aligned}
:\mathrm{e}^{\lambda a a^\dagger}: &= \int \frac{\mathrm{d}^2 z}{\pi} \mathrm{e}^{\lambda|z|^2} |z\rangle \langle z| = \int \frac{\mathrm{d}^2 z}{\pi} \mathrm{e}^{\lambda|z|^2} : \mathrm{e}^{-|z|^2 + z^* a + za^\dagger - a^\dagger a} : \\
&= (1-\lambda)^{-1} : \exp\left(\frac{-\lambda a^\dagger a}{\lambda - 1}\right):
\end{aligned} \tag{5.87}$$

更进一步, 在式 (5.87) 中使用 Laguerre 多项式的母函数公式 (2.13), 我们有

$$:e^{\lambda aa^\dagger}: =: \sum_{l=0} \lambda^l L_l\left(-a^\dagger a\right): \tag{5.88}$$

再结合积分公式

$$\int \frac{d^2\beta}{\pi} \beta^n \beta^{*m} \exp\left(-|\beta|^2 + \beta\alpha^* + \beta^*\alpha\right) = (-i)^{m+n} H_{m,n}\left(i\alpha^*, i\alpha\right) e^{|\alpha|^2} \tag{5.89}$$

以及 IWOP 方法得到

$$
\begin{aligned}
a^n :e^{\lambda aa^\dagger}: a^{\dagger m} &= \int \frac{d^2 z}{\pi} z^n e^{\lambda|z|^2} |z\rangle\langle z| z^{*m} \\
&= \int \frac{d^2 z}{\pi} z^n z^{*m} : e^{-(1-\lambda)|z|^2 + za^\dagger + z^* a - a^\dagger a} : \\
&= \frac{1}{(1-\lambda)^{(n+m)/2+1}} \int \frac{d^2 z}{\pi} z^n z^{*m} : e^{-|z|^2 + \frac{1}{\sqrt{1-\lambda}} za^\dagger + \frac{1}{\sqrt{1-\lambda}} z^* a - a^\dagger a} : \\
&= (-i)^{m+n} (1-\lambda)^{-\frac{(n+m)}{2}-1} : e^{\frac{\lambda a^\dagger a}{1-\lambda}} H_{m,n}\left(\frac{ia^\dagger}{\sqrt{1-\lambda}}, \frac{ia}{\sqrt{1-\lambda}}\right):
\end{aligned}
\tag{5.90}
$$

另一方面

$$a^n :e^{\lambda aa^\dagger}: a^{\dagger m} = \sum_{l=0}^{\infty} \frac{\lambda^l}{l!} a^{l+n} a^{\dagger l+m} = \sum_{l=0}^{\infty} \frac{\lambda^l}{l!} (-i)^{m+n+2l} : H_{l+m,l+n}\left(ia^\dagger, ia\right): \tag{5.91}$$

比较式 (5.91) 和式 (5.90) 发现

$$
\begin{aligned}
&\sum_{l=0}^{\infty} \frac{\lambda^l}{l!} (-i)^{m+n+2l} : H_{l+m,l+n}\left(ia^\dagger, ia\right): \\
&= (-i)^{m+n} (1-\lambda)^{-\frac{(n+m)}{2}-1} : e^{\lambda a^\dagger a/(1-\lambda)} H_{m,n}\left(\frac{ia^\dagger}{\sqrt{1-\lambda}}, \frac{ia}{\sqrt{1-\lambda}}\right):
\end{aligned}
\tag{5.92}
$$

注意到 $a^\dagger$ 和 a 在 $:\ :$ 内部是对易的, 于是作代换: $ia^\dagger \to x$, $ia \to y$, $\lambda \to -\lambda$, 我们得到

$$\sum_{l=0}^{\infty} \frac{\lambda^l}{l!} H_{l+m,l+n}(x,y) = (1+\lambda)^{-\frac{(n+m)}{2}-1} e^{\frac{\lambda xy}{1+\lambda}} H_{m,n}\left(\frac{x}{\sqrt{1+\lambda}}, \frac{y}{\sqrt{1+\lambda}}\right) \tag{5.93}$$

这是一个新的重要的关于 $H_{l+m,l+n}(x,y)$ 的母函数公式. 尤其是当 $m=n$ 时,

$$\sum_{l=0}^{\infty} \frac{\lambda^l}{l!} H_{l+n,l+n}(x,y) = (1+\lambda)^{-n-1} e^{\lambda xy/(1+\lambda)} H_{n,n}\left(\frac{x}{\sqrt{1+\lambda}}, \frac{y}{\sqrt{1+\lambda}}\right) \tag{5.94}$$

使用式 (5.85) 可以把式 (5.94) 改写为

$$\sum_{l=0}^{\infty} \frac{(n+l)!(-\lambda)^l}{l!n!} L_{n+l}(z) = (1+\lambda)^{-n-1} e^{\lambda z/(1+\lambda)} L_n\left(\frac{z}{1+\lambda}\right) \tag{5.95}$$

基于光子产生-湮灭机制的量子力学引论
Introduction to Quantum Mechanics Based on Photon Creation-Annihilation Mechanism

这就是涉及 Laguerre 多项式的广义的负二项式定理. 若 $z = 0$, 则可以回归到负二项式公式

$$\sum_{l=0}^{\infty} \frac{(n+l)!\,(-\lambda)^l}{l!\,n!} = (1+\lambda)^{-n-1} \tag{5.96}$$

这正是我们期望得到的结果.

第 6 章

用相干态表象谈密度矩阵振幅衰减方程的来源

在量子统计力学和量子光学中, 系统的动力学演化常用密度矩阵的主方程的形式描述, 这是对系统–环境有相互作用的总密度矩阵的时间演化式部分求迹的结果. 在系统的动力学演化过程中有两种宏观机制最为常见, 一种是扩散, 扩散原指通过分子热运动从物质浓度的高处向低处的运输过程, 其微观机理与热传导相似. 扩散的快慢与粒子的浓度梯度成比例. 另一种是耗散, 系统的能量或粒子损失是不可逆过程的必然表现. 在经典力学框架中, 扩散和耗散各自有相应的数学物理方程刻画.

在量子力学框架中, 扩散方程和振幅衰减方程必须用密度算符来描写, 扩散与耗散都有可能伴随着退相干和非经典效应的产生. 常见的系统密度矩阵的扩散方程和振幅衰减方程分别是

$$\frac{\mathrm{d}\rho(t)}{\mathrm{d}t} = \kappa(a^\dagger a\rho - a^\dagger \rho a - a\rho a^\dagger + \rho aa^\dagger) \tag{6.1}$$

和

$$\frac{\mathrm{d}\rho(t)}{\mathrm{d}t} = \chi\left(2a\rho a^\dagger - \kappa a^\dagger a\rho - \kappa\rho a^\dagger a\right) \tag{6.2}$$

式中, κ 是扩散系数, χ 是衰减系数. 因为传统文献中介绍的系统–环境有相互作用的总

密度矩阵的时间演化式比较复杂, 而且对其环境做部分求迹前也做了一定的近似, 所以不少初学者对这两个方程的来源不了解. 鉴于光场的扩散方程和振幅衰减是光场演化的两个主要机制, 在量子调控中有重要的应用, 也是产生新光场的途径, 我们这里将从物理要求出发来推导这两个方程, 即从经典扩散方程和纯相干态密度算符的振幅衰减方程来推导式 (6.1) 和式 (6.2). 因为纯相干态是最接近于经典情形的量子态, 我们将用相干态表象和 IWOP 方法来达到这一目的, 这样就可以令人信服地说明方程 (6.1) 和 (6.2) 的合理性.

6.1 量子振幅衰减方程的导出

自然界中任何系统都不能完全孤立于其环境, 系统与环境的耦合总有噪声产生, 那么描述系统的振幅衰减的动力学演化方程是什么呢? 光场在振幅衰减通道中的演化的一个典型例子是纯相干态密度算符 $|\alpha\rangle\langle\alpha|$ 的振幅衰减, 纯相干态是最接近于经典情形的量子态, 故我们从一个相干态 $|\alpha\rangle\langle\alpha|$ 的振幅衰减

$$|\alpha\rangle\langle\alpha| \to |\alpha e^{-\chi t}\rangle\langle\alpha e^{-\chi t}| \tag{6.3}$$

着手讨论这个演化受什么方程支配. 由正规乘积性质及

$$|\alpha e^{-\chi t}\rangle\langle\alpha e^{-\chi t}| =: \exp\left(-|\alpha|^2 e^{-2\chi t} + \alpha e^{-\chi t} a^\dagger + \alpha^* e^{-\chi t} a - a^\dagger a\right): \tag{6.4}$$

得到

$$\frac{\mathrm{d}}{\mathrm{d}t}|\alpha e^{-\chi t}\rangle\langle\alpha e^{-\chi t}|$$

$$= \frac{\mathrm{d}}{\mathrm{d}t} : \exp\left(-|\alpha|^2 e^{-2\chi t} + \alpha e^{-\chi t} a^\dagger + \alpha^* e^{-\chi t} a - a^\dagger a\right):$$

$$= 2\chi|\alpha|^2 e^{-2\chi t}|\alpha e^{-\chi t}\rangle\langle\alpha e^{-\chi t}| - \chi a^\dagger e^{-\chi t}|\alpha e^{-\chi t}\rangle\langle\alpha e^{-\chi t}| - \chi|\alpha e^{-\chi t}\rangle\langle\alpha e^{-\chi t}|\alpha^* e^{-\chi t} a$$

$$= 2\chi a|\alpha e^{-\chi t}\rangle\langle\alpha e^{-\chi t}|a^\dagger - \chi a^\dagger a|\alpha e^{-\chi t}\rangle\langle\alpha e^{-\chi t}| - \chi|\alpha e^{-\chi t}\rangle\langle\alpha e^{-\chi t}|a^\dagger a \tag{6.5}$$

令 $|\alpha e^{-\chi t}\rangle\langle\alpha e^{-\chi t}| = \rho_1(t)$, 式 (6.5) 就等价于

$$\frac{\mathrm{d}}{\mathrm{d}t}\rho_1(t) = \chi\left(2a\rho_1 a^\dagger - \chi a^\dagger a\rho_1 - \chi\rho_1 a^\dagger a\right) \tag{6.6}$$

这就给出了量子振幅耗散方程.

6.2　量子振幅衰减方程的无穷和形式解

已经知道初态 $|\alpha\rangle\langle\alpha| \to |\alpha\mathrm{e}^{-\chi t}\rangle\langle\alpha\mathrm{e}^{-\chi t}|$，用 IWOP 方法可将其化为

$$|\alpha\mathrm{e}^{-\chi t}\rangle\langle\alpha\mathrm{e}^{-\chi t}| =: \mathrm{e}^{\mathrm{e}^{-2\chi t}|\alpha|^2}\mathrm{e}^{\alpha\mathrm{e}^{-\kappa t}a^\dagger + \alpha^*\mathrm{e}^{-\kappa t}a - a^\dagger a} :$$
$$= \mathrm{e}^{(1-\mathrm{e}^{-2\chi t})|\alpha|^2}\mathrm{e}^{-|\alpha|^2}\mathrm{e}^{\alpha\mathrm{e}^{-\kappa t}a^\dagger}|0\rangle\langle 0|\mathrm{e}^{\alpha^*\mathrm{e}^{-\kappa t}a} \tag{6.7}$$

鉴于

$$\mathrm{e}^{-\kappa t a^\dagger a}|\alpha\rangle = \mathrm{e}^{-|\alpha|^2/2}\mathrm{e}^{\alpha\mathrm{e}^{-\kappa t}a^\dagger}|0\rangle \tag{6.8}$$

故

$$|\alpha\mathrm{e}^{-\chi t}\rangle\langle\alpha\mathrm{e}^{-\chi t}| = \sum_{n=0}^{\infty}\frac{(1-\mathrm{e}^{-2\chi t})^n}{n!}\mathrm{e}^{-\kappa t a^\dagger a}|\alpha|^{2n}|\alpha\rangle\langle\alpha|\mathrm{e}^{-\kappa t a^\dagger a}$$
$$= \sum_{n=0}^{\infty}\frac{(1-\mathrm{e}^{-2\chi t})^n}{n!}\mathrm{e}^{-\kappa t a^\dagger a}a^n|\alpha\rangle\langle\alpha|a^{\dagger n}\mathrm{e}^{-\kappa t a^\dagger a} \tag{6.9}$$

由于任何密度算符在相干态表象下可以表示为

$$\rho(t) = \int\frac{\mathrm{d}^2\alpha}{\pi}P(\alpha,0)|\alpha\mathrm{e}^{-\chi t}\rangle\langle\alpha\mathrm{e}^{-\chi t}| \tag{6.10}$$

故从式 (6.9) 可以归纳出

$$\rho(t) = \int\frac{\mathrm{d}^2\alpha}{\pi}P(\alpha,0)\sum_{n=0}^{\infty}\frac{(1-\mathrm{e}^{-2\chi t})^n}{n!}\mathrm{e}^{-\kappa t a^\dagger a}a^n|\alpha\rangle\langle\alpha|a^{\dagger n}\mathrm{e}^{-\kappa t a^\dagger a}$$
$$= \sum_{n=0}^{\infty}\frac{T^n}{n!}\mathrm{e}^{-\kappa t a^\dagger a}a^n\rho_0 a^{\dagger n}\mathrm{e}^{-\kappa t a^\dagger a}$$
$$= \sum_{n=0}^{\infty}M_n\rho_0 M_n^\dagger \tag{6.11}$$

这是密度算符的无穷和形式解，其中 M_n 被称为 Kraus 算符，且

$$M_n = \frac{T^{n/2}}{n!}\mathrm{e}^{-\kappa t a^\dagger a}a^n \quad (T=1-\mathrm{e}^{-2\kappa t}) \tag{6.12}$$

$$\rho_0 = \int\frac{\mathrm{d}^2\alpha}{\pi}P(\alpha,0)|\alpha\rangle\langle\alpha| \tag{6.13}$$

6.3 量子振幅衰减方程的积分解

$\rho(t)$ 除了有无穷和形式解以外, 还可以如下处理:

将式 (6.11) 改写为

$$\rho(t) = \sum_{n=0}^{\infty} \frac{T^n}{n!} e^{-\kappa t a^\dagger a} \int \frac{\mathrm{d}^2\alpha}{\pi} P(\alpha,0) |\alpha|^{2n} |\alpha\rangle\langle\alpha| e^{-\kappa t a^\dagger a}$$

$$= \int \frac{\mathrm{d}^2\alpha}{\pi} e^{T|\alpha|^2} P(\alpha,0) e^{-\kappa t a^\dagger a} |\alpha\rangle\langle\alpha| e^{-\kappa t a^\dagger a} \tag{6.14}$$

再用

$$e^{-\kappa t a^\dagger a} |\alpha\rangle = e^{-\frac{|\alpha|^2}{2} + \alpha a^\dagger e^{-\kappa t}} |0\rangle \tag{6.15}$$

可得

$$\rho(t) = \int \frac{\mathrm{d}^2\alpha}{\pi} e^{-|\alpha|^2 e^{-2\kappa t}} P(\alpha,0) : e^{a^\dagger \alpha e^{-\kappa t} + a\alpha^* e^{-\kappa t} - a^\dagger a} : \tag{6.16}$$

再将式 (6.16) 的逆关系

$$P(\alpha,0) = e^{|\alpha|^2} \int \frac{\mathrm{d}^2\beta}{\pi} \langle -\beta| \rho_0 |\beta\rangle e^{|\beta|^2 + \beta^*\alpha - \beta\alpha^*} \tag{6.17}$$

($|\beta\rangle$ 也是相干态) 代入式 (6.15), 就得到振幅衰减主方程的积分形式解为

$$\rho(t) = \int \frac{\mathrm{d}^2\beta}{\pi} \langle -\beta| \rho_0 |\beta\rangle e^{|\beta|^2} \int \frac{\mathrm{d}^2\alpha}{\pi} e^{-|\alpha|^2 \left(e^{-2\kappa t}-1\right)} : e^{\beta^*\alpha - \beta\alpha^* + a^\dagger \alpha e^{-\kappa t} + a\alpha^* e^{-\kappa t} - a^\dagger a} :$$

$$= \frac{-1}{T} \int \frac{\mathrm{d}^2\beta}{\pi} \langle -\beta| \rho_0 |\beta\rangle e^{|\beta|^2} : \exp\left\{ \frac{1}{T} \left[|\beta|^2 + e^{-\kappa t} \left(\beta a^\dagger - \beta^* a\right) - a^\dagger a \right] \right\} : \tag{6.18}$$

其中, $T = 1 - e^{-2\kappa t}$. 其好处是: 给定一个初始态 ρ_0, 只要算出矩阵元 $\langle -\beta| \rho_0 |\beta\rangle$, 再用正规乘积算符内的积分方法积分上式, 就可导出 $\rho(t)$. 此公式极大地简化了求终态密度矩阵的具体计算.

6.4 振子－振子两体相互作用引起的衰减

一般本科生的量子力学教科书中所叙述的量子理论都是针对孤立或封闭的量子系统而言的. 对于一个哈密顿量为 H 的封闭量子系统, 量子态的演化是幺正的:

$$
\begin{cases}
|\psi(0)\rangle \xrightarrow{U(t)} |\psi(t)\rangle = U(t)|\psi(0)\rangle & \text{(封闭系)} & (6.19) \\
U^\dagger(t)U(t) = 1 & & (6.20)
\end{cases}
$$

如果 H 不显含时间, 则 $U = \exp\left(-\dfrac{\mathrm{i}Ht}{\hbar}\right)$. 可见, 对于封闭系统中量子态的演化, 用一个幺正算符 U 就可表示. 但实际情况是系统处在热库中, 是与外界有相互作用的开放系统. 那么对于开放系统中的量子态的演化又如何描述呢?

设一封闭系统由两个开放子系统 A,B 构成, 则总系统的初始状态用密度算符表示为 (以下均用密度算符表示系统状态)

$$
H_A \otimes H_B : \rho_A \otimes |0\rangle_{BB}\langle 0| \quad \text{(封闭系)} \tag{6.21}
$$

其中, 子系统 A 处于状态 ρ_A, 子系统 B 处于状态 $|0\rangle_{BB}\langle 0|$. A, B 两子系统之间存在相互作用, 导致了 A 的态与 B 的态的量子纠缠. 设总系统演化的幺正算符为 U_{AB}, 其演化可表示为

$$
\rho_A \otimes |0\rangle_{BB}\langle 0| \longrightarrow U_{AB}(\rho_A \otimes |0\rangle_{BB}\langle 0|)U_{AB}^\dagger \tag{6.22}
$$

由于局限在子系统 A 中的观察者看不到总系统的整体情况, 只能观察到 A 中的态及其演化, 因此, 对子系统 A 中的观察者而言, 上述过程应统计地考虑子系统 B 的影响, 即对子系统 Hilbert 空间 H_B 进行部分求迹. 为此, 在 H_B 中选一组正交完备的基 $(|\mu\rangle_B)$, 将总系统对该基取迹后, 剩下的即为 Hilbert 空间 H_A 中观察者观察到的态 (即局限于 A 中的观察者 H_A 观测到的演化):

$$
\begin{aligned}
\rho_A' &= \mathrm{Tr}_B[U_{AB}(\rho_A \otimes |0\rangle_{BB}\langle 0|)U_{AB}^\dagger] \\
&= \sum_\mu {}_B\langle \mu|U_{AB}|0\rangle_B \, \rho_A \, ({}_B\langle 0|U_{AB}^\dagger|\mu\rangle_B)
\end{aligned} \tag{6.23}
$$

注意, 式中 ${}_B\langle 0|U_{AB}^\dagger|\mu\rangle_B$ 是一个作用于 H_A 的算符, 它表示在子系统 A 与子系统 B 相互作用下, 系统 B 由基态向 ${}_B\langle\mu|$ 的跳变对子系统 A 状态的影响. 不妨记为

$M_\mu =_B \langle\mu| U_{AB} |0\rangle_B$，则子系统 ρ_A 随时间的演化退相干过程可写为

$$\rho_A \longrightarrow \rho'_A = \sum_\mu M_\mu \rho_A M_\mu^\dagger \tag{6.24}$$

即总系统随时间幺正演化的结果，在子系统中表现为算符和的形式. 从算符 U_{AB} 的幺正性可知

$$\sum_\mu M_\mu^\dagger M_\mu = \sum_\mu {}_B\langle 0| U_{AB}^\dagger |\mu\rangle_{BB} \langle\mu| U_{AB} |0\rangle_B$$
$$= {}_B\langle 0| U_{AB}^\dagger U_{AB} |0\rangle_B = I_A \tag{6.25}$$

其中，I_A 是单位算符. 若算符 M_μ 满足式 (6.25)，则称式 (6.24) 为算符和表示 (或通称为 Kraus 表示)，而将 M_μ 通称为 Kraus 算符. 它的功能如下：

(1) 保持 ρ_A 的厄密性：若 $\rho_A^\dagger = \rho_A$，则

$$\rho'^\dagger_A = \sum_\mu M_\mu \rho_A^\dagger M_\mu^\dagger = \sum_\mu M_\mu \rho_A M_\mu^\dagger = \rho'_A \tag{6.26}$$

(2) 保持 ρ_A 的幺迹性：若 $\mathrm{Tr}\rho_A = 1$，则

$$\mathrm{Tr}\rho'_A = \mathrm{Tr}\sum_\mu M_\mu \rho_A^\dagger M_\mu^\dagger = \mathrm{Tr}(\rho_A \sum_\mu M_\mu^\dagger M_\mu) = \mathrm{Tr}\rho_A = 1 \tag{6.27}$$

(3) 保持 ρ_A 的半正定性：若对任意态 $|\psi\rangle_A$，$_A\langle\psi| \rho_A |\psi\rangle_A \geqslant 0$，则

$$_A\langle\psi| \rho'_A |\psi\rangle_A = \sum_\mu {}_A\langle\psi| M_\mu \rho_A^\dagger M_\mu^\dagger |\psi\rangle_A$$
$$= \sum_\mu {}_A\langle\phi| \rho_A |\phi\rangle_A \geqslant 0 \tag{6.28}$$

但是对具体的量子退相干过程，Kraus 算符往往是十分难求的，其算符和形式尤然，特别是对于连续变量的量子退相干情形更是如此.

下面具体说明系统–环境相互作用的退相干量子理论. 考虑一个谐振子受另一个振子的"牵连"而振幅衰减，相互作用哈密顿量是

$$H = \chi \left(a^\dagger b + b^\dagger a\right) \tag{6.29}$$

时间演化算符是

$$U = \exp\left[-\mathrm{i}\chi t \left(a^\dagger b + b^\dagger a\right)\right] \tag{6.30}$$

我们想知道由于系统与环境相互耦合的存在，所引起的使体系 (a-模) 发生量子衰减的算符是什么，为此我们可以研究当作为环境的态从初始真空态 $|0_b\rangle$ 变为 $\langle k_b|$ 时，$\langle k_b|$ 是

$b^\dagger b$ 的本征态, 系统 $a^\dagger a$ 的情形如何变? 显然, 矩阵元 $\langle k_b | U | 0_b \rangle$ 恰恰反映了系统受环境的作用发生的振幅衰减的这个算符 (Kraus 算符).

我们的物理动机是要演示: 求矩阵元 $\langle k_b | U | 0_b \rangle$ 的结果等价于解一个描述系统振幅衰减的量子主方程:

$$\frac{\mathrm{d}\rho(t)}{\mathrm{d}t} = \kappa \left(2a\rho a^\dagger - a^\dagger a \rho - \rho a^\dagger a \right) \tag{6.31}$$

即解式 (6.32) 的 Kraus 算符和计算出 $\langle k_b | U | 0_b \rangle$ (注意 $\langle k_b | U | 0_b \rangle$ 是一个在 a-模空间的算符) 是等价的. 为此目标, 我们先给出算符恒等式:

$$W \equiv \exp\left[\left(a^\dagger \ b^\dagger \right) \Lambda \begin{pmatrix} a \\ b \end{pmatrix} \right] =: \exp\left[\left(a^\dagger \ b^\dagger \right) \left(\mathrm{e}^\Lambda - 1 \right) \begin{pmatrix} a \\ b \end{pmatrix} \right]: \tag{6.32}$$

其中, Λ 是一个 $2{\times}2$ 矩阵, 1 是 $2{\times}2$ 单位矩阵. 其证明如下:

首先注意到

$$W a^\dagger W^{-1} = a^\dagger \left(\mathrm{e}^\Lambda \right)_{11} + b^\dagger \left(\mathrm{e}^\Lambda \right)_{21} \tag{6.33}$$

$$W b^\dagger W^{-1} = a^\dagger \left(\mathrm{e}^\Lambda \right)_{12} + b^\dagger \left(\mathrm{e}^\Lambda \right)_{22} \tag{6.34}$$

和

$$W |00\rangle = |00\rangle \tag{6.35}$$

$$|00\rangle \langle 00| =: \mathrm{e}^{-a^\dagger a - b^\dagger b} : \tag{6.36}$$

再用双模相干态

$$|z_1, z_2\rangle = \mathrm{e}^{-\frac{1}{2}\left(|z_1|^2 + |z_2|^2 \right) + z_1 a^\dagger + z_2 b^\dagger} |00\rangle \tag{6.37}$$

及其完备性

$$\int \frac{\mathrm{d}^2 z_1 \mathrm{d}^2 z_2}{\pi^2} |z_1, z_2\rangle \langle z_1, z_2| = 1 \tag{6.38}$$

以及 IWOP 方法导出 W 的正规表示形式为

$$\begin{aligned}
W &= \int \frac{\mathrm{d}^2 z_1 \mathrm{d}^2 z_2}{\pi^2} W |z_1, z_2\rangle \langle z_1, z_2| \\
&= \int \frac{\mathrm{d}^2 z_1 \mathrm{d}^2 z_2}{\pi^2} W \mathrm{e}^{-\frac{1}{2}\left(|z_1|^2 + |z_2|^2 \right) + z_1 a^\dagger + z_2 b^\dagger} W^{-1} W |0,0\rangle \langle z_1, z_2| \\
&= \int \frac{\mathrm{d}^2 z_1 \mathrm{d}^2 z_2}{\pi^2} : \mathrm{e}^{-|z_1|^2 - |z_2|^2 + z_1 \left[a^\dagger \left(\mathrm{e}^\Lambda \right)_{11} + b^\dagger \left(\mathrm{e}^\Lambda \right)_{21} \right] + z_2 \left[a^\dagger \left(\mathrm{e}^\Lambda \right)_{12} + b^\dagger \left(\mathrm{e}^\Lambda \right)_{22} \right] + z_1^* a + z_2^* b - a^\dagger a - b^\dagger b} : \\
&=: \exp\left\{ \left[a^\dagger \left(\mathrm{e}^\Lambda \right)_{11} + b^\dagger \left(\mathrm{e}^\Lambda \right)_{21} \right] a + \left[a^\dagger \left(\mathrm{e}^\Lambda \right)_{12} + b^\dagger \left(\mathrm{e}^\Lambda \right)_{22} \right] b - a^\dagger a - b^\dagger b \right\} : \\
&=: \exp\left[\left(a^\dagger \ b^\dagger \right) \left(\mathrm{e}^\Lambda - 1 \right) \begin{pmatrix} a \\ b \end{pmatrix} \right]:
\end{aligned} \tag{6.39}$$

故式 (6.32) 得证. 于是有

$$U = \exp\left[-\mathrm{i}\chi t\left(a^\dagger b + b^\dagger a\right)\right] = \exp\left[-\mathrm{i}\chi t\left(a^\dagger\ b^\dagger\right)\begin{pmatrix} 0 & 1 \\ 1 & 0 \end{pmatrix}\begin{pmatrix} a \\ b \end{pmatrix}\right]$$

$$=: \exp\left\{\left(a^\dagger\ b^\dagger\right)\left[\begin{pmatrix} \cos\chi t & -\mathrm{i}\sin\chi t \\ -\mathrm{i}\sin\chi t & \cos\chi t \end{pmatrix} - 1\right]\begin{pmatrix} a \\ b \end{pmatrix}\right\}:$$

$$=: \exp\left[f\left(a^\dagger a + b^\dagger b\right) + g\left(a^\dagger b + b^\dagger a\right)\right]: \tag{6.40}$$

其中

$$f = \cos\left(\chi t\right) - 1, \quad g = -\mathrm{i}\sin\left(\chi t\right) \tag{6.41}$$

再从式 (6.40) 和 $b|0\rangle = 0$, 得到

$$E_k \equiv \langle k_b| U |0_b\rangle = \langle k_b| : \exp\left(f a^\dagger a + g b^\dagger a\right) : |0_b\rangle$$

$$= \sum_{m=0}^{\infty} \langle k_b| \frac{\left(f a^\dagger + g b^\dagger\right)^m a^m}{m!} |0_b\rangle$$

$$= \sum_{m=0}^{\infty}\sum_{i=0}^{m} \langle k_b| \frac{f^{m-i} g^i a^{\dagger(m-i)} a^m b^{\dagger i}}{(m-i)!i!} |0_b\rangle$$

$$= \sum_{m=k}^{\infty} \sqrt{k!}\frac{f^{m-k} g^k a^{\dagger(m-k)} a^m}{k!\,(m-k)!} = \frac{g^k}{\sqrt{k!}} \sum_{j=0}^{\infty} \frac{f^j a^{\dagger j} a^{j+k}}{j!}$$

$$= \frac{g^k}{\sqrt{k!}} : \exp\left[f a^\dagger a\right] : a^k = \frac{g^k}{\sqrt{k!}} \exp\left[a^\dagger a \ln(1+f)\right] a^k \tag{6.42}$$

可见, $E_k \equiv \langle k_b| U |0_b\rangle$ 确实是体系与环境相互耦合所引起的使体系 (a-模) 发生量子跃迁算符的一个算符. 此问题也可理解为测量 (外界因素) 导致系统的退相干. 利用 a-模的 Fock 空间完备性

$$\sum_{n=0}^{\infty} |n\rangle_{aa}\langle n| = 1, \quad |n\rangle_a = \frac{a^{\dagger n}}{\sqrt{n!}}|0\rangle_a \tag{6.43}$$

我们把 E_k 表达为

$$E_k = \sum_{n=k}^{\infty} \sqrt{\binom{n}{k}} \cos^{n-k}\left(\chi t\right) g^k |n-k\rangle_{aa}\langle n| \tag{6.44}$$

接着有 $E_k^\dagger E_k = 1$, 而

$$E_k E_k^\dagger = \sum_{n=k}^{\infty}\sum_{m=k}^{\infty} \sqrt{\binom{n}{k}} \cos^{n-k}\left(\chi t\right) g^k \sqrt{\binom{m}{k}} \cos^{m-k}\left(\chi t\right) g^{*k} |n-k\rangle_{aa}\langle m-k| \delta_{mn}$$

$$= |g|^{2k} \sum_{n=k}^{\infty} \binom{n}{k} \cos^{2n-2k}(\chi t) |n-k\rangle_{aa}\langle n-k|$$

$$= |g|^{2k} \sum_{n=0}^{\infty} \binom{n+k}{k} \cos^{2n}(\chi t) |n\rangle_{aa}\langle n| \tag{6.45}$$

再用负二项式定理

$$(1+x)^{-(n+1)} = \sum_{k=0}^{\infty} \binom{n+k}{k} (-1)^k x^k \tag{6.46}$$

得到

$$\sum_{k=0}^{\infty} E_k E_k^{\dagger} = \sum_{k=0}^{\infty} |g|^{2k} \sum_{n=0}^{\infty} \binom{n+k}{k} \cos^{2n}(\chi t) |n\rangle_{aa}\langle n|$$

$$= \sum_{n=0}^{\infty} |n\rangle_{aa}\langle n| \frac{\cos^{2n}(\chi t)}{\left(1-|g|^2\right)^{n+1}} = \frac{1}{\cos^2(\chi t)} \tag{6.47}$$

以下我们要说明上述求演化算符 $U = \exp\left[-i\chi t\left(a^{\dagger}b + b^{\dagger}a\right)\right]$ 在 b-模中的运算矩阵元的做法在效果上等价于解一个 a-模的密度矩阵 ρ 的主方程式 (6.31),此方程代表振幅衰减,κ 是衰减率. 为了求解式 (6.31),我们引入另一个虚模 $\tilde{a}^{\dagger}$, 构建纠缠态表象:

$$|\eta\rangle = \exp\left(-\frac{1}{2}|\eta|^2 + \eta a^{\dagger} - \eta^* \tilde{a}^{\dagger} + a^{\dagger}\tilde{a}^{\dagger}\right)|0\tilde{0}\rangle \tag{6.48}$$

把算符主方程转变为 C-数方程. 具体做法是把式 (6.31) 两边作用到 $|\eta=0\rangle \equiv |I\rangle$ 上,由

$$a|\eta=0\rangle = \tilde{a}^{\dagger}|\eta=0\rangle \tag{6.49}$$

$$a^{\dagger}|\eta=0\rangle = \tilde{a}|\eta=0\rangle \tag{6.50}$$

$$(a^{\dagger}a)^n|\eta=0\rangle = (\tilde{a}^{\dagger}\tilde{a})^n|\eta=0\rangle \tag{6.51}$$

使式 (6.31) 转变为

$$\frac{\mathrm{d}}{\mathrm{d}t}|\rho\rangle = \kappa\left(2a\rho a^{\dagger} - a^{\dagger}a\rho - \rho a^{\dagger}a\right)|I\rangle$$

$$= \kappa\left(2a\tilde{a} - a^{\dagger}a - \tilde{a}^{\dagger}\tilde{a}\right)|\rho\rangle \tag{6.52}$$

其中 $|\rho\rangle = \rho|I\rangle$, 式 (6.52) 的形式解是

$$|\rho\rangle = \exp\left[\kappa t\left(2a\tilde{a} - a^{\dagger}a - \tilde{a}^{\dagger}\tilde{a}\right)\right]|\rho_0\rangle \tag{6.53}$$

这里，$|\rho_0\rangle \equiv \rho_0|I\rangle$，$\rho_0$ 是初始密度算符. 注意到

$$[a^\dagger a + \tilde{a}^\dagger \tilde{a}, a\tilde{a}] = -2a\tilde{a} \tag{6.54}$$

我们就可以利用算符恒等式:

$$e^{\lambda(A+\sigma B)} = e^{\lambda A} \exp\left[\sigma\left(1 - e^{-\lambda\tau}\right)\frac{B}{\tau}\right], \quad [A,B] = \tau B \tag{6.55}$$

将式 (6.56) 右边的指数算符分解为

$$|\rho\rangle = \exp\left[-\kappa t\left(a^\dagger a + \tilde{a}^\dagger \tilde{a}\right)\right]\exp\left[\left(1 - e^{-2\kappa t}\right)a\tilde{a}\right]|\rho_0\rangle \tag{6.56}$$

式 (6.56) 的证明如下:

考虑到算符 $a^\dagger a$ 与 a^2 满足的对易关系为

$$[a^\dagger a, a^2] = -2a^2 \tag{6.57}$$

与式 (6.56) 的 $[A,B] = \tau B$ 的对易关系相同，所以我们用 IWOP 方法分解:

$$
\begin{aligned}
e^{\lambda a^\dagger a + \sigma a^2} &= \int \frac{\mathrm{d}^2 z}{\pi} e^{\lambda a^\dagger a + \sigma a^2} e^{z a^\dagger} e^{-(\lambda a^\dagger a + \sigma a^2)} |0\rangle\langle z| e^{-|z|^2/2} \\
&= \int \frac{\mathrm{d}^2 z}{\pi} \exp\left[-\frac{|z|^2}{2} + z\left(a^\dagger e^\lambda + \frac{2\sigma}{\lambda} a \sinh\lambda\right)\right]|0\rangle\langle z| \\
&= \int \frac{\mathrm{d}^2 z}{\pi} : \exp\{-|z|^2 + z a^\dagger e^\lambda + z^* a + \frac{\sigma e^\lambda}{\lambda} z^2 \sinh\lambda - a^\dagger a\} : \\
&=: \exp\left[\left(e^\lambda - 1\right)a^\dagger a + \frac{\sigma e^\lambda}{\lambda} a^2 \sinh\lambda\right] : \\
&= e^{\lambda a^\dagger a} \exp\left[\frac{\sigma e^\lambda}{\lambda} a^2 \sinh\lambda\right]
\end{aligned} \tag{6.58}
$$

可见式 (6.55) 成立，从而式 (6.56) 成立. 进一步用式 (6.54) 把式 (6.56) 改写为

$$
\begin{aligned}
|\rho\rangle &= \exp\left[-\kappa t\left(a^\dagger a + \tilde{a}^\dagger \tilde{a}\right)\right]\sum_{n=0}^{\infty}\frac{T^n}{n!} a^n \tilde{a}^n \rho_0 |I\rangle \\
&= \sum_{n=0}^{\infty}\frac{T^n}{n!} e^{-\kappa t a^\dagger a} a^n \rho_0 a^{\dagger n} e^{-\kappa t a^\dagger a}|I\rangle
\end{aligned} \tag{6.59}
$$

可见，$\rho(t)$ 的无穷算符和可表示为

$$\rho(t) = \sum_{k=0}^{\infty}\frac{T^k}{k!} e^{-\kappa t a^\dagger a} a^k \rho_0 a^{\dagger k} e^{-\kappa t a^\dagger a} = \sum_{k=0}^{\infty} M_k \rho_0 M_k^\dagger \tag{6.60}$$

这里，$T = 1 - e^{-2\kappa t}$，M_k 是 Kraus 算符:

$$M_k \equiv \sqrt{\frac{(-T)^k}{k!}}\, e^{-\kappa t a^\dagger a} a^k \tag{6.61}$$

式 (6.60) 反映了退相干过程, 从纯态 ρ_0 变为混合态 $\rho(t)$. 现在我们对照式 (6.42) 做如下对应:

$$M_k \equiv \sqrt{\frac{(-T)^k}{k!}} \mathrm{e}^{-\kappa t a^\dagger a} a^k \to \frac{g^k}{\sqrt{k!}} \exp\left[a^\dagger a \ln(1+f)\right] a^k \tag{6.62}$$

从中看到

$$-\kappa t \to \ln(1+f) = \ln\cos(\chi t) \tag{6.63}$$

$$\sqrt{(-T)} \to g = -\mathrm{i}\sin(\chi t), \quad T = 1 - \mathrm{e}^{-2\kappa t} \to \sin^2(\chi t) \tag{6.64}$$

可见, 计算 $\langle k_b | U | 0_b \rangle$ 与解主方程 (6.31) 的效果确实是等价的, 也说明了如式 (6.23) 那样将总系统对环境的基取迹后, 剩下的东西即为系统的态的演化结果, 这样的结论是可靠的.

第 7 章

广义混沌光场及其熵

爱因斯坦曾说:"有人自以为对光的本性已经了解清楚了,但实际上这是自欺欺人." 此论正确. 实际上, 用 IWOP 方法我们可以引入若干广义混沌光场, 它们可以呈现出一些新的性质. 所以对光的本性的研究依然是"路漫漫其修远兮".

7.1　混沌光场的玻色统计

对于哈密顿量 $H_0 = \omega \hbar a^\dagger a$ 的热场

$$\rho_{\mathrm{c}} = \left(1 - \mathrm{e}^\lambda\right) \mathrm{e}^{\lambda a^\dagger a} \quad \left(\lambda = -\frac{\omega \hbar}{kT}\right) \tag{7.1}$$

其中, $\beta = \dfrac{1}{kT}$, k 是玻尔兹曼常数, T 表示温度. 可知

$$\mathrm{Tr}\rho_{\mathrm{c}} = \left(1 - \mathrm{e}^{\lambda}\right) \sum_{n=0}^{\infty} \mathrm{e}^{\lambda n} = 1 \tag{7.2}$$

故 ρ_{c} 是密度算符, 它是一个混合态. 力学量 $\hat{A}$ 的期望值为

$$\left\langle \hat{A} \right\rangle = \mathrm{tr}\left(\rho \hat{A}\right), \quad \rho = \dfrac{\mathrm{e}^{-\beta \hat{H}}}{Z(\beta)}, \quad Z(\beta) = \mathrm{Tr}\mathrm{e}^{-\beta H} \tag{7.3}$$

当 $\hat{A} = a^{\dagger} a$ 时, 给出平均光子数 n_{c}

$$
\begin{aligned}
\left(1 - \mathrm{e}^{\lambda}\right) \mathrm{Tr}\left[a^{\dagger} a \mathrm{e}^{\lambda a^{\dagger} a}\right] &= \left(1 - \mathrm{e}^{\lambda}\right) \dfrac{\partial}{\partial \lambda} \mathrm{Tr}\left[\mathrm{e}^{\lambda a^{\dagger} a}\right] = \left(1 - \mathrm{e}^{\lambda}\right) \dfrac{\partial}{\partial \lambda} \left(1 - \mathrm{e}^{\lambda}\right)^{-1} \\
&= \left(\mathrm{e}^{-\lambda} - 1\right)^{-1} = \left(\mathrm{e}^{\frac{\omega \hbar}{kT}} - 1\right)^{-1} \equiv n_{\mathrm{c}}
\end{aligned} \tag{7.4}
$$

这恰是玻色统计的结果, 所以 ρ_{c} 代表混沌光场.

7.2　用混沌光场对应的热真空态计算熵

下面引入热真空态的一个定理. 现在对于密度算符 $\rho_1 = \dfrac{\mathrm{e}^{-\beta \hat{H}_1}}{Z_1(\beta)}$, $Z_1(\beta) = \mathrm{tr}\mathrm{e}^{-\beta H_1}$, 我们希望能在扩大的希尔伯特空间中找到一个纯态 $|\phi(\beta)\rangle$, 使得原本对于混合态 ρ_1 的系综平均转化为对纯态 $|\phi(\beta)\rangle$ 的平均, 即

$$\langle A \rangle = \mathrm{tr}\left(\rho_1 A\right) = \langle \phi(\beta)| A |\phi(\beta)\rangle \tag{7.5}$$

令 $\mathrm{Tr} = \mathrm{tr}\widetilde{\mathrm{tr}}$, 它包含了对实模空间和虚模空间的求迹过程, 其中 tr 作用在实模空间, 而 $\widetilde{\mathrm{tr}}$ 作用在虚模空间, 则有

$$\langle \phi(\beta)| A |\phi(\beta)\rangle = \mathrm{Tr}\left[A |\phi(\beta)\rangle \langle \phi(\beta)|\right] = \mathrm{tr}\left[A \widetilde{\mathrm{tr}} |\phi(\beta)\rangle \langle \phi(\beta)|\right] \tag{7.6}$$

注意到, 因为 $|\phi(\beta)\rangle$ 同时与实模空间和虚模空间相关, $\widetilde{\mathrm{tr}} |\phi(\beta)\rangle \langle \phi(\beta)| \neq \langle \phi(\beta)| \phi(\beta)\rangle$, 比较式 (7.5) 和式 (7.3), 我们发现

$$\widetilde{\mathrm{tr}} |\phi(\beta)\rangle \langle \phi(\beta)| = \dfrac{\mathrm{e}^{-\beta \hat{H}_1}}{Z_1(\beta)} = \rho_1 \tag{7.7}$$

因此我们得出结论: 对于哈密顿量 $\hat{H}_1$, 我们应该做的是在扩大的空间中找到一个纯态 $|\phi(\beta)\rangle$, 使得它的虚模上的部分迹正好是密度算子 ρ_1.

例如在经典热学中, 设 $P(x)$ 是分布密度, 熵的式子为

$$S[P(x)] = -k \int_{-\infty}^{\infty} P(x) \ln P(x) \mathrm{d}x \tag{7.8}$$

我们称之为连续分布的熵. 在量子论中, 式 (7.8) 过渡为

$$S = -k \mathrm{Tr}(\rho \ln \rho) \tag{7.9}$$

对照式 (7.5), 我们用新公式来代替式 (7.9), 即

$$S = -k \langle \phi(\beta) | \ln \rho | \phi(\beta) \rangle \tag{7.10}$$

$\ln \rho$ 被命名为熵算子, $|\phi(\beta)\rangle$ 是对应于 ρ 的热真空态. 用 $: \mathrm{e}^{-a^\dagger a} : = |0\rangle \langle 0|$, 则有

$$\mathrm{e}^{-\beta\hbar\omega a^\dagger a} = : \mathrm{e}^{\left(\mathrm{e}^{-\beta\omega}-1\right)a^\dagger a} := \int \frac{\mathrm{d}^2 z}{\pi} \mathrm{e}^{z^* a^\dagger \mathrm{e}^{-\beta\hbar\omega/2}} |0\rangle \langle 0| \mathrm{e}^{za\mathrm{e}^{-\beta\hbar\omega/2}} \langle \tilde{z} | \tilde{0} \rangle \langle \tilde{0} | \tilde{z} \rangle \tag{7.11}$$

这里, $|\tilde{z}\rangle$ 是虚数空间中的相干态

$$|\tilde{z}\rangle = \exp\left(z\tilde{a}^\dagger - z^*\tilde{a}\right)|\tilde{0}\rangle, \quad \tilde{a}|\tilde{z}\rangle = z|\tilde{z}\rangle, \quad \langle \tilde{0} | \tilde{z} \rangle = \mathrm{e}^{-|z|^2/2}$$

注意到, 实模空间中的算符与虚模空间中的算符是对易的, 使用 $\tilde{a}|\tilde{z}\rangle = z|\tilde{z}\rangle$, 我们可以将式 (7.11) 转化为

$$\begin{aligned} \mathrm{e}^{-\beta H_0} = \mathrm{e}^{-\beta\hbar\omega a^\dagger a} &= \int \frac{\mathrm{d}^2 z}{\pi} \langle \tilde{z} | \mathrm{e}^{z^* a^\dagger \mathrm{e}^{-\beta\hbar\omega/2}} |0\tilde{0}\rangle \langle 0\tilde{0} | \mathrm{e}^{za\mathrm{e}^{-\beta\hbar\omega/2}} |\tilde{z}\rangle \\ &= \tilde{\mathrm{tr}}\left[\int \frac{\mathrm{d}^2 z}{\pi} |\tilde{z}\rangle \langle \tilde{z} | \left(\mathrm{e}^{a^\dagger \tilde{a}^\dagger \mathrm{e}^{-\beta\hbar\omega/2}} |0\tilde{0}\rangle \langle 0\tilde{0} | \mathrm{e}^{a\tilde{a}\mathrm{e}^{-\beta\hbar\omega/2}} \right) \right] \end{aligned} \tag{7.12}$$

然后由 $\int \frac{\mathrm{d}^2 z}{\pi} |\tilde{z}\rangle \langle \tilde{z}| = 1$ 得到

$$\rho_0 = \left(1 - \mathrm{e}^{-\beta\hbar\omega}\right) \mathrm{e}^{-\beta H_0} = \left(1 - \mathrm{e}^{-\beta\hbar\omega}\right) \tilde{\mathrm{tr}}\left[\left(\mathrm{e}^{a^\dagger \tilde{a}^\dagger \mathrm{e}^{-\beta\hbar\omega/2}} |0\tilde{0}\rangle \langle 0\tilde{0} | \mathrm{e}^{a\tilde{a}\mathrm{e}^{-\beta\hbar\omega/2}} \right) \right] \tag{7.13}$$

参照式 (7.7), 我们可以得到对应于量子算符 ρ_0 的热真空态是

$$|0(\beta)\rangle = \sqrt{1 - \mathrm{e}^{-\beta\omega}} \exp\left(a^\dagger \tilde{a}^\dagger \mathrm{e}^{-\beta\omega/2}\right) |0\tilde{0}\rangle \tag{7.14}$$

该表示是定义在扩大的 Fock 空间 $|n\rangle \otimes |\tilde{m}\rangle$ 上的. $|\tilde{n}\rangle$ 是伴随着实模态 $|n\rangle$ 的虚模态, $\langle \tilde{n} | \tilde{m} \rangle = \delta_{n,m}$, $|0\tilde{0}\rangle$ 被 a 或者 $\tilde{a}$ 湮灭了, 这里 $[\tilde{a}, \tilde{a}^\dagger] = 1$, $|0(\beta)\rangle$ 是和温度相关的, 对于不同的系统对应着不同的热真空态.

求 $|0(\beta)\rangle$ 的另一个方法如下:

令 $e^{\lambda} = 1 - \gamma$, 重写式 (7.1) 为

$$
\begin{aligned}
\gamma(1-\gamma)^{a^{\dagger}a} &= \sum_{m=0} \gamma(1-\gamma)^m |m\rangle\langle m| \\
&= \sum_{m'=0} \sqrt{\gamma(1-\gamma)^{m'}} \sum_{m=0} \sqrt{\gamma(1-\gamma)^m} |m'\rangle\langle m|\langle\tilde{m}|\tilde{m}'\rangle \\
&= \tilde{\mathrm{tr}} \sum_{m'=0} \sqrt{\gamma(1-\gamma)^{m'}} |m'\rangle|\tilde{m}'\rangle \sum_{m=0}^{\infty} \sqrt{\gamma(1-\gamma)^m} \langle m|\langle\tilde{m}|
\end{aligned}
\tag{7.15}
$$

将它和 $\tilde{\mathrm{tr}}\,|0(\beta)\rangle\langle 0(\beta)|$ 进行比较, 我们发现

$$
|0(\beta)\rangle = \sum_{m=0} \sqrt{\gamma(1-\gamma)^m} |m,\tilde{m}\rangle
\tag{7.16}
$$

这是一个新的形式. 根据式 (7.3) 和式 (7.2), 我们有

$$
\begin{aligned}
&\langle 0(\beta)| a^{\dagger}a |0(\beta)\rangle \\
&= (1 - e^{-\beta\hbar\omega}) \langle 0\tilde{0}| \exp\left(e^{-\frac{\beta\hbar\omega}{2}} a\tilde{a}\right) a^{\dagger}a \exp\left(e^{-\frac{\beta\hbar\omega}{2}} a^{\dagger}\tilde{a}^{\dagger}\right) |0\tilde{0}\rangle \\
&= [\exp(\beta\hbar\omega) - 1]^{-1}
\end{aligned}
\tag{7.17}
$$

这遵循了玻色–爱因斯坦统计. 通过令

$$
\tanh\theta = \exp\left(-\frac{\beta\hbar\omega}{2}\right), \quad \sinh^2\theta = [\exp(\beta\hbar\omega) - 1]^{-1}
\tag{7.18}
$$

我们可以将 $|0(\beta)\rangle$ 重新表示为

$$
|0(\beta)\rangle = \mathrm{sech}\,\theta \exp\left[a^{\dagger}\tilde{a}^{\dagger} \tanh\theta\right] |0,\tilde{0}\rangle = U(\theta) |0,\tilde{0}\rangle
\tag{7.19}
$$

这里, $U(\theta) \equiv \exp\left[\theta\left(a^{\dagger}\tilde{a}^{\dagger} - a\tilde{a}\right)\right]$ 被称为热压缩算子, 它将零温度下的真空状态转换为温度为 T 的热真空状态. 使用式 (7.10) 和式 (7.19), 我们可以直接推导出混沌光场的熵为

$$
S_0 = -k \langle 0(\beta)| \ln\rho_0 |0(\beta)\rangle = -k \langle 0(\beta)| \ln\left[(1 - e^{-\beta\omega}) e^{-\beta\omega a^{\dagger}a}\right] |0(\beta)\rangle
\tag{7.20}
$$

$$
= -k \ln(1 - e^{-\beta\omega}) + k\beta\omega \langle 0(\beta)| a^{\dagger}a |0(\beta)\rangle
$$

代入式 (7.17) 到式 (7.20) 中立即有

$$
S_0 = -k\left[\ln(1 - e^{-\beta\omega}) + \frac{\beta\omega e^{-\beta\omega}}{e^{-\beta\omega} - 1}\right]
\tag{7.21}
$$

这里我们并没有用到求熵的一般公式 $S = -k\mathrm{Tr}(\rho\ln\rho)$.

7.3 混沌光场的期望值定理

现在来研究处于混沌光场的若干算符的期望值.

我们可以计算处于纯态 $|0(\beta)\rangle$ 的平均值, 来替换密度算符的系综平均值, 注意到

$$\gamma = 1 - \mathrm{e}^{-\frac{\hbar\omega}{kT}}$$

$$\langle 0(\beta)|\, a^\dagger a\, |0(\beta)\rangle = \left(1 - \mathrm{e}^{-\frac{\hbar\omega}{kT}}\right) \sum_{m=0}^{\infty} \mathrm{e}^{-m\frac{\hbar\omega}{kT}} \langle m|\, a^\dagger a\, |m\rangle = \frac{\mathrm{e}^{-\frac{\hbar\omega}{kT}}}{1 - \mathrm{e}^{-\frac{\hbar\omega}{kT}}} = \frac{1-\gamma}{\gamma} \equiv n_\mathrm{c} \quad (7.22)$$

然后根据负二项定理

$$(1+x)^{-(s+1)} = \sum_{n=0}^{\infty} \frac{(n+s)!}{n!s!} (-x)^n \quad (7.23)$$

以及方程 (7.23), 我们得到

$$\begin{aligned}
\left[\langle 0(\beta)|\, a^\dagger a\, |0(\beta)\rangle\right]^p &= \mathrm{e}^{-p\frac{\hbar\omega}{kT}} \left(1 - \mathrm{e}^{-\frac{\hbar\omega}{kT}}\right)^{-p} \\
&= \left(1 - \mathrm{e}^{-\frac{\hbar\omega}{kT}}\right) \sum_{m=0}^{\infty} \mathrm{e}^{-(m+p)\frac{\hbar\omega}{kT}} \frac{(m+p)!}{m!p!}
\end{aligned} \quad (7.24)$$

从

$$a^p |m\rangle = \sqrt{\frac{m!}{(m-p)!}} |m-p\rangle \quad (7.25)$$

我们发现

$$\langle m|\, a^{\dagger p} a^p\, |m\rangle = \frac{m!}{(m-p)!} \quad (7.26)$$

更进一步我们有

$$\begin{aligned}
\langle 0(\beta)|\, a^{\dagger p} a^p\, |0(\beta)\rangle &= \left(1 - \mathrm{e}^{-\frac{\hbar\omega}{kT}}\right) \sum_{m=0}^{\infty} \mathrm{e}^{-m\frac{\hbar\omega}{kT}} \langle m|\, a^{\dagger p} a^p\, |m\rangle \\
&= \gamma \sum_{m=0}^{\infty} (1-\gamma)^{m+p} \frac{(m+p)!}{m!}
\end{aligned} \quad (7.27)$$

然后对比方程 (7.27) 和方程 (7.26), 我们得到

$$\langle 0(\beta)|\, a^{\dagger p} a^p\, |0(\beta)\rangle = p! \left[\langle 0(\beta)|\, a^\dagger a\, |0(\beta)\rangle\right]^p \quad (7.28)$$

这就是期望值的公式. 在 $|0(\beta)\rangle = \sum\limits_{m=0}^{\infty} \sqrt{\gamma (1-\gamma)^m} |m,\tilde{m}\rangle$ 的帮助下, 也有

$$
\begin{aligned}
\langle 0(\beta)| a^{\dagger p'} a^p |0(\beta)\rangle &= \sum_{m'=0}^{\infty} \sqrt{\gamma (1-\gamma)^{m'}} \langle m',\tilde{m}'| a^{\dagger p'} a^p \sum_{m=0}^{\infty} \sqrt{\gamma (1-\gamma)^m} |m,\tilde{m}\rangle \\
&= \sum_{m'=0}^{\infty} \sqrt{\gamma (1-\gamma)^{m'}} \langle m'| a^{\dagger p'} a^p \sum_{m=0}^{\infty} \sqrt{\gamma (1-\gamma)^m} |m\rangle \delta_{m,m'} \\
&= \sum_{m=0}^{\infty} \gamma (1-\gamma)^m \langle m| a^{\dagger p'} a^p |m\rangle \\
&= \sum_{m=0}^{\infty} \gamma (1-\gamma)^m \langle m-p'| \sqrt{\frac{m!}{(m-p')!}} \sqrt{\frac{m!}{(m-p)!}} |m-p\rangle \\
&= \sum_{m=0}^{\infty} \gamma (1-\gamma)^m \sqrt{\frac{m!}{(m-p')!}} \sqrt{\frac{m!}{(m-p)!}} \delta_{p',p} \quad (7.29)
\end{aligned}
$$

于是用式 (7.28) 得到

$$
\begin{aligned}
\langle 0(\beta)| \mathrm{e}^{f a^{\dagger}} \mathrm{e}^{g a} |0(\beta)\rangle &= \sum_{p,p'=0}^{\infty} \frac{1}{p! p'!} \langle 0(\beta)| \left(f a^{\dagger}\right)^{p'} (g a)^p |0(\beta)\rangle \\
&= \sum_{p,p'=0}^{\infty} \frac{1}{p! p'!} f^{p'} g^p \sum_{m=0}^{\infty} \gamma (1-\gamma)^m \sqrt{\frac{m!}{(m-p')!}} \sqrt{\frac{m!}{(m-p)!}} \delta_{p',p} \\
&= \sum_{p=0}^{\infty} \frac{1}{p! p!} (f g)^p \sum_{m=0}^{\infty} \gamma (1-\gamma)^m \frac{m!}{(m-p)!} \\
&= \sum_{p=0}^{\infty} \frac{1}{p! p!} (f g)^p \langle 0(\beta)| a^{\dagger p} a^p |0(\beta)\rangle \\
&= \sum_{p=0}^{\infty} \frac{(f g)^p}{p!} \left[\langle 0(\beta)| a^{\dagger} a |0(\beta)\rangle \right]^p \\
&= \exp \left[f g \langle 0(\beta)| a^{\dagger} a |0(\beta)\rangle \right] \quad (7.30)
\end{aligned}
$$

考虑到

$$
\langle 0(\beta)| a^2 |0(\beta)\rangle = 0 \quad (7.31)
$$

我们就可以导出平移算子 $\mathrm{e}^{f a + g a^{\dagger}}$ 的热平均公式:

$$
\langle 0(\beta)| \mathrm{e}^{f a + g a^{\dagger}} |0(\beta)\rangle = \exp \left[\frac{1}{2} \langle 0(\beta)| \left(f a + g a^{\dagger}\right)^2 |0(\beta)\rangle \right] \quad (7.32)
$$

或者写成更简洁的形式:

$$
\left\langle \mathrm{e}^{f a + g a^{\dagger}} \right\rangle = \mathrm{e}^{\left\langle \frac{1}{2} \left(f a + g a^{\dagger}\right)^2 \right\rangle} \quad (7.33)
$$

接下来谈谈处于负二项式态光场对应的热真空态和相应的期望值公式.

7.4 负二项式态光场对应的热真空态

一个有趣的问题是对于光场第二项式态 ρ_s(它可以产生于热光子束被原子吸收 s 个光子的过程中), 相应的热真空态是什么? 由负二项式定理

$$(1+x)^{-(s+1)} = \sum_{n=0}^{\infty} \frac{(n+s)!}{n!s!} (-x)^n \tag{7.34}$$

可知

$$\mathrm{tr}\rho_s = \gamma^{s+1} \sum_{n=0}^{\infty} \frac{(n+s)!}{n!s!} (1-\gamma)^n = 1 \tag{7.35}$$

对其密度矩阵进行变形, 由上式及 $|0\rangle\langle 0| =: \exp(-a^\dagger a) :, a|n\rangle = \sqrt{n}|n-1\rangle$, 可得

$$\begin{aligned}
\rho_s &= \sum_{n=0}^{\infty} \binom{n+s}{n} \gamma^{s+1} (1-\gamma)^n |n\rangle\langle n| \\
&= \frac{\gamma^{s+1}}{s!(1-\gamma)^s} a^s \sum_{n=0}^{\infty} (1-\gamma)^n |n\rangle\langle n| a^{\dagger s} \\
&= \frac{\gamma}{s! n_c^s} a^s : \exp\left\{ [(1-\gamma)-1] a^\dagger a \right\} : a^{\dagger s} \\
&= \frac{\gamma}{s! n_c^s} a^s \mathrm{e}^{\lambda a^\dagger a} a^{\dagger s}
\end{aligned} \tag{7.36}$$

其中

$$n_c = \frac{1-\gamma}{\gamma}, \quad \lambda = \ln(1-\gamma) \tag{7.37}$$

引入实模相干态

$$|z\rangle = \exp\left(-\frac{1}{2}|z|^2 + za^\dagger\right)|0\rangle = \exp\left(-\frac{1}{2}|z|^2\right)\|z\rangle \quad (\|z\rangle = \exp(za^\dagger)|0\rangle) \tag{7.38}$$

其完备性用 IWOP 方法表示为

$$\int \frac{\mathrm{d}^2 z}{\pi} |z\rangle\langle z| = \int \frac{\mathrm{d}^2 z}{\pi} : \exp\left(-|z|^2 + za^\dagger + z^*a - a^\dagger a\right) := 1 \tag{7.39}$$

于是用 $\mathrm{e}^{\lambda a^\dagger a} =: \exp\left[(\mathrm{e}^\lambda - 1) a^\dagger a\right]:$ 和 IWOP 方法, 有

$$a^s \mathrm{e}^{\lambda a^\dagger a} a^{\dagger s} = \int \frac{\mathrm{d}^2 z}{\pi} a^s : \exp\left(-|z|^2 + z^*a^\dagger \mathrm{e}^{\lambda/2} + za\mathrm{e}^{\lambda/2} - a^\dagger a\right) : a^{\dagger s}$$

$$= \int \frac{\mathrm{d}^2 z}{\pi} \mathrm{e}^{-|z|^2} a^s \left\| z^* \mathrm{e}^{\lambda/2} \right\rangle \left\langle z^* \mathrm{e}^{\lambda/2} \right\| a^{\dagger s} \tag{7.40}$$

再用 $\langle \tilde{0}| \, \tilde{z} \rangle = \mathrm{e}^{-|z|^2/2}$, 将式 (7.40) 化为

$$a^s \mathrm{e}^{\lambda a^\dagger a} a^{\dagger s} = \int \frac{\mathrm{d}^2 z}{\pi} z^s z^{*s} \mathrm{e}^{\lambda s} \mathrm{e}^{z^* a^\dagger \mathrm{e}^{\lambda/2}} |0\rangle \langle 0| \mathrm{e}^{z a \mathrm{e}^{\lambda/2}} \langle \tilde{z}| \tilde{0}\rangle \langle \tilde{0}| \tilde{z}\rangle$$

$$= \int \frac{\mathrm{d}^2 z}{\pi} \langle \tilde{z}| z^s z^{*s} \mathrm{e}^{\lambda s} \mathrm{e}^{z^* a^\dagger \mathrm{e}^{\lambda/2}} |\tilde{0} 0\rangle \langle \tilde{0} 0| \mathrm{e}^{z a \mathrm{e}^{\lambda/2}} |\tilde{z}\rangle$$

$$= \int \frac{\mathrm{d}^2 z}{\pi} \langle \tilde{z}| \tilde{a}^{\dagger s} \mathrm{e}^{\lambda s} \mathrm{e}^{\tilde{a}^\dagger a^\dagger \mathrm{e}^{\lambda/2}} |\tilde{0} 0\rangle \langle \tilde{0} 0| \mathrm{e}^{\tilde{a} a \mathrm{e}^{\lambda/2}} \tilde{a}^s |\tilde{z}\rangle$$

$$= \mathrm{e}^{\lambda s} \widetilde{\mathrm{tr}} \left(\int \frac{\mathrm{d}^2 z}{\pi} \tilde{a}^{\dagger s} \mathrm{e}^{\tilde{a}^\dagger a^\dagger \mathrm{e}^{\lambda/2}} |\tilde{0} 0\rangle \langle \tilde{0} 0| \mathrm{e}^{\tilde{a} a \mathrm{e}^{\lambda/2}} \tilde{a}^s |\tilde{z}\rangle \langle \tilde{z}| \right)$$

$$= (1 - \gamma)^s \widetilde{\mathrm{tr}} \left(\tilde{a}^{\dagger s} \mathrm{e}^{\tilde{a}^\dagger a^\dagger \mathrm{e}^{\lambda/2}} |\tilde{0} 0\rangle \langle \tilde{0} 0| \mathrm{e}^{\tilde{a} a \mathrm{e}^{\lambda/2}} \tilde{a}^s \right) \tag{7.41}$$

代入式 (7.36) 得到

$$\rho_s = \frac{\gamma}{s! n_c^s} a^s \mathrm{e}^{\lambda a^\dagger a} a^{\dagger s} = \frac{\gamma^{s+1}}{s!} \widetilde{\mathrm{tr}} \left(\tilde{a}^{\dagger s} \mathrm{e}^{\tilde{a}^\dagger a^\dagger \mathrm{e}^{\lambda/2}} |\tilde{0} 0\rangle \langle \tilde{0} 0| \mathrm{e}^{\tilde{a} a \mathrm{e}^{\lambda/2}} \tilde{a}^s \right) \tag{7.42}$$

对照式 (7.6) 可知, 相应于光场负二项式态的热真空态为

$$|\psi(\beta)\rangle_s = \sqrt{\frac{\gamma^{s+1}}{s!}} \tilde{a}^{\dagger s} \mathrm{e}^{\tilde{a}^\dagger a^\dagger \sqrt{1-\gamma}} |\tilde{0} 0\rangle \tag{7.43}$$

或

$$|\psi(\beta)\rangle_s = \sum_{n=0}^{\infty} \sqrt{\binom{n+s}{s} \gamma^{s+1} (1-\gamma)^n} |n, \tilde{s} + \tilde{n}\rangle \tag{7.44}$$

该热真空态是在混沌光场所对应的热真空态上的虚模激发, 这是对负二项式态的新看法. 再由 $\mathrm{tr}\rho_s = 1$, 可知

$$\mathrm{tr}\widetilde{\mathrm{tr}} |\psi(\beta)\rangle_{ss} \langle \psi(\beta)| = \mathrm{Tr} |\psi(\beta)\rangle_{ss} \langle \psi(\beta)| = {}_s \langle \psi(\beta)| \psi(\beta)\rangle_s = 1 \tag{7.45}$$

即纯态 $|\psi(\beta)\rangle_s$ 是归一化的.

以下展示用纯态 $|\psi(\beta)\rangle_s$ 的优点.

分别将湮灭算符 a 和产生算符 $a^\dagger$ 作用在 $|\psi(\beta)\rangle_s$ 上, 得到

$$a |\psi(\beta)\rangle_s = \sqrt{\frac{\gamma^{s+1}}{s!}} \sqrt{1-\gamma} \tilde{a}^{\dagger s+1} \mathrm{e}^{\tilde{a}^\dagger a^\dagger \sqrt{1-\gamma}} |0, \tilde{0}\rangle = \sqrt{1-\gamma} \sqrt{\frac{s+1}{\gamma}} |\psi(\beta)\rangle_{s+1} \tag{7.46}$$

以及

$$a^\dagger |\psi(\beta)\rangle_s = \sqrt{\frac{\gamma^{s+1}}{s!}} \sqrt{1-\gamma} \tilde{a}^{\dagger s} \mathrm{e}^{\tilde{a}^\dagger a^\dagger \sqrt{1-\gamma}} |0, \tilde{0}\rangle \tag{7.47}$$

对与负二项式态对应的热真空式 (7.44) 求纯态平均, 立即可得光子数的分布为

$$_s \langle \psi(\beta) | a^\dagger a | \psi(\beta) \rangle_s = (1-\gamma) \frac{s+1}{\gamma} {}_{s+1}\langle \psi(\beta) | \psi(\beta) \rangle_{s+1} = (1-\gamma) \frac{s+1}{\gamma} = (s+1) n_c \tag{7.48}$$

又由

$$a^2 |\psi(\beta)\rangle_s = \sqrt{\frac{\gamma^{s+1}}{s!}} (1-\gamma) \tilde{a}^{\dagger s+2} \mathrm{e}^{\tilde{a}^\dagger a^\dagger \sqrt{1-\gamma}} |\tilde{0}0\rangle = \frac{(1-\gamma)}{\gamma} \sqrt{(s+1)(s+2)} |\psi(\beta)\rangle_{s+2} \tag{7.49}$$

和

$$_s \langle \psi(\beta) | a^{\dagger 2} a^2 | \psi(\beta) \rangle_s = \frac{(1-\gamma)^2}{\gamma^2} (s+1)(s+2) = (s+1)(s+2) n_c^2 \tag{7.50}$$

知光子数的涨落为

$$_s \langle \psi(\beta) | (a^\dagger a)^2 | \psi(\beta) \rangle_s - \left[{}_s\langle \psi(\beta) | a^\dagger a | \psi(\beta) \rangle_s \right]^2 = (s+1)(n_c+1) n_c \tag{7.51}$$

这体现了用纯态求平均和量子涨落的便利.

根据式 (7.46), 我们有

$$a^p |\psi(\beta)\rangle_s = \left(\sqrt{\frac{1-\gamma}{\gamma}} \right)^p \sqrt{(s+1)(s+2)\cdots(s+p)} |\psi(\beta)\rangle_{s+p} \tag{7.52}$$

因此

$$\begin{aligned}
_s \langle \psi(\beta) | a^{\dagger p} a^p | \psi(\beta) \rangle_s &= \left(\frac{1-\gamma}{\gamma} \right)^p (s+1)(s+2)\cdots(s+p) \\
&= \frac{(s+p)!}{s!} n_c^p \\
&= \frac{(s+p)!}{(s+1)^p s!} \left[{}_s\langle \psi(\beta) | a^\dagger a | \psi(\beta) \rangle_s \right]^p
\end{aligned} \tag{7.53}$$

这就是关于 $|\psi(\beta)\rangle_s$ 的期望值公式, 更进一步计算, 得

$$\begin{aligned}
&_s \langle \psi(\beta) | a^{\dagger p'} a^p | \psi(\beta) \rangle_s \\
&= \sum_{n'=0}^{\infty} \sqrt{\gamma^{s+1} (1-\gamma)^{n'} \binom{n'+s}{s}} \langle n', \tilde{s}+\tilde{n}' | a^{\dagger p'} a^p \\
&\quad \times \sum_{n''=0}^{\infty} \sqrt{\gamma^{s+1} (1-\gamma)^{n''} \binom{n''+s}{s}} |n'', \tilde{s}+\tilde{n}''\rangle \\
&= \sum_{n'=0}^{\infty} \sqrt{\gamma^{s+1} (1-\gamma)^{n'} \binom{n'+s}{s}} \langle n' | a^{\dagger p'} a^p
\end{aligned}$$

$$\times \sum_{n''=0}^{\infty} \sqrt{\gamma^{s+1} (1-\gamma)^{n''} \binom{n''+s}{s}} |n''\rangle \delta_{n'n''}$$

$$= \sum_{n'=0}^{\infty} \gamma^{s+1} (1-\gamma)^{n'} \binom{n'+s}{s} \langle n'| a^{\dagger p'} a^p |n'\rangle$$

$$= \sum_{n'=0}^{\infty} \gamma^{s+1} (1-\gamma)^{n'} \binom{n'+s}{s} \sqrt{\frac{n'!}{(n'-p')!}} \sqrt{\frac{n'!}{(n'-p)!}} \delta_{p',p} \tag{7.54}$$

使用式 (7.54), 我们得到

$$\begin{aligned}
{}_s\langle \psi(\beta)| e^{fa^{\dagger}} e^{ga} |\psi(\beta)\rangle_s &= {}_s\langle \psi(\beta)| \sum_{p,p'=0}^{\infty} \frac{1}{p!p'!} \left(fa^{\dagger}\right)^{p'} (ga)^p |\psi(\beta)\rangle_s \\
&= \sum_{p,p'=0}^{\infty} \frac{f^{p'} g^p}{p!p'!} {}_s\langle \psi(\beta)| a^{\dagger p'} a^p |\psi(\beta)\rangle_s \\
&= \sum_{p=0}^{\infty} \frac{(fg)^p}{p!p!} \sum_{n'=0}^{\infty} \gamma^{s+1} (1-\gamma)^{n'} \binom{n'+s}{s} \frac{n'!}{(n'-p)!} \\
&= \sum_{p=0}^{\infty} \frac{(fg)^p}{p!p!} {}_s\langle \psi(\beta)| a^{\dagger p} a^p |\psi(\beta)\rangle_s \\
&= \sum_{p=0}^{\infty} \frac{1}{p!} \binom{s+p}{s} \left[\frac{fg}{s+1} {}_s\langle \psi(\beta)| a^{\dagger} a |\psi(\beta)\rangle_s \right]^p \tag{7.55}
\end{aligned}$$

从而有

$$\begin{aligned}
{}_s\langle \psi(\beta)| e^{fa^{\dagger}} e^{ga} |\psi(\beta)\rangle_s &= \sum_{p=0}^{\infty} \frac{(fg)^p}{p!p!} \frac{\left[{}_s\langle \psi(\beta)| a^{\dagger} a |\psi(\beta)\rangle_s\right]^p}{(s+1)^p} \frac{(s+p)!}{s!} \\
&= \sum_{p=0}^{\infty} \frac{1}{p!} \left[{}_s\langle \psi(\beta)| a^{\dagger} a |\psi(\beta)\rangle_s \frac{fg}{s+1} \right]^p \binom{s+p}{s} \\
&= {}_1F_0 \left(s+1, 0; {}_s\langle \psi(\beta)| a^{\dagger} a |\psi(\beta)\rangle_s \frac{fg}{s+1} \right) \tag{7.56}
\end{aligned}$$

其中, ${}_1F_0$ 是广义的超几何函数, 于是从式 (7.48) 可见

$$_s\langle \psi(\beta)| e^{fa^{\dagger}} e^{ga} |\psi(\beta)\rangle_s = {}_1F_0 (s+1, 0; fgn_c) \tag{7.57}$$

这是处于负二项场热真空态下平移算子的新定理.

我们将上面的结果总结于表 7.1 中.

基于光子产生-湮灭机制的量子力学引论
Introduction to Quantum Mechanics Based on Photon Creation-Annihilation Mechanism

表 7.1

	混沌态	负二项式态
密度算符	$(1-\gamma)\gamma^{a^\dagger a}$ $= \sum_{m=0}^{\infty}(1-\gamma)\gamma^m \lvert m\rangle\langle m\rvert$	$\sum_{m=0}^{\infty}\binom{m+s}{m}\gamma^{s+1}(1-\gamma)^m \lvert m\rangle\langle m\rvert$ $=\dfrac{\gamma}{s!m_c^s}a^s e^{\lambda a^\dagger a}a^{\dagger s}$
热真空态	$\sum_{m=0}^{\infty}\sqrt{\gamma(1-\gamma)^m}\lvert m,\tilde{m}\rangle$ $=\operatorname{sech}\theta\, e^{a^\dagger \tilde{a}^\dagger \tanh\theta}\lvert 0\tilde{0}\rangle$	$\sum_{m=0}^{\infty}\sqrt{\binom{m+s}{s}\gamma^{s+1}(1-\gamma)^m}\lvert m,\tilde{s}+\tilde{m}\rangle$ $=\sqrt{\dfrac{\gamma^{s+1}}{s!}}\tilde{a}^{\dagger s}e^{\tilde{a}^\dagger a^\dagger}\sqrt{1-\gamma}\lvert 0,\tilde{0}\rangle$
平均光子数	$n_c=\dfrac{1-\gamma}{\gamma}$	$(s+1)n_c$
光子数涨落	$(n_c+1)n_c$	$(s+1)(n_c+1)n_c$
期望值定理	$\dfrac{1}{p!}\langle 0(\beta)\rvert a^{\dagger p}a^p\lvert 0(\beta)\rangle$ $=\big[\langle 0(\beta)\rvert a^\dagger a\lvert 0(\beta)\rangle\big]^p$ $=n_c^p$	$\dfrac{1}{p!}{}_s\langle\psi(\beta)\rvert a^{\dagger p}a^p\lvert\psi(\beta)\rangle_s$ $=\binom{s+p}{p}\left[\dfrac{{}_s\langle\psi(\beta)\rvert a^\dagger a\lvert\psi(\beta)\rangle_s}{s+1}\right]$ $=\binom{s+p}{s}n_c^p$
平移算子	$\left\langle e^{fa+ga^\dagger}\right\rangle=e^{\left\langle\frac{1}{2}\left(fa+ga^\dagger\right)^2\right\rangle}$	${}_s\langle\psi(\beta)\rvert e^{fa^\dagger}e^{ga}\lvert\psi(\beta)\rangle_s$ $={}_1F_0(s+1,0;fgn_c)$

注: $\tanh\theta\equiv e^{-\beta\omega/2}=\exp\left(-\dfrac{\hbar\omega}{2kT}\right)\equiv\sqrt{1-\gamma}$, $\gamma=1-e^{-\frac{\hbar\omega}{kT}}$, $n_c=\dfrac{1-\gamma}{\gamma}=\dfrac{1}{e^{\frac{\hbar\omega}{kT}}-1}$.

综上所述, 我们分别找到了光学混沌场和负二项式场的热真空态的期望值定理.

7.5　光子增加混沌光场的归一化

以下我们将在理论上提出一个新的光子场——光子增加混沌场 (PACF), 它可以通过在混沌场上重复作用光子的产生算子 $a^\dagger$ 来获得. 它的密度算子是

$$\rho_0 = C_m a^{\dagger m}e^{-\lambda a^\dagger a}a^m \tag{7.58}$$

其中, C_m 是归一化常数, 可以通过 $\operatorname{Tr}\rho_0=1$ 来确定. 然后我们来研究这个新光场是如何在振幅阻尼通道中耗散的.

通过引入相干态表示 $\int\dfrac{\mathrm{d}^2z}{\pi}\lvert z\rangle\langle z\rvert=1$, $\lvert z\rangle=\exp\left(-\dfrac{\lvert z\rvert^2}{2}+za^\dagger\right)\lvert 0\rangle$, 并在运算中采用 IWOP 方法, 我们有

$$C_m^{-1}=\operatorname{Tr}\left(a^{\dagger m}e^{-\lambda a^\dagger a}a^m\right)$$
$$=\int\dfrac{\mathrm{d}^2z}{\pi}\langle z\rvert a^{\dagger m}e^{-\lambda a^\dagger a}a^m\lvert z\rangle$$

$$= \int \frac{\mathrm{d}^2 z}{\pi} z^{*m} z^m \exp\left[\left(\mathrm{e}^{-\lambda} - 1\right)|z|^2\right]$$

$$= (-1)^{m+1} m! \left(\mathrm{e}^{-\lambda} - 1\right)^{-1-m} \tag{7.59}$$

其中已用积分公式

$$\int \frac{\mathrm{d}^2 z}{\pi} z^{*n} z^m \mathrm{e}^{f|z|^2} = \delta_{n,m} (-1)^{m+1} f^{-(m+1)} m! \tag{7.60}$$

所以归一化的密度算子是

$$\rho_0 = \frac{\left(1 - \mathrm{e}^{-\lambda}\right)^{m+1}}{m!} a^{\dagger m} \mathrm{e}^{-\lambda a^\dagger a} a^m \tag{7.61}$$

利用式 (5.28) 可得

$$a^{\dagger m} \mathrm{e}^{-\lambda a^\dagger a} a^n = \colon \int \frac{\mathrm{d}^2 z}{\pi} \left\langle -z \left| \colon \mathrm{e}^{\left(\mathrm{e}^{-\lambda} - 1\right) a^\dagger a} \colon \right| z \right\rangle (-z^*)^m z^n \mathrm{e}^{|z|^2 + z^* a - z a^\dagger + a a^\dagger} \colon$$

$$= \colon \int \frac{\mathrm{d}^2 z}{\pi} (-z^*)^m z^n \mathrm{e}^{-\mathrm{e}^{-\lambda}|z|^2 - a^\dagger z + a z^* + a a^\dagger} \colon \tag{7.62}$$

借助于积分公式

$$\int \frac{\mathrm{d}^2 z}{\pi} z^n z^{*m} \mathrm{e}^{A|z|^2 + Bz + Cz^*} = \mathrm{e}^{-\frac{BC}{A}} \sum_{l=0}^{\min(m,n)} \frac{n! m!}{l!(n-l)!(m-l)!(-A)^{n+m-l+1}} B^{m-l} C^{n-l} \tag{7.63}$$

其中, $\mathrm{Re}\, A < 0$, 得到

$$a^{\dagger m} \mathrm{e}^{-\lambda a^\dagger a} a^n = \colon \mathrm{e}^{\left(1 - \mathrm{e}^{-\lambda}\right) a a^\dagger} \sum_{l=0}^{\min(m,n)} \frac{n! m! (-1)^l}{l!(n-l)!(m-l)!\left(\mathrm{e}^{-\lambda}\right)^{n+m-l+1}} a^{n-l} \left(a^\dagger\right)^{m-l} \colon \tag{7.64}$$

再用式 (5.30) 得

$$a^{\dagger m} \mathrm{e}^{-\lambda a^\dagger a} a^n = \sum_{l=0}^{\min(m,n)} \frac{n! m! (-1)^l}{l!(n-l)!(m-l)!\left(\mathrm{e}^{-\lambda}\right)^{n+m-l}} a^{n-l} \mathrm{e}^{-\lambda a^\dagger a} \left(a^\dagger\right)^{m-l} \tag{7.65}$$

用双变数厄密多项式的定义

$$\mathrm{H}_{m,n}\left(\eta, \eta^*\right) = \sum_{l=0}^{\min(m,n)} \frac{m! n! (-1)^l}{l!(m-l)!(n-l)!} \eta^{m-l} \eta^{*n-l} \tag{7.66}$$

可见, 当 $m = n$ 时, 我们可以将式 (7.64) 简化为

$$a^{\dagger m} \mathrm{e}^{-\lambda a^\dagger a} a^m = \mathrm{e}^{\lambda(m+1)} \colon \mathrm{e}^{\left(1 - \mathrm{e}^\lambda\right) a a^\dagger} \sum_{l=0}^{\min(m,n)} \frac{m! m! (-1)^l}{l!(m-l)!(m-l)!} \left(\mathrm{e}^{\lambda/2} a\right)^{m-l} \left(\mathrm{e}^{\lambda/2} a^\dagger\right)^{m-l} \colon$$

$$= \mathrm{e}^{\lambda(m+1)} \colon \mathrm{e}^{\left(1 - \mathrm{e}^\lambda\right) a a^\dagger} \mathrm{H}_{m,m}\left(\mathrm{e}^{\lambda/2} a, \mathrm{e}^{\lambda/2} a^\dagger\right) \colon \tag{7.67}$$

特别当 $\lambda = 0$ 时, 式 (7.64) 变为

$$a^{\dagger m}a^n = \sum_{l=0}^{\min(m,n)} \frac{n!m!(-1)^l}{l!(n-l)!(m-l)!} a^{n-l}\left(a^\dagger\right)^{m-l} = :\mathrm{H}_{m,n}\left(a^\dagger, a\right): \tag{7.68}$$

把式 (7.67) 代入式 (7.61), m-光子增混沌光场的密度算符的反正规乘积形式是

$$\rho_m = \frac{\left(\mathrm{e}^\lambda - 1\right)^{1+m}}{m!} :\mathrm{e}^{(1-\mathrm{e}^\lambda)aa^\dagger}\mathrm{H}_{m,m}\left(\mathrm{e}^{\lambda/2}a, \mathrm{e}^{\lambda/2}a^\dagger\right): \tag{7.69}$$

再用关系式:

$$\mathrm{H}_{m,m}(r,r) = m!(-1)^m \mathrm{L}_m(r)^2 \tag{7.70}$$

这里 L_m 是 m-阶拉盖尔多项式, 即

$$\mathrm{L}_m(x) = \sum_{l=0}^m \frac{m!(-x)^l}{(l!)^2(m-l)!} \tag{7.71}$$

所以密度算符 ρ_m 的反正规乘积形式是

$$\rho_m = (-)^m \left(\mathrm{e}^\lambda - 1\right)^{1+m} :\mathrm{e}^{(1-\mathrm{e}^\lambda)aa^\dagger}\mathrm{L}_m\left(\mathrm{e}^\lambda aa^\dagger\right): \tag{7.72}$$

以下讨论 ρ_m 的振幅衰减.

先看 m-光子增混沌光场的振幅衰减. 振幅衰减通道的密度矩阵主方程有如下形式的解:

$$\rho(t) = \sum_{n=0}^\infty M_n \rho_0 M_n^\dagger \tag{7.73}$$

其中

$$M_n = \sqrt{\frac{Y^n}{n!}}\mathrm{e}^{-\kappa t a^\dagger a}a^n, \quad Y = 1 - \mathrm{e}^{-2\kappa t} \tag{7.74}$$

即

$$\rho(t) = \sum_{n=0}^\infty \frac{Y^n}{n!}\mathrm{e}^{-\kappa t a^\dagger a}a^n \rho_0 a^{\dagger n}\mathrm{e}^{-\kappa t aa^\dagger} \tag{7.75}$$

将式 (7.61) 表示的 ρ_0 代入, 并利用

$$\mathrm{e}^{-\kappa t a^\dagger a}a\mathrm{e}^{\kappa t a^\dagger a} = a\mathrm{e}^{\kappa t}, \quad \mathrm{e}^{-\kappa t a^\dagger a}a^\dagger\mathrm{e}^{\kappa t a^\dagger a} = a^\dagger\mathrm{e}^{-\kappa t} \tag{7.76}$$

得到

$$\begin{aligned}
\rho(t) &= \frac{\left(1 - \mathrm{e}^{-\lambda}\right)^{1+m}}{m!} \sum_{n=0}^\infty \frac{Y^n}{n!}\mathrm{e}^{-\kappa t a^\dagger a}a^n a^{\dagger m}\mathrm{e}^{-\lambda a^\dagger a}a^m a^{\dagger n}\mathrm{e}^{-\kappa t a^\dagger a} \\
&= \frac{\left(1 - \mathrm{e}^{-\lambda}\right)^{1+m}}{m!} \sum_{n=0}^\infty \frac{Y^n}{n!}\mathrm{e}^{2\kappa t(n-m)}a^n a^{\dagger m}\mathrm{e}^{-(\lambda+2\kappa t)a^\dagger a}a^m a^{\dagger n}
\end{aligned} \tag{7.77}$$

由式 (7.71), 我们知道

$$a^{\dagger m}\mathrm{e}^{-(\lambda+2\kappa t)a^{\dagger}a}a^m = \mathrm{e}^{\lambda'(m+1)}\colon\!\mathrm{e}^{\left(1-\mathrm{e}^{\lambda'}\right)aa^{\dagger}}\mathrm{H}_{m,m}\left(\mathrm{e}^{\lambda'/2}a,\mathrm{e}^{\lambda'/2}a^{\dagger}\right)\colon \tag{7.78}$$

其中, $\lambda' = \lambda+2\kappa t$, 所以密度算符衰减为

$$
\begin{aligned}
\rho(t) &= \frac{\left(1-\mathrm{e}^{-\lambda}\right)^{1+m}}{m!}\mathrm{e}^{\lambda'(m+1)-2\kappa tm}\sum_{n=0}^{\infty}\frac{Y^n}{n!}\mathrm{e}^{2\kappa tn}\colon\!a^n\mathrm{e}^{\left(1-\mathrm{e}^{\lambda'}\right)a^{\dagger}a}\mathrm{H}_{m,m}\left(\mathrm{e}^{\lambda'/2}a,\mathrm{e}^{\lambda'/2}a^{\dagger}\right)a^{\dagger n}\colon \\
&= \frac{\left(1-\mathrm{e}^{-\lambda}\right)^{1+m}}{m!}\mathrm{e}^{\lambda(m+1)+2\kappa t}\colon\!\mathrm{e}^{\left(1-\mathrm{e}^{\lambda'}+Y\mathrm{e}^{2\kappa t}\right)aa^{\dagger}}\mathrm{H}_{m,m}\left(\mathrm{e}^{\lambda'/2}a,\mathrm{e}^{\lambda'/2}\right)\colon \\
&= (-1)^m\left(\mathrm{e}^{\lambda}-1\right)^{1+m}\mathrm{e}^{2\kappa t}\colon\!\mathrm{e}^{\mathrm{e}^{2\kappa t}\left(1-\mathrm{e}^{\lambda}\right)aa^{\dagger}}\mathrm{L}_m\left(\mathrm{e}^{\lambda}aa^{\dagger}\right)\colon
\end{aligned}
\tag{7.79}
$$

当 $m=0$ 时, 上式变为

$$\rho\left(t\right)\big|_{m=0} \to \left(\mathrm{e}^{\lambda}-1\right)\mathrm{e}^{2\kappa t}\colon\!\mathrm{e}^{\mathrm{e}^{2\kappa t}\left(1-\mathrm{e}^{\lambda}\right)aa^{\dagger}}\colon \tag{7.80}$$

为了验证其正确性, 我们计算在 t 时刻的光子数平均值, 为

$$\mathrm{tr}\left[\rho\left(t\right)\big|_{m=0}a^{\dagger}a\right] = \left(\mathrm{e}^{\lambda}-1\right)\mathrm{e}^{2\kappa t}\mathrm{tr}\left[\colon\!\mathrm{e}^{\mathrm{e}^{2\kappa t}\left(1-\mathrm{e}^{\lambda}\right)aa^{\dagger}}\colon a^{\dagger}a\right] \tag{7.81}$$

鉴于 $\colon\!\mathrm{e}^{\mathrm{e}^{2\kappa t}\left(1-\mathrm{e}^{\lambda}\right)aa^{\dagger}}\colon$ 是反正规乘积, 可以立即得到其在相干态表象中的 P-表示为

$$\colon\!\mathrm{e}^{\mathrm{e}^{2\kappa t}\left(1-\mathrm{e}^{\lambda}\right)aa^{\dagger}}\colon = \int\frac{\mathrm{d}^2z}{\pi}|z\rangle\langle z|\,\mathrm{e}^{\mathrm{e}^{2\kappa t}\left(1-\mathrm{e}^{\lambda}\right)|z|^2} \tag{7.82}$$

代入式 (7.81) 得到

$$
\begin{aligned}
\mathrm{tr}\left[\rho\left(t\right)\big|_{m=0}a^{\dagger}a\right] &= \left(\mathrm{e}^{\lambda}-1\right)\mathrm{e}^{2\kappa t}\int\frac{\mathrm{d}^2z}{\pi}\mathrm{e}^{\mathrm{e}^{2\kappa t}\left(1-\mathrm{e}^{\lambda}\right)|z|^2}\langle z|a^{\dagger}a|z\rangle \\
&= \left(\mathrm{e}^{\lambda}-1\right)\mathrm{e}^{2\kappa t}\int\frac{\mathrm{d}^2z}{\pi}\mathrm{e}^{-\mathrm{e}^{2\kappa t}\left(\mathrm{e}^{\lambda}-1\right)|z|^2}|z|^2 \\
&= \frac{1}{\mathrm{e}^{\lambda}-1}\mathrm{e}^{-2\kappa t}
\end{aligned}
\tag{7.83}
$$

将 λ 用前面提到的 $\dfrac{\hbar\omega}{kT}$ 代回

$$\mathrm{tr}\left[\rho\left(t\right)\big|_{m=0}a^{\dagger}a\right] = \frac{1}{\mathrm{e}^{\frac{\hbar\omega}{kT}}-1}\mathrm{e}^{-2\kappa t} \tag{7.84}$$

即得到 t 时刻的光子数平均值 $\bar{n}$ 为

$$\bar{n} = \frac{1}{\mathrm{e}^{\frac{\hbar\omega}{kT}}-1}\mathrm{e}^{-2\kappa t} = \bar{n}_0\mathrm{e}^{-2\kappa t}, \quad \bar{n}_0 = \frac{1}{\mathrm{e}^{\frac{\hbar\omega}{kT}}-1} \tag{7.85}$$

可见, 光子数随时间呈指数衰减.

基于光子产生-湮灭机制的量子力学引论
Introduction to Quantum Mechanics Based on Photon Creation-Annihilation Mechanism

下面我们求当 $m \neq 0$ 时, t 时刻的光子数平均值. 从式 (7.79) 的反正规乘积形式的密度算符立即得到其在相干态表象中的表示, 于是可以积分得到

$$\mathrm{tr}\left[a^{\dagger}a\rho(t)\right] = \mathrm{tr}[a^{\dagger}a\rho(t)\int\frac{\mathrm{d}^{2}z}{\pi}|z\rangle\langle z|] = \frac{\mathrm{e}^{-2\kappa t}}{1-\mathrm{e}^{-\lambda}}\left(\mathrm{e}^{-\lambda}+m\right) \tag{7.86}$$

在计算过程中用了以下关于 Laguerre 函数的积分公式:

$$\int_{0}^{\infty}\mathrm{e}^{-bx}x\mathrm{L}_{l}(x)\mathrm{d}x = \frac{1}{b^{l+2}}(b-1)^{l-1}(b-l-1) \tag{7.87}$$

$$\int_{0}^{\infty}\mathrm{e}^{-bx}\mathrm{L}_{l}(x)\mathrm{d}x = \sum_{k=0}^{\infty}\binom{l}{l-k}\int_{0}^{\infty}\mathrm{e}^{-bx}\frac{(-x)^{k}}{k!}\mathrm{d}x = (b-1)^{l}b^{-l-1} \tag{7.88}$$

当 $m = 0$ 时, 式 (7.86) 就变成式 (7.83).

结论 我们构建了 m-光子增混沌场, 利用 IWOP 方法导出了其归一化系数, 并讨论了该量子态通过振幅衰减通道的情况, 求出了 m-光子增混沌光场经振幅衰减后的密度算符, 及其平均光子数随时间呈指数衰减的公式. 本节的讨论有助于量子调控的实验研究.

7.6 混沌光场的高斯增强型及其热真空态

在自然界中存在高斯光和混沌光的叠加, 因此我们引入密度算子来描述高斯增强型混沌光场 (GECL). 借助于 IWOP 方法, 我们可以得到它的归一化常数, 然后再借助于部分求迹方法, 我们可以得到热真空态, 这可以大大简化高斯增强型混沌光场中光子数平均值和量子涨落的计算. 并且证明了高斯增强型混沌光场的二阶相干度大于 2.

7.6.1 混沌光场的高斯增强型的归一化

在自然界中, 大部分光都是混沌的, 它的一般形式为

$$\rho_{\mathrm{c}} = (1-f)\, f^{a^{\dagger}a} \tag{7.89}$$

$\mathrm{tr}\rho_{\mathrm{c}} = 1$. 现在我们考虑一种由密度算子表示的高斯增强型混沌光 ρ_{g}, 它的适当形式是

$$\rho_{\mathrm{g}} \equiv \sqrt{1-4A^{2}}\mathrm{e}^{A(f-1)a^{\dagger 2}}\rho_{\mathrm{c}}\mathrm{e}^{A(f-1)a^{2}} \tag{7.90}$$

这里, $e^{A(f-1)a^{\dagger 2}}$ 是一个高斯增强型算子, 起到压缩混沌光 $(1-f)f^{a^{\dagger}a}$ 的作用, 其中 A 是一个自由的实参数, 而 $\sqrt{1-4A^2} > 0$ 因子可用于确定 $\mathrm{tr}\rho_{\mathrm{g}} = 1$, 这可以从以下计算看到.

使用相干态的完备关系, $\int \dfrac{\mathrm{d}^2 z}{\pi} |z\rangle \langle z| = 1$, 其中

$$|z\rangle = \exp\left(-\frac{|z|^2}{2} + za^{\dagger}\right)|0\rangle, \quad a|z\rangle = z|z\rangle \tag{7.91}$$

然后使用算符恒等式:

$$e^{\lambda a^{\dagger}a} =: \exp\left[(e^{\lambda} - 1)a^{\dagger}a\right]: \tag{7.92}$$

这里, $:\ :$ 表示正规排序, 则我们有

$$
\begin{aligned}
\mathrm{tr}\rho_{\mathrm{g}} &= \sqrt{1-4A^2}\,\mathrm{tr}\left(e^{A(f-1)a^{\dagger 2}}\rho_{\mathrm{c}}e^{A(f-1)a^2}\right) \\
&= \sqrt{1-4A^2}\,(1-f)\int \frac{\mathrm{d}^2 z}{\pi} \langle z| e^{A(f-1)a^{\dagger 2}} : e^{(f-1)a^{\dagger}a} : e^{A(f-1)a^2} |z\rangle \\
&= \sqrt{1-4A^2}\,(1-f)\int \frac{\mathrm{d}^2 z}{\pi} e^{(f-1)A(z^{*2}+z^2)-(1-f)|z|^2} \\
&= 1
\end{aligned}
\tag{7.93}
$$

在最后一步中我们使用了积分公式:

$$\int \frac{\mathrm{d}^2 z}{\pi} e^{-\lambda|z|^2 + \alpha z^{*2} + \beta z^2} = \frac{1}{\sqrt{\lambda^2 - 4\alpha\beta}} \tag{7.94}$$

7.6.2 高斯增强型混沌光场的热真空态

现在我们研究高斯增强型混沌光场的热真空态. 令

$$f \equiv \frac{B^2}{1-4A^2} \tag{7.95}$$

于是式 (7.90) 变为

$$\rho_{\mathrm{g}} = \sqrt{1-4A^2}\,(1-f)e^{\left(\frac{B^2}{1-4A^2}-1\right)Aa^{\dagger 2}}e^{a^{\dagger}a\ln\frac{B^2}{1-4A^2}}e^{\left(\frac{B^2}{1-4A^2}-1\right)Aa^2} \tag{7.96}$$

注意到积分公式:

$$\int \frac{\mathrm{d}^2 z}{\pi} \exp\left(-h|z|^2 + \xi z + \eta z^*\right) = \frac{1}{h}\exp\frac{\xi\eta}{h} \quad (\mathrm{Re}\,h > 0) \tag{7.97}$$

式 (7.96) 可以表示为下面的正规排序内的积分:

$$\rho_{\mathrm{g}} = \left(1 - 4A^2\right)\left(1 - f\right) \int \frac{\mathrm{d}^2 z}{\pi} : \exp[-|z|^2 + A(z^2 + z^{*2}) + B\left(a^\dagger z^* + az\right) - A\left(a^{\dagger 2} + a^2\right) - a^\dagger a] : \tag{7.98}$$

考虑到

$$|0\rangle\langle 0| = : \mathrm{e}^{-a^\dagger a} : \tag{7.99}$$

我们可以进一步把式 (7.98) 写为

$$\begin{aligned}
\rho_{\mathrm{g}} = \left(1 - 4A^2\right)\left(1 - f\right) \int \frac{\mathrm{d}^2 z}{\pi} \Big[&\exp\left(-|z|^2 + Az^{*2} - Aa^{\dagger 2} + Ba^\dagger z^*\right)|0\rangle\langle 0| \\
&\times \exp\left(Az^2 - Aa^2 + Baz\right) \Big]
\end{aligned} \tag{7.100}$$

注意到对于虚模 $\langle \tilde{z}|\tilde{0}\rangle$, 我们有

$$\langle \tilde{z}|\tilde{0}\rangle = \mathrm{e}^{-|z|^2/2} \tag{7.101}$$

$$\int \frac{\mathrm{d}^2 z}{\pi} |\tilde{z}\rangle\langle \tilde{z}| = 1, \quad \tilde{a}|\tilde{z}\rangle = z|\tilde{z}\rangle \tag{7.102}$$

因此式 (7.100) 可变为

$$\begin{aligned}
\rho_{\mathrm{g}} = &\left(1 - 4A^2\right)\left(1 - f\right) \\
&\times \int \frac{\mathrm{d}^2 z}{\pi} \langle \tilde{z}| \exp[(A\tilde{a}^{\dagger 2} - Aa^{\dagger 2}) + Ba^\dagger \tilde{a}^\dagger]|0\tilde{0}\rangle\langle 0\tilde{0}| \exp[(A\tilde{a}^2 - Aa^2) + Ba\tilde{a}]|\tilde{z}\rangle \\
= &\left(1 - 4A^2\right)\left(1 - f\right) \\
&\times \widetilde{\mathrm{tr}} \left[\int \frac{\mathrm{d}^2 z}{\pi} |\tilde{z}\rangle\langle \tilde{z}| \exp[A(\tilde{a}^{\dagger 2} - a^{\dagger 2}) + Ba^\dagger \tilde{a}^\dagger]|0\tilde{0}\rangle\langle 0\tilde{0}| \exp[A(\tilde{a}^2 - a^2) + Ba\tilde{a}] \right] \\
= &\left(1 - 4A^2\right)\left(1 - f\right) \\
&\times \widetilde{\mathrm{tr}} \left\{ \exp[A(\tilde{a}^{\dagger 2} - a^{\dagger 2}) + Ba^\dagger \tilde{a}^\dagger]|0\tilde{0}\rangle\langle 0\tilde{0}| \exp[A(\tilde{a}^2 - a^2) + Ba\tilde{a}] \right\}
\end{aligned} \tag{7.103}$$

其中, $\widetilde{\mathrm{tr}}$ 表示对波浪号部分 (虚模部分) 实施部分求迹. 于是通过比较式 (7.6), 我们知道高斯增强型混沌光场的热真空态是

$$|\psi(\beta)\rangle_s = \sqrt{1 - 4A^2}\sqrt{1 - f} \exp[A(\tilde{a}^{\dagger 2} - a^{\dagger 2}) + Ba^\dagger \tilde{a}^\dagger]|0\tilde{0}\rangle \tag{7.104}$$

当 $A = 0$, $\sqrt{f} = B = \tanh\theta$ 时, 则 $|\psi(\beta)\rangle_s \to \sqrt{1 - f} \exp(\sqrt{f}a^\dagger \tilde{a}^\dagger)|0\tilde{0}\rangle$, 这正是混沌光的热真空态.

纯态 $|\psi(\beta)\rangle_s$ 是归一化的, 正如下面展示的一样, 利用

$$\int \frac{\mathrm{d}^2 z_1 \mathrm{d}^2 z_2}{\pi^2} |z_1 \tilde{z}_2\rangle\langle z_1 \tilde{z}_2| = 1 \tag{7.105}$$

我们算得

$$
\begin{aligned}
{}_s\langle\psi(\beta)|\psi(\beta)\rangle_s &= \left(1-4A^2\right)\left(1-f\right)\langle 0\tilde{0}|\exp[A(\tilde{a}^2-a^2)+Ba\tilde{a}]\\
&\quad\times\int\frac{\mathrm{d}^2z_1\mathrm{d}^2z_2}{\pi^2}|z_1\tilde{z}_2\rangle\langle z_1\tilde{z}_2|\exp[A(\tilde{a}^{\dagger 2}-a^{\dagger 2})+Ba^{\dagger}\tilde{a}^{\dagger}]|0\tilde{0}\rangle\\
&= \left(1-4A^2\right)\left(1-f\right)\int\frac{\mathrm{d}^2z_1\mathrm{d}^2z_2}{\pi^2}\\
&\quad\times\exp\left[-|z_1|^2-|z_2|^2+Bz_1z_2+Bz_1^*z_2^*+A\left(z_1^2-z_2^2\right)+A\left(z_1^{*2}-z_2^{*2}\right)\right]\\
&= \sqrt{1-4A^2}\,(1-f)\int\frac{\mathrm{d}^2z_1}{\pi^2}\exp\left[\frac{B^2-1+4A^2}{1-4A^2}|z_1|^2-\frac{A(B^2-1+4A^2)}{1-4A^2}\left(z_1^2+z_1^{*2}\right)\right]\\
&= \sqrt{1-4A^2}\,(1-f)\int\frac{\mathrm{d}^2z_1}{\pi^2}\exp\left[(f-1)|z_1|^2-A(f-1)\left(z_1^2+z_1^{*2}\right)\right]\\
&= 1
\end{aligned}
\tag{7.106}
$$

注意到 $f<1$, 这和下面的式子是等价的:

$$
{}_s\langle\psi(\beta)|\psi(\beta)\rangle_s = \mathrm{Tr}|\psi(\beta)\rangle_{ss}\langle\psi(\beta)| = \mathrm{tr}\left[\widetilde{\mathrm{tr}}|\psi(\beta)\rangle_{ss}\langle\psi(\beta)|\right] = 1
\tag{7.107}
$$

令

$$
L\equiv 1-4A^2-B^2 = \frac{4}{(1-4A^2)(1-f)}
\tag{7.108}
$$

$|\psi(\beta)\rangle_s$ 变为

$$
|\psi(\beta)\rangle_s = \frac{2}{\sqrt{L}}\exp[A(\tilde{a}^{\dagger 2}-a^{\dagger 2})+Ba^{\dagger}\tilde{a}^{\dagger}]|0\tilde{0}\rangle
\tag{7.109}
$$

7.6.3 利用 $|\psi(\beta)\rangle_s$ 计算光子数分布

引入 $|\psi(\beta)\rangle_s$ 可以大大简化混合态的系综平均值的计算. 例如, 我们来计算处于高斯增强型混沌光场中的光子数分布. 使用方程 (7.104)、方程 (7.108) 和相干态表象我们得到

$$
\begin{aligned}
{}_s\langle\psi(\beta)|aa^{\dagger}|\psi(\beta)\rangle_s &= \frac{4}{L}\langle 0\tilde{0}|\exp[A(\tilde{a}^2-a^2)+Ba\tilde{a}]a\\
&\quad\times\int\frac{\mathrm{d}^2z_1\mathrm{d}^2z_2}{\pi^2}|z_1\tilde{z}_2\rangle\langle z_1\tilde{z}_2|a^{\dagger}\exp[A(\tilde{a}^{\dagger 2}-a^{\dagger 2})+Ba^{\dagger}\tilde{a}^{\dagger}]|0\tilde{0}\rangle\\
&= \frac{4}{L}\int\frac{\mathrm{d}^2z_1\mathrm{d}^2z_2}{\pi^2}|z_1|^2\exp\left[-|z_1|^2-|z_2|^2+Bz_1z_2+Bz_1^*z_2^*+A\left(z_2^2-z_1^2\right)+A\left(z_2^{*2}-z_1^{*2}\right)\right]\\
&= \frac{1}{\sqrt{1-4A^2}}\frac{4}{L}\int\frac{\mathrm{d}^2z_1}{\pi^2}|z_1|^2\exp\left[(f-1)|z_1|^2-A(f-1)\left(z_1^2+z_1^{*2}\right)\right]
\end{aligned}
$$

$$= \frac{1}{\sqrt{1-4A^2}} \frac{4}{L} \frac{\partial^2}{\partial k \partial g} \int \frac{\mathrm{d}^2 z_1}{\pi^2} \exp\left[(f-1)|z_1|^2 + kz_1 + gz_1^* - A(f-1)\left(z_1^2 + z_1^{*2}\right)\right]\Big|_{k=g=0}$$

$$= \frac{\partial^2}{\partial k \partial g} \exp\left[\frac{-A\left(k^2 + g^2\right) - kg}{(f-1)\left(1-4A^2\right)}\right]\Big|_{k=g=0}$$

$$= \frac{1}{(1-f)\left(1-4A^2\right)} \tag{7.110}$$

因此光子数的平均值为

$$_s\langle\psi(\beta)|a^\dagger a|\psi(\beta)\rangle_s = \frac{1}{(1-f)\left(1-4A^2\right)} - 1 \tag{7.111}$$

当 $A = 0$ 时, 它退化为 $\dfrac{f}{1-f}$ (混沌光的光子数), 因为

$$\frac{1}{(1-f)\left(1-4A^2\right)} - 1 > \frac{f}{1-f} \tag{7.112}$$

所以高斯增强型混沌光场比普通混沌光场拥有更多的光子. 因此, 高斯增强型的混沌光场确实增加了光子数. 当 $A = \dfrac{1}{2}\tanh\lambda$ 时, $\sqrt{f} = \tanh\theta$,

$$_s\langle\psi(\beta)|a^\dagger a|\psi(\beta)\rangle_s = \cosh^2\theta\cosh^2\lambda - 1 \tag{7.113}$$

7.6.4　高斯增强型混沌光场中光子数的量子涨落

现在我们计算高斯增强型混沌光场中光子数的量子涨落. 使用式 (7.104), 我们有

$$_s\langle\psi(\beta)|a^2 a^{\dagger 2}|\psi(\beta)\rangle_s$$

$$= \frac{4}{L}\langle0\tilde{0}|\mathrm{e}^{[A(a_2^2 - a_1^2) + Ba_1 a_2]}a^2 \int \frac{\mathrm{d}^2 z_1 \mathrm{d}^2 z_2}{\pi^2}|z_1 z_2\rangle\langle z_1 z_2|a^{\dagger 2}\mathrm{e}^{[A(a_2^{\dagger 2} - a_1^{\dagger 2}) + Ba_1^\dagger a_2^\dagger]}|0\tilde{0}\rangle$$

$$= \frac{4}{L}\int \frac{\mathrm{d}^2 z_1 \mathrm{d}^2 z_2}{\pi^2}|z_1|^4 \mathrm{e}^{[A(z_2^2 - z_1^2) + Bz_1 z_2]}\mathrm{e}^{-|z_1|^2 - |z_2|^2}\mathrm{e}^{[A(z_2^{*2} - z_1^{*2}) + Bz_1^* z_2^*]}$$

$$= \frac{1}{\sqrt{1-4A^2}}\frac{4}{L}\left[\frac{\partial^2}{\partial k \partial g}\right]^2 \int \frac{\mathrm{d}^2 z_1}{\pi}$$

$$\times \exp\left[(f-1)|z_1|^2 + kz_1 + gz_1^* - A(f-1)\left(z_1^2 + z_1^{*2}\right)\right]_{k=g=0}$$

$$= \left(\frac{\partial^2}{\partial k \partial g}\right)^2 \exp\left[\frac{-\left(k^2 + g^2\right)A - kg}{(f-1)\left(1-4A^2\right)}\right]_{k=g=0}$$

$$= \frac{4A^2 + 2}{(f-1)^2\left(1-4A^2\right)^2} \tag{7.114}$$

它来自于

$$\left(a^{\dagger}a\right)^{2}=\left(aa^{\dagger}-1\right)^{2}=aa^{\dagger}aa^{\dagger}-2aa^{\dagger}+1$$

$$=a\left(aa^{\dagger}-1\right)a^{\dagger}-2aa^{\dagger}+1=a^{2}a^{\dagger2}-3aa^{\dagger}+1 \tag{7.115}$$

于是

$$_{s}\left\langle\psi(\beta)\left|\left(a^{\dagger}a\right)^{2}\right|\psi(\beta)\right\rangle_{s}=_{s}\left\langle\psi(\beta)\left|\left(a^{2}a^{\dagger2}-3aa^{\dagger}+1\right)\right|\psi(\beta)\right\rangle_{s}$$

$$=\frac{4A^{2}+2}{(f-1)^{2}(1-4A^{2})^{2}}-\frac{3}{(1-f)(1-4A^{2})}+1 \tag{7.116}$$

故而光子数涨落为

$$_{s}\left\langle\psi(\beta)\left|\left(a^{\dagger}a\right)^{2}\right|\psi(\beta)\right\rangle_{s}-_{s}\left\langle\psi(\beta)\left|a^{\dagger}a\right|\psi(\beta)\right\rangle_{s}^{2}$$

$$=\frac{4A^{2}+2}{(f-1)^{2}(1-4A^{2})^{2}}-\frac{3}{(1-f)(1-4A^{2})}+1-\left(\frac{1}{(1-f)(1-4A^{2})}-1\right)^{2}$$

$$=\frac{8A^{2}+f(1-4A^{2})}{(f-1)^{2}(1-4A^{2})^{2}} \tag{7.117}$$

当 $A=0$ 时, 它退化为 $\dfrac{f}{(f-1)^{2}}$, 这正是混沌光的涨落, 鉴于

$$\frac{f}{(f-1)^{2}}<\frac{8A^{2}+f(1-4A^{2})}{(f-1)^{2}(1-4A^{2})^{2}} \tag{7.118}$$

可见高斯增强型混沌光场的涨落大于普通混沌光的涨落.

用方程 (7.111) 和式 (7.116), 我们进一步研究二阶相干度:

$$g_{\rho}^{(2)}=\frac{_{s}\left\langle\psi(\beta)\left|\left(a^{\dagger}a\right)^{2}\right|\psi(\beta)\right\rangle_{s}-_{s}\left\langle\psi(\beta)\left|a^{\dagger}a\right|\psi(\beta)\right\rangle_{s}}{_{s}\left\langle\psi(\beta)\left|a^{\dagger}a\right|\psi(\beta)\right\rangle_{s}^{2}}$$

$$=\frac{2\left[4A^{2}+f(1-4A^{2})\right]^{2}+4A^{2}}{\left[1-4A^{2}-f(1-4A^{2})\right]^{2}}\cdot\frac{\left[1-4A^{2}-f(1-4A^{2})\right]^{2}}{\left[4A^{2}+f(1-4A^{2})\right]^{2}}$$

$$=2+\frac{4A^{2}}{\left[4A^{2}+f(1-4A^{2})\right]^{2}}>2 \tag{7.119}$$

这表明高斯增强型的混沌光场是聚束的, 以及当 $A\rightarrow0$, $g_{\rho}^{(2)}=2$ 时, 它退化为混沌光场, 表现出聚束效应. 因此, 高斯增强的混沌光场仍然是经典的.

总之, 借助于部分求迹方法和 IWOP 方法, 我们获得了高斯增强型混沌光场的热真空态. 它有助于我们成功地计算出光子数扰动、量子涨落和二阶相干度, 这些表明高斯增强型混沌光场仍然是经典的.

7.7 高斯增强型混沌光场的 P-表示和 Wigner 函数

量子光学的一个重要任务是探索光的本性. 新光场的理论构建和实验测量有助于我们对光的本性做进一步了解. 例如, 自从发明了激光后, 不但爱因斯坦的受激辐射的理论得以证实, 而且出现了相干态、压缩态等光场, 发现了它们有别于经典光场的统计性质. 相干态使我们了解激光的相干性, 单模压缩态使我们了解光的反聚束、亚泊松分布, 双模压缩态使我们了解了连续变量的量子纠缠, 等等. 本节旨在探索高斯增强型混沌光的 P-表示和 Wigner 函数. 因为这两个物理量分别描述了量子光场所对应的经典性质. 光场存在 P-表示, 意味着存在相应的经典光场. P-表示是在相干态表象 $|z\rangle$ 中表示的, 定义为

$$\rho = \int \frac{\mathrm{d}^2 z}{\pi} |z\rangle\langle z| P(z) \tag{7.120}$$

$$|z\rangle = \exp\left(-\frac{|z|^2}{2} + za^\dagger\right)|0\rangle \tag{7.121}$$

7.7.1 高斯增强型混沌光场的 P- 表示

高斯增强型双模混沌光场由密度算符表征, 其定义是

$$\rho = A\exp(E^* a^{\dagger 2})\exp(a^\dagger a \ln \lambda)\exp(Ea^2) \tag{7.122}$$

其中

$$A = \sqrt{(\lambda-1)^2 - 4|E|^2} \tag{7.123}$$

因为反正规排序的算符在相干态表象下可以直接读出其 P-表示, 所以我们要将 ρ 转换成反正规排序的形式. 为此, 我们利用下面的化算符为其反正规排序的公式:

$$\rho = \int \frac{\mathrm{d}^2\beta}{\pi} \colon \langle -\beta|\rho|\beta\rangle \exp(|\beta|^2 + \beta^* a - \beta a^\dagger + a^\dagger a) \colon \tag{7.124}$$

这里，$|\beta\rangle$ 也是一个相干态，$a|\beta\rangle = \beta|\beta\rangle$，$\vdots \ \vdots$ 标记反正规序，$\langle -\beta|\beta\rangle = \exp(-2|\beta|^2)$，代入式 (7.122) 之后计算得

$$
\begin{aligned}
\rho &= A \exp(E^* a^{\dagger 2}) \exp(a^{\dagger} a \ln \lambda) \exp(E a^2) \\
&= A \int \frac{\mathrm{d}^2 \beta}{\pi} \vdots \langle -\beta| \exp(E^* a^{\dagger 2}) \vdots \exp\left[(\lambda-1) a^{\dagger} a\right] \vdots \exp(E a^2)|\beta\rangle \\
&\quad \times \exp(|\beta|^2 + \beta^* a - \beta a^{\dagger} + a^{\dagger} a) \vdots \\
&= A \int \frac{\mathrm{d}^2 \beta}{\pi} \vdots \exp(-\lambda |\beta|^2 + \beta^* a - \beta a^{\dagger} + E \beta^2 + E^* \beta^{*2} + a^{\dagger} a) \vdots \\
&= A' \vdots \exp\left(\frac{-\lambda a a^{\dagger} + E a^2 + E^* a^{\dagger 2}}{\lambda^2 - 4|E|^2} + a^{\dagger} a \right) \vdots
\end{aligned}
\tag{7.125}
$$

其中，已设

$$
A' \equiv \frac{A}{\sqrt{\lambda^2 - 4|E|^2}}
\tag{7.126}
$$

整个式子都是反正规排列的，a 和 $a^{\dagger}$ 在 $\vdots \ \vdots$ 内是可对易的，于是直接从 $a^{\dagger} \to z^*, a \to z$，给出 ρ 的 P-表示，即

$$
A' \exp\left(\frac{-\lambda |z|^2 + E z^2 + E^* z^{*2}}{\lambda^2 - 4|E|^2} + |z|^2 \right)
\tag{7.127}
$$

为了检验式 (7.120) 的有效性，我们利用它来计算式 (7.125) 中 ρ 的迹：

$$
\begin{aligned}
\mathrm{Tr}\rho &= \int \frac{\mathrm{d}^2 z}{\pi} \langle z|P(z)|z\rangle = \int \frac{\mathrm{d}^2 z}{\pi} P(z) \\
&= \frac{A}{\sqrt{\lambda^2 - 4|E|^2}} \int \frac{\mathrm{d}^2 z}{\pi} \exp\left[\frac{(\lambda^2 - 4|E|^2 - \lambda)|z|^2 + E z^2 + E^* z^{*2}}{\lambda^2 - 4|E|^2} \right] \\
&= \frac{A\sqrt{\lambda^2 - 4|E|^2}}{\sqrt{(\lambda^2 - 4|E|^2 - \lambda)^2 - 4|E|^2}} \\
&= \frac{A}{\sqrt{(\lambda-1)^2 - 4|E|^2}} = 1
\end{aligned}
\tag{7.128}
$$

注意，在上面的计算过程中我们用到了下式：

$$
\begin{aligned}
(\lambda^2 - 4|E|^2 - \lambda)^2 - 4|E|^2 &= (\lambda^2 - 4|E|^2 - \lambda + 2|E|)\left(f\lambda^2 - 4|E|^2 - \lambda - 2|E| \right) \\
&= (\lambda - 2|E|)(\lambda - 1 + 2|E|)(\lambda + 2|E|)(\lambda - 1 - 2|E|) \\
&= (\lambda^2 - 4|E|^2)\left[(\lambda-1)^2 - 4|E|^2 \right]
\end{aligned}
\tag{7.129}
$$

可见，选择 $A = \sqrt{(\lambda-1)^2 - 4|E|^2}$ 是正确的.

作为 P-表示的应用, 我们计算处于高斯增强型混沌光场的光子数平均值, 从式 (7.127) 得到

$$\text{Tr}\left(\rho a^{\dagger} a\right) = \text{Tr}\left(\int \frac{\mathrm{d}^2 z}{\pi} P(z)|z\rangle\langle z|a^{\dagger} a\right) = \int \frac{\mathrm{d}^2 z}{\pi} P(z)|z|^2$$

$$= A' \int \frac{\mathrm{d}^2 z}{\pi}|z|^2 \exp\left(|z|^2 + \frac{Ez^2 + E^* z^{*2} - \lambda|z|^2}{\lambda^2 - 4|E|^2}\right)$$

$$= A' \frac{\partial}{\partial f} \int \frac{\mathrm{d}^2 z}{\pi} \exp\left(f|z|^2 + \frac{Ez^2 + E^* z^{*2} - \lambda|z|^2}{\lambda^2 - 4|E|^2}\right)\Bigg|_{f=1}$$

$$= A' \frac{\partial}{\partial f} \int \frac{\mathrm{d}^2 z}{\pi} \exp\left\{\frac{Ez^2 + E^* z^{*2} + [f(\lambda^2 - 4|E|^2) - \lambda]|z|^2}{\lambda^2 - 4|E|^2}\right\}\Bigg|_{f=1}$$

$$= A' \frac{\partial}{\partial f} \frac{\lambda^2 - 4|E|^2}{\sqrt{[f(\lambda^2 - 4|E|^2) - \lambda]^2 - 4|E|^2}}\Bigg|_{f=1}$$

$$= A' \frac{\sqrt{\lambda^2 - 4|E|^2}[4|E|^2 - \lambda(\lambda-1)]}{[(\lambda-1)^2 - 4|E|^2]^{3/2}}$$

$$= \frac{4|E|^2 - \lambda(\lambda-1)}{(\lambda-1)^2 - 4|E|^2} = -\frac{\lambda-1}{(\lambda-1)^2 - 4|E|^2} - 1 \tag{7.130}$$

调节高斯增强参数 E, 就可调整光子数. 特别地, 当 $E = 0$ 时, 没有高斯增强, $\lambda = \mathrm{e}^{-\hbar\omega/kT}$, 上式约化为

$$\text{Tr}\left(\rho a^{\dagger} a\right)|_{E=0} \to \frac{1}{\lambda^{-1} - 1} = \frac{1}{\mathrm{e}^{\hbar\omega/kT} - 1} \tag{7.131}$$

这恰好是混沌光场的平均光子数.

7.7.2 高斯增强型混沌光场的 Wigner 函数

下面先给出 P-表示与 Wigner 函数的关系的新推导.

Wigner 函数是用准经典的方式在相空间中描述量子光场的. 给定一个密度算符, 其 Wigner 函数的一般公式是

$$W(\alpha^*, \alpha) = \text{Tr}[\Delta(\alpha^*, \alpha)\rho] \tag{7.132}$$

其中, $\Delta(\alpha^*, \alpha)$ 是 Wigner 算符, 其正规乘积形式是

$$\Delta(\alpha^*, \alpha) = \frac{1}{\pi} : \exp\left[-2(a^{\dagger} - \alpha^*)(a - \alpha)\right] : \tag{7.133}$$

这里, : : 标记正规序. 引入

$$\alpha = \frac{q + \mathrm{i}p}{\sqrt{2}}, \quad a = \frac{X + \mathrm{i}P}{\sqrt{2}} \tag{7.134}$$

$[X, P] = \mathrm{i}\hbar$ 是坐标–动量算符正则对易关系, 则式 (7.133) 变为

$$\Delta(\alpha^*, \alpha) \to \Delta(q, p) = \frac{1}{\pi} : \exp\left[-(q - X)^2 - (p - P)^2\right] : \tag{7.135}$$

其边缘分布分别给出动量本征态和坐标本征态的投影算符, 即

$$\int_{-\infty}^{\infty} \mathrm{d}q \Delta(q, p) = \frac{1}{\sqrt{\pi}} : \exp\left[-(p - P)^2\right] := |p\rangle\langle p| \tag{7.136}$$

$$\int_{-\infty}^{\infty} \mathrm{d}p \Delta(q, p) = \frac{1}{\sqrt{\pi}} : \exp\left[-(q - X)^2\right] := |q\rangle\langle q| \tag{7.137}$$

$$\int_{-\infty}^{\infty} \mathrm{d}q \int_{-\infty}^{\infty} \mathrm{d}p \Delta(q, p) = 1 \tag{7.138}$$

将式 (7.132) 代入得到

$$\begin{aligned}
W = \mathrm{Tr}\left[\Delta(\alpha^*, \alpha)\rho\right] &= \mathrm{Tr}\left[\int \frac{\mathrm{d}^2 z}{\pi} \Delta(\alpha^*, \alpha)|z\rangle\langle z|P(z)\right] \\
&= \int \frac{\mathrm{d}^2 z}{\pi^2} \langle z| : \exp\left[-2\left(a^\dagger - \alpha^*\right)(a - \alpha)\right] : |z\rangle P(z) \\
&= \int \frac{\mathrm{d}^2 z}{\pi^2} \mathrm{e}^{-2(z^* - \alpha^*)(z - \alpha)} P(z)
\end{aligned} \tag{7.139}$$

可见, 从 $P(z)$ 可以得到 Wigner 函数. 现在将式 (7.127) 代入式 (7.139) 得到

$$\begin{aligned}
W &= A' \int \frac{\mathrm{d}^2 z}{\pi^2} \mathrm{e}^{-2(z^* - \alpha^*)(z - \alpha)} \exp\left[|z|^2 + \frac{E z^2 + E^* z^{*2} - \lambda|z|^2}{\lambda^2 - 4|E|^2}\right] \\
&= A' \int \frac{\mathrm{d}^2 z}{\pi^2} \exp\left[-|z|^2 \frac{\lambda^2 - 4|E|^2 + \lambda}{\lambda^2 - 4|E|^2} + \frac{E z^2 + E^* z^{*2}}{\lambda^2 - 4|E|^2} - 2z^*\alpha - 2z\alpha^* - 2|\alpha|^2\right] \\
&= \frac{A'}{\pi} \frac{\lambda^2 - 4|E|^2}{\sqrt{(\lambda^2 - 4|E|^2 + \lambda)^2 - 4|E|^2}} \\
&\quad \times \exp\left\{\frac{\lambda^2 - 4|E|^2}{(\lambda^2 - 4|E|^2 + \lambda)^2 - 4|E|^2}\left[4\left(\lambda^2 - 4|E|^2 + \lambda\right)|\alpha|^2 + 4\left(E\alpha^2 + E^*\alpha^{*2}\right)\right] - 2|\alpha|^2\right\} \\
&= \frac{A'}{\pi} \sqrt{\frac{\lambda^2 - 4|E|^2}{(\lambda + 1)^2 - 4|E|^2}} \\
&\quad \times \exp\left\{\frac{1}{(\lambda + 1)^2 - 4|E|^2}\left[4\left(\lambda^2 - 4|E|^2 + \lambda\right)|\alpha|^2 + 4\left(E\alpha^2 + E^*\alpha^{*2}\right)\right] - 2|\alpha|^2\right\} \\
&= \frac{A}{\pi} \sqrt{\frac{1}{(\lambda + 1)^2 - 4|E|^2}} \exp\left\{\frac{2\left(\lambda^2 - 1 - 4|E|^2\right)}{(\lambda + 1)^2 - 4|E|^2}|\alpha|^2 + \frac{4\left(E\alpha^2 + E^*\alpha^{*2}\right)}{(\lambda + 1)^2 - 4|E|^2}\right\}
\end{aligned} \tag{7.140}$$

其中用到了代数关系式 (7.129). 式 (7.140) 就是高斯增强型混沌光场的 Wigner 函数. 当 $E = 0$ 时,

$$W \to \frac{1}{\pi} \frac{\lambda - 1}{\lambda + 1} \exp\left[\frac{2(\lambda - 1)}{\lambda + 1}|\alpha|^2\right] \tag{7.141}$$

恰是混沌光场的 Wigner 函数.

根据以上的讨论, 我们求出了高斯增强型混沌光场的经典对应, 即其 P-表示与 Wigner 函数. 本节表明, 采用 IWOP 方法可以有效地完成以往难做的事.

7.8 表征密度算符在耗散通道演化的主方程解

反正规排序形式

将高斯型增强混沌光场的密度算符 [见式 (7.122)] 代入耗散通道的主方程解 (6.60) 中, 得

$$\rho(t) = A \sum_{n=0}^{\infty} \frac{T^n}{n!} \exp(-\kappa t a^{\dagger} a) a^n \exp(E^* a^{\dagger 2}) \exp(a^{\dagger} a \ln \lambda) \exp(E a^2) a^{\dagger n} \exp(-\kappa t a^{\dagger} a)$$

$$(7.142)$$

根据公式

$$\begin{cases} \exp\left(a^{\dagger} a \ln B\right) f\left(a^{\dagger}\right) \exp\left(-a^{\dagger} a \ln B\right) = f\left(B a^{\dagger}\right) \\ \exp\left(a^{\dagger} a \ln B\right) f\left(a\right) \exp\left(-a^{\dagger} a \ln B\right) = f\left(\dfrac{a}{B}\right) \end{cases} \tag{7.143}$$

得

$$\rho(t) = A \sum_{n=0}^{\infty} \frac{T^n \mathrm{e}^{2\kappa t n}}{n!} a^n \exp(E^* \mathrm{e}^{-2\kappa t} a^{\dagger 2}) \exp[(\ln \lambda - 2\kappa t) a^{\dagger} a] \exp(E \mathrm{e}^{-2\kappa t} a^2) a^{\dagger n} \quad (7.144)$$

这里

$$\exp[(\ln \lambda - 2\kappa t) a^{\dagger} a] =: \exp\left[\left(\mathrm{e}^{\ln \lambda - 2\kappa t} - 1\right) a^{\dagger} a\right]:$$
$$=: \exp\left[\left(\lambda \mathrm{e}^{-2\kappa t} - 1\right) a^{\dagger} a\right]: \tag{7.145}$$

其中, $::$ 标记正规序. 由于在 a^n 和 $a^{\dagger n}$ 之间存在 $\exp(E^* \mathrm{e}^{-2\kappa t} a^{\dagger 2}), \exp[(\ln \lambda - 2\kappa t) a^{\dagger} a], \exp(E \mathrm{e}^{-2\kappa t} a^2)$ 三项, 所以在对 n 进行求和遇到困难时, 解决这个难题的方法是把这三项转换成反正规排序的形式. 为此, 我们利用以下的化算符为其反正规排序的公式:

$$\rho = \int \frac{\mathrm{d}^2 \beta}{\pi} \vdots \langle -\beta | \rho | \beta \rangle \exp[|\beta|^2 + \beta^* a - \beta a^{\dagger} + a^{\dagger} a] \vdots \tag{7.146}$$

这里, $|\beta\rangle$ 也是一个相干态, $a|\beta\rangle = \beta|\beta\rangle$, $\vdots\ \vdots$ 标记反正规序, 我们计算

$$
\exp(E^* e^{-2\kappa t} a^{\dagger 2}) \exp[(\ln\lambda - 2\kappa t) a^\dagger a] \exp(E e^{-2\kappa t} a^2)
$$

$$
= \int \frac{\mathrm{d}^2\beta}{\pi} \langle -\beta | \exp(E^* e^{-2\kappa t} a^{\dagger 2}) \vdots \exp\left[\left(\lambda e^{-2\kappa t} - 1\right) a^\dagger a\right] \vdots \exp(E e^{-2\kappa t} a^2) |\beta\rangle
$$

$$
\times \exp(|\beta|^2 + \beta^* a - \beta a^\dagger + a^\dagger a) \vdots
$$

$$
= \int \frac{\mathrm{d}^2\beta}{\pi} \vdots \exp(-\lambda e^{-2\kappa t} |\beta|^2 + \beta^* a - \beta a^\dagger + E e^{-2\kappa t} \beta^2 + E^* e^{-2\kappa t} \beta^{*2} + a^\dagger a) \vdots
$$

$$
= \frac{e^{2\kappa t}}{\sqrt{\lambda^2 - 4|E|^2}} \vdots \exp\left(\frac{-\lambda a a^\dagger + E a^2 + E^* a^{\dagger 2}}{\lambda^2 - 4|E|^2} e^{2\kappa t} + a^\dagger a \right) \vdots \tag{7.147}
$$

将式 (7.148) 代入式 (7.144) 之后可以看出整个式子都是反正规排列的. 因为 a 和 $a^\dagger$ 在 $\vdots\ \vdots$ 内是可对易的, 所以现在我们可以在 $\vdots\ \vdots$ 内对 n 进行求和, 结果是

$$
\rho(t) = \frac{A e^{2\kappa t}}{\sqrt{\lambda^2 - 4|E|^2}} \vdots \sum_{n=0}^{\infty} \frac{(T e^{2\kappa t} a a^\dagger)^n}{n!} \exp\left(\frac{-\lambda a a^\dagger + E a^2 + E^* a^{\dagger 2}}{\lambda^2 - 4|E|^2} e^{2\kappa t} + a^\dagger a \right) \vdots
$$

$$
= \frac{A e^{2\kappa t}}{\sqrt{\lambda^2 - 4|E|^2}} \vdots \exp(e^{2\kappa t} a a^\dagger) \exp\left[\frac{-\lambda a a^\dagger + E a^2 + E^* a^{\dagger 2}}{\lambda^2 - 4|E|^2} e^{2\kappa t} \right] \vdots
$$

$$
= A' \vdots \exp\left[e^{2\kappa t} \frac{(\lambda^2 - 4|E|^2 - \lambda) a a^\dagger + E a^2 + E^* a^{\dagger 2}}{\lambda^2 - 4|E|^2} \right] \vdots \tag{7.148}
$$

这里, $A' = \dfrac{A e^{2\kappa t}}{\sqrt{\lambda^2 - 4|E|^2}}$, 且我们已应用了 $T = 1 - e^{-2\kappa t}$. 式 (7.148) 就是在 t 时刻的反正规序密度矩阵, 为了检验它的有效性, 我们利用在相干态表象的 P-表示公式

$$
\rho(t) = \int \frac{\mathrm{d}^2 z}{\pi} |z\rangle \langle z| P_t(z) \tag{7.149}
$$

来计算式 (7.148) 中 $\rho(t)$ 的迹, 则得到

$$
\mathrm{Tr}\rho(t) = \int \frac{\mathrm{d}^2 z}{\pi} \langle z| P_t(z) |z\rangle
$$

$$
= \int \frac{\mathrm{d}^2 z}{\pi} P_t(z)
$$

$$
= A' \int \frac{\mathrm{d}^2 z}{\pi} \exp\left[e^{2\kappa t} \frac{(\lambda^2 - 4|E|^2 - \lambda)|z|^2 + E z^2 + E^* z^{*2}}{\lambda^2 - 4|E|^2} \right]
$$

$$
= \frac{A\sqrt{\lambda^2 - 4|E|^2}}{\sqrt{(\lambda^2 - 4|E|^2 - \lambda)^2 - 4|E|^2}}
$$

$$
= \frac{A}{\sqrt{(\lambda - 1)^2 - 4|E|^2}} = 1 \tag{7.150}
$$

这是预期的结果.

基于光子产生-湮灭机制的量子力学引论
Introduction to Quantum Mechanics Based on Photon Creation-Annihilation Mechanism

进而计算粒子数衰减, 得到

$$
\begin{aligned}
\mathrm{Tr}\left(\rho(t)a^{\dagger}a\right) &= \mathrm{Tr}\left[\int \frac{\mathrm{d}^2 z}{\pi} P_t(z)|z\rangle\langle z|a^{\dagger}a\right] = \int \frac{\mathrm{d}^2 z}{\pi} P_t(z)|z|^2 \\
&= A'\int \frac{\mathrm{d}^2 z}{\pi}|z|^2 \exp\left(\mathrm{e}^{2\kappa t}|z|^2 + \frac{Ez^2 + E^* z^{*2} - \lambda|z|^2}{\lambda^2 - 4|E|^2}\mathrm{e}^{2\kappa t}\right) \\
&= A'\mathrm{e}^{-4\kappa t}\int \frac{\mathrm{d}^2 z}{\pi}|z|^2 \exp\left(|z|^2 + \frac{Ez^2 + E^* z^{*2} - \lambda|z|^2}{\lambda^2 - 4|E|^2}\right) \\
&= A'\mathrm{e}^{-4\kappa t}\frac{\partial}{\partial f}\int \frac{\mathrm{d}^2 z}{\pi} \exp\left(f|z|^2 + \frac{Ez^2 + E^* z^{*2} - \lambda|z|^2}{\lambda^2 - 4|E|^2}\right)\Big|_{f=1} \\
&= A'\mathrm{e}^{-4\kappa t}\frac{\partial}{\partial f}\int \frac{\mathrm{d}^2 z}{\pi} \exp\left(\frac{Ez^2 + E^* z^{*2} + [f(\lambda^2 - 4|E|^2) - \lambda]|z|^2}{\lambda^2 - 4|E|^2}\right)\Big|_{f=1} \\
&= A'\mathrm{e}^{-4\kappa t}\frac{\partial}{\partial f}\frac{\lambda^2 - 4|E|^2}{\sqrt{[f(\lambda^2 - 4|E|^2) - \lambda]^2 - 4|E|^2}}\Big|_{f=1} \\
&= A'\mathrm{e}^{-4\kappa t}\frac{\sqrt{\lambda^2 - 4|E|^2}[4|E|^2 - \lambda(\lambda - 1)]}{[(\lambda - 1)^2 - 4|E|^2]^{3/2}} \\
&= \mathrm{e}^{-2\kappa t}\frac{A[4|E|^2 - \lambda(\lambda - 1)]}{[(\lambda - 1)^2 - 4|E|^2]^{3/2}} \\
&= \mathrm{e}^{-2\kappa t}\frac{4|E|^2 - \lambda(\lambda - 1)}{(\lambda - 1)^2 - 4|E|^2}
\end{aligned}
\tag{7.151}
$$

7.9 与高斯增强型混沌光场相应的热真空态 $|\phi(\beta)\rangle$

本节我们讨论与高斯增强型混沌光场对应的热真空态, 其密度算符重写为

$$
\rho = C\mathrm{e}^{Da^{\dagger 2}}\rho_c \mathrm{e}^{Da^2}
\tag{7.152}
$$

这里, $\rho_c = (1-f)f^{a^{\dagger}a}$ 是混沌光场, C 是由 $\mathrm{tr}\rho = 1$ 决定的归一化系数, $\mathrm{e}^{Da^{\dagger 2}}$ 代表高斯增强算符, D 是与混沌场参数 f 有关的量. 为了以下行文方便, 我们令 $D = A(f-1)$, 故

$$
\rho = C\mathrm{e}^{A(f-1)a^{\dagger 2}}\rho_c \mathrm{e}^{A(f-1)a^2}
\tag{7.153}
$$

由正规乘积展开

$$
f^{a^{\dagger}a} = \mathrm{e}^{a^{\dagger}a\ln f} = :\mathrm{e}^{(f-1)a^{\dagger}a}:
\tag{7.154}
$$

和相干态 $|z\rangle = \exp\left(-\dfrac{|z|^2}{2} + za^\dagger\right)|0\rangle$ 的完备性关系

$$\int \frac{\mathrm{d}^2 z}{\pi} |z\rangle\langle z| = 1 \tag{7.155}$$

我们有

$$
\begin{aligned}
1 = \mathrm{tr}\rho &= \mathrm{tr}\left(\int \frac{\mathrm{d}^2 z}{\pi} |z\rangle\langle z|\rho\right) \\
&= C\mathrm{tr}\left(\int \frac{\mathrm{d}^2 z}{\pi} \langle z| \mathrm{e}^{A(f-1)a^{\dagger 2}} \rho_{\mathrm{c}} \mathrm{e}^{A(f-1)a^2} |z\rangle\right) \\
&= C(1-f)\mathrm{tr}\int \frac{\mathrm{d}^2 z}{\pi} \langle z| \mathrm{e}^{A(f-1)a^{\dagger 2}} : \mathrm{e}^{(f-1)a^\dagger a} : \mathrm{e}^{A(f-1)a^2} |z\rangle \\
&= C(1-f)\int \frac{\mathrm{d}^2 z}{\pi} \mathrm{e}^{A(f-1)\left(z^{*2}+z^2\right)+(f-1)|z|^2} \\
&= C(1-f)\frac{1}{\sqrt{(1-f)^2 - 4A^2(1-f)^2}} \\
&= C\frac{1}{\sqrt{1-4A^2}}
\end{aligned} \tag{7.156}
$$

所以, $C = \sqrt{1-4A^2}$.

以下推导高斯增强型混沌光场对应的热真空态 $|\phi(\beta)\rangle$. 令 $f \equiv \dfrac{B^2}{1-4A^2}$, 则

$$1 - f = \frac{1-4A^2-B^2}{1-4A^2} \tag{7.157}$$

故式 (7.153) 变成

$$
\begin{aligned}
\rho &= (1-f)\sqrt{1-4A^2}\mathrm{e}^{A(f-1)a^{\dagger 2}} f^{a^\dagger a} \mathrm{e}^{A(f-1)a^2} \\
&= \frac{4}{L\sqrt{1-4A^2}} : \mathrm{e}^{\left(\frac{B^2 A}{1-4A^2}-A\right)a^{\dagger 2} + \left(\frac{B^2}{1-4A^2}-1\right)a^\dagger a + \left(\frac{B^2 A}{1-4A^2}-A\right)a^2} :
\end{aligned} \tag{7.158}
$$

这里

$$\frac{4}{L} = 1 - 4A^2 - B^2 \tag{7.159}$$

用 IWOP 方法, 我们将 ρ 表达为积分形式, 即

$$\rho = \frac{4}{L}\int \frac{\mathrm{d}^2 z}{\pi} : \mathrm{e}^{A(z^{*2}-a^{\dagger 2})+Bz^*a^\dagger + A(z^2-a^2)+Bza - a^\dagger a - |z|^2} : \tag{7.160}$$

再用真空投影算符 $: \mathrm{e}^{-a^\dagger a} : = |0\rangle\langle 0|$, 和 $\langle \tilde{0}|\tilde{z}\rangle = \mathrm{e}^{-|z|^2/2}$, $|\tilde{z}\rangle = \exp\left(z\tilde{a}^\dagger - \dfrac{|z|^2}{2}\right)|\tilde{0}\rangle$, $\tilde{a}|\tilde{z}\rangle = z|\tilde{z}\rangle$, $\tilde{a}$ 是虚模, 我们有

$$\rho = \frac{4}{L}\int \frac{\mathrm{d}^2 z}{\pi} \langle \tilde{z}| \mathrm{e}^{A(z^{*2}-a^{\dagger 2})+Ba^\dagger z^*} |0\tilde{0}\rangle \langle 0\tilde{0}| \mathrm{e}^{A(z^2-a^2)+Baz} |\tilde{z}\rangle$$

基于光子产生-湮灭机制的量子力学引论
Introduction to Quantum Mechanics Based on Photon Creation-Annihilation Mechanism

$$= \frac{4}{L} \int \frac{\mathrm{d}^2 z}{\pi} \langle \tilde{z} | e^{A((\tilde{a}^{\dagger 2} - a^{\dagger 2}) + Ba^{\dagger}\tilde{a}^{\dagger}} | 0\tilde{0} \rangle \langle 0\tilde{0} | e^{A(\tilde{a}^2 - a^2) + Ba\tilde{a}} | \tilde{z} \rangle \tag{7.161}$$

利用虚模相干态的完备性 $1 = \int \frac{\mathrm{d}^2 z}{\pi} | \tilde{z} \rangle \langle \tilde{z} |$ 得到

$$\rho = \frac{4}{L} \widetilde{\mathrm{tr}} \left[\int \frac{\mathrm{d}^2 z}{\pi} | \tilde{z} \rangle \langle \tilde{z} | e^{A(\tilde{a}^{\dagger 2} - a^{\dagger 2}) + Ba^{\dagger}\tilde{a}^{\dagger}} | 0\tilde{0} \rangle \langle 0\tilde{0} | e^{A(\tilde{a}^2 - a^2) + Ba\tilde{a}} \right]$$

$$= \widetilde{\mathrm{tr}} (|\phi(\beta)\rangle \langle \phi(\beta)|) \tag{7.162}$$

故与式 (7.153) 相应的热真空态 $|\phi(\beta)\rangle$ 是

$$|\phi(\beta)\rangle = \frac{2}{\sqrt{L}} \exp[A(\tilde{a}^{\dagger 2} - a^{\dagger 2}) + Ba^{\dagger}\tilde{a}^{\dagger}] | 0\tilde{0} \rangle \tag{7.163}$$

当 $A = 0$ 时, 仅剩下混沌场, 让 $f = e^{-\beta\omega}, B = e^{-\beta\omega/2} \equiv \tanh\lambda$, $\beta = \frac{1}{kT}$, k 为玻尔兹曼常数, 则有

$$|\phi(\beta)\rangle \rightarrow \mathrm{sech}\lambda \exp(a^{\dagger}\tilde{a}^{\dagger} \tanh\lambda) | 0\tilde{0} \rangle \tag{7.164}$$

这就是混沌场对应的热真空态.

7.10 从 $|0\tilde{0}\rangle$ 变为热真空态 $|\phi(\beta)\rangle$ 的幺正变换

这里我们指出可以找到一个幺正变换将 $|0\tilde{0}\rangle \rightarrow |\phi(\beta)\rangle$, 从方程 (7.163) 导出

$$a|\phi(\beta)\rangle = (B\tilde{a}^{\dagger} - 2Aa^{\dagger}) |\phi(\beta)\rangle \tag{7.165}$$

$$\tilde{a}|\phi(\beta)\rangle = (Ba^{\dagger} + 2A\tilde{a}^{\dagger}) |\phi(\beta)\rangle \tag{7.166}$$

注意, A 和 B 是相互独立的, 取

$$A = \frac{\sinh^2 \lambda \sinh 2\gamma}{L}, \quad B = \frac{2 \sinh 2\lambda \cosh\gamma}{L} \tag{7.167}$$

于是

$$L = 4(1 + \sinh^2 \gamma \tanh^2 \lambda) \cosh^2 \lambda \tag{7.168}$$

其中, λ 与 γ 相互独立, 于是式 (7.165) 和式 (7.166) 分别变为

$$[a \cosh\lambda + \sinh\lambda (\tilde{a} \sinh\gamma - \tilde{a}^{\dagger} \cosh\gamma)] |\phi(\beta)\rangle = 0 \tag{7.169}$$

和

$$[\tilde{a}\cosh\lambda + \sinh\lambda\left(-a\sinh\gamma - a^{\dagger}\cosh\gamma\right)]\,|\phi(\beta)\rangle = 0 \tag{7.170}$$

于是 $|\phi(\beta)\rangle$ 改写为

$$|\phi(\beta)\rangle = \frac{2}{\sqrt{L}}\exp\left\{\frac{1}{L}[\sinh^2\lambda\sinh2\gamma(\tilde{a}^{\dagger2} - a^{\dagger2}) + 2\sinh2\lambda\cosh\gamma a^{\dagger}\tilde{a}^{\dagger}]\right\}|0\tilde{0}\rangle \tag{7.171}$$

可以找到一个幺正算符 W 联络 $|\phi(\beta)\rangle$ 和 $|0\tilde{0}\rangle$，使 $W|0\tilde{0}\rangle = |\phi(\beta)\rangle$，以及

$$WaW^{-1} = a\cosh\lambda + \sinh\lambda(\tilde{a}\sinh\gamma - \tilde{a}^{\dagger}\cosh\gamma) \tag{7.172}$$

$$W\tilde{a}W^{-1} = \tilde{a}\cosh\lambda + \sinh\lambda(-a\sinh\gamma - a^{\dagger}\cosh\gamma) \tag{7.173}$$

$$W^{-1}aW = a\cosh\lambda - \sinh\lambda(\tilde{a}\sinh\gamma - \tilde{a}^{\dagger}\cosh\gamma) \tag{7.174}$$

$$W^{-1}a^{\dagger}W = a^{\dagger}\cosh\lambda - \sinh\lambda(\tilde{a}^{\dagger}\sinh\gamma - \tilde{a}\cosh\gamma) \tag{7.175}$$

或

$$W\frac{a+a^{\dagger}}{\sqrt{2}}W^{-1} \equiv WXW^{-1} = X\cosh\lambda - \tilde{X}\mathrm{e}^{-\gamma}\sinh\lambda \tag{7.176}$$

$$W\frac{\tilde{a}+\tilde{a}^{\dagger}}{\sqrt{2}}W^{-1} = W\tilde{X}W^{-1} = \tilde{X}\cosh\lambda - X\mathrm{e}^{\gamma}\sinh\lambda \tag{7.177}$$

那么如何找呢? 我们借助于坐标表象, 给出

$$W = \iint_{-\infty}^{\infty}\mathrm{d}x\mathrm{d}\tilde{x}\left|\Lambda\begin{pmatrix}x\\\tilde{x}\end{pmatrix}\right\rangle\left\langle\begin{pmatrix}x\\\tilde{x}\end{pmatrix}\right| \tag{7.178}$$

其中, $\left|\begin{pmatrix}x\\\tilde{x}\end{pmatrix}\right\rangle \equiv |x,\tilde{x}\rangle$, 是双模坐标本征态, 第二模是虚模, 有

$$|\tilde{x}\rangle = \pi^{-1/4}\exp\left(\frac{-\tilde{x}^2}{2} + \sqrt{2}\tilde{x}\tilde{a}^{\dagger} - \frac{\tilde{a}^{\dagger2}}{2}\right)|\tilde{0}\rangle \tag{7.179}$$

而

$$\Lambda = \begin{pmatrix}\cosh\lambda & \mathrm{e}^{-\gamma}\sinh\lambda\\\mathrm{e}^{\gamma}\sinh\lambda & \cosh\lambda\end{pmatrix} \tag{7.180}$$

可以继续用 IWOP 方法对式 (7.178) 施行积分, 得到 W 的正规乘积形式, 从而验证式 (7.172~7.177). 这留给读者作为练习.

7.11 用热真空计算高斯增强型混沌光场的光子数涨落和二阶相干度

用热真空态 $|\phi(\beta)\rangle$ 可以将系综平均 $\mathrm{Tr}(\rho A)$ 化为纯态期望值, 故用式 (7.172) 导出高斯增强型混沌光场的平均光子数是

$$
\begin{aligned}
\mathrm{Tr}(a^\dagger a\rho) &= \langle\phi(\beta)|\,a^\dagger a\,|\phi(\beta)\rangle \\
&= \langle 0\tilde{0}|\,W^\dagger a^\dagger a W\,|0\tilde{0}\rangle \\
&= \sinh^2\lambda\cosh^2\gamma
\end{aligned}
\tag{7.181}
$$

再计算

$$
\begin{aligned}
\langle\phi(\beta)|\,a^{\dagger 2} &= \langle 0\tilde{0}|\,W^{-1}a^{\dagger 2}WW^{-1} = \langle 0\tilde{0}|\left[a^\dagger\cosh\lambda - \sinh\lambda(\tilde{a}^\dagger\sinh\gamma - \tilde{a}\cosh\gamma)\right]^2 W^{-1} \\
&= \langle 0\tilde{0}|\,\sinh^2\lambda(\tilde{a}^\dagger\sinh\gamma - \tilde{a}\cosh\gamma)^2 \\
&= \langle 0\tilde{0}|\left[\sinh^2\lambda(-\tilde{a}\cosh\gamma\tilde{a}^\dagger\sinh\gamma + \tilde{a}^2\cosh^2\gamma)\right] \\
&= \langle 0\tilde{0}|\left[\sinh^2\lambda(-\sinh\gamma\cosh\gamma + \tilde{a}^2\cosh^2\gamma)\right]
\end{aligned}
\tag{7.182}
$$

和

$$
a^2\,|\phi(\beta)\rangle = \left[\sinh^2\lambda(-\sinh\gamma\cosh\gamma + \tilde{a}^{\dagger 2}\cosh^2\gamma)\right]|0\tilde{0}\rangle
\tag{7.183}
$$

从而有

$$
\begin{aligned}
\langle\phi(\beta)|\,a^{\dagger 2}a^2\,|\phi(\beta)\rangle &= \langle 0\tilde{0}|\left[\sinh^2\lambda(-\sinh\gamma\cosh\gamma + \tilde{a}^2\cosh^2\gamma)\right] \\
&\quad \times \left[\sinh^2\lambda(-\sinh\gamma\cosh\gamma + \tilde{a}^{\dagger 2}\cosh^2\gamma)\right]|0\tilde{0}\rangle \\
&= \frac{1}{4}\sinh^4\lambda\sinh^2 2\gamma + \sinh^4\lambda\cosh^4\gamma\,\langle 0\tilde{0}|\,\tilde{a}^2\tilde{a}^{\dagger 2}\,|0\tilde{0}\rangle \\
&= \frac{1}{4}\sinh^4\lambda\sinh^2 2\gamma + 2\sinh^4\lambda\cosh^4\gamma
\end{aligned}
\tag{7.184}
$$

和

$$\langle\phi(\beta)|\,(a^\dagger a)^2\,|\phi(\beta)\rangle$$
$$= \langle\phi(\beta)|\,a^\dagger\,(a^\dagger a+1)\,a\,|\phi(\beta)\rangle$$
$$= \frac{1}{4}\sinh^4\lambda\sinh^2 2\gamma + 2\sinh^4\lambda\cosh^4\gamma + \sinh^2\lambda\cosh^2\gamma \tag{7.185}$$

所以光子数涨落是

$$\langle\phi(\beta)|\,(a^\dagger a)^2\,|\phi(\beta)\rangle - \langle\phi(\beta)|\,a^\dagger a\,|\phi(\beta)\rangle^2$$
$$= \frac{1}{4}\sinh^4\lambda\sinh^2 2\gamma + \sinh^4\lambda\cosh^4\gamma + \sinh^2\lambda\cosh^2\gamma \tag{7.186}$$

二阶相干度是

$$g^{(2)} = \frac{\langle\phi(\beta)|\,a^{\dagger 2}a^2\,|\phi(\beta)\rangle}{\langle\phi(\beta)|\,a^\dagger a\,|\phi(\beta)\rangle^2} = \tanh^2\gamma + 2 \geqslant 2 \tag{7.187}$$

这表明，当混沌光受高斯光束调制增强后，二阶相干度大于 2. 不管 f 取什么值，当 $\gamma = 0$ 时，都是混沌光场 $\rho_{\rm c} = (1-f)\,f^{a^\dagger a}$ 的 $g^{(2)} = 2$.

7.12　光场负二项式态的密度算子的正规乘积形式

对应于负二项式公式

$$\sum_{m=0}^{\infty} \binom{m+n}{m} (-x)^m = (1+x)^{-n-1} \tag{7.188}$$

存在量子光场的负二项式状态

$$\rho_0 = \sum_{n=0}^{\infty} \frac{(n+s)!}{n!s!}\gamma^{s+1}(1-\gamma)^n\,|n\rangle\langle n| \quad (\gamma < 1) \tag{7.189}$$

其中，$|n\rangle = \dfrac{a^{\dagger n}|0\rangle}{\sqrt{n!}}$ 是 Fock 状态，$a^\dagger$ 是光子产生算子 $|0\rangle$ 是 Fock 空间中的真空态. 负二项式态介于纯热态和纯相干态之间，其非经典特性和代数特征已经被研究过. 该状态下的光子数均为

$$\mathrm{Tr}\,(\rho_0 a^\dagger a) = \frac{(s+1)(1-\gamma)}{\gamma} \tag{7.190}$$

利用 $[a,a^\dagger] = 1$, $a^s|n\rangle = \sqrt{\dfrac{n!}{(n-s)!}}\,|n-s\rangle$, 可以将方程 (7.189) 写为

$$\rho_0 = \frac{\gamma^{s+1}}{s!(1-\gamma)^s} a^s \sum_{n=0}^{\infty} (1-\gamma)^n\,|n\rangle\langle n|\,a^{\dagger s}$$

$$= \frac{1}{s! n_c^s} a^s \rho_c a^{\dagger s} \tag{7.191}$$

这里，ρ_c 表示混沌场，为

$$\rho_c = \gamma \sum_{n=0}^{\infty} (1-\gamma)^n |n\rangle \langle n| = \gamma \sum_{n=0}^{\infty} \frac{(1-\gamma)^n}{n!} : a^{\dagger n} e^{-a^\dagger a} a^n := \gamma : e^{-\gamma a^\dagger a} :$$
$$= \gamma e^{a^\dagger a \ln(1-\gamma)} \tag{7.192}$$

方程 (7.192) 告诉我们，当检测到一些混沌状态的光子时，例如，在检测到几个光子后，混沌光场将呈现负二项分布. 进一步，由于 $\mathrm{Tr}_c = 1$，以及

$$\mathrm{tr}\left(\rho_c a a^\dagger\right) = \frac{1}{\gamma} - 1 = n_c \tag{7.193}$$

即混沌光场的平均光子数，根据 Bose-Einstein 的分布，可得到 $n_c = \dfrac{1}{e^{\beta \omega \hbar} - 1}$，这里，$\beta = \dfrac{1}{kT}$，$k$ 是玻尔兹曼常数，ω 是混沌光场的频率.

我们可以推导出负二项式态密度算子的正规排序形式. 令 $\ln(1-\gamma) = f$，然后 $n_c = \dfrac{e^f}{1-e^f}$，并通过引入相干状态表示 $\int \dfrac{\mathrm{d}^2 z}{\pi} |z\rangle \langle z| = 1$，$|z\rangle = e^{\frac{-|z|^2}{2}} e^{z a^\dagger} |0\rangle$，使用 IWOP 方法，我们将方程 (7.192) 改写为

$$\rho_0 = \frac{1}{s! n_c^s} a^s \rho_c a^{\dagger s} = \frac{1-e^f}{s! n_c^s} a^s e^{f a^\dagger a} a^{\dagger s}$$

$$= \frac{1-e^f}{s! n_c^s} \int \frac{\mathrm{d}^2 z}{\pi} a^s e^{f a^\dagger a} |z\rangle \langle z| a^{\dagger s}$$

$$= \frac{1-e^f}{s! n_c^s} \int \frac{\mathrm{d}^2 z}{\pi} e^{\frac{-|z|^2}{2}} a^s e^{f a^\dagger a} e^{z a^\dagger} e^{-f a^\dagger a} |0\rangle \langle z| z^{*s}$$

$$= \frac{1-e^f}{s! n_c^s} \int \frac{\mathrm{d}^2 z}{\pi} e^{\frac{-|z|^2}{2}} a^s e^{z a^\dagger e^f} |0\rangle \langle z| z^{*s}$$

$$= \frac{1-e^f}{s! n_c^s} \int \frac{\mathrm{d}^2 z}{\pi} \left(z e^f\right)^s z^{*s} : e^{-|z|^2 + z a^\dagger e^f + z^* a - a^\dagger a} :$$

$$= \frac{1-e^f}{s! n_c^s} e^{fs} : \sum_{l=0}^{\infty} e^{(e^f - 1) a^\dagger a} \frac{(n!)^2 \left(a^\dagger a e^f\right)^{n-l}}{l! \left[(n-l)!\right]^2} :$$

$$= \left(1-e^f\right)^{s+1} : e^{(e^f - 1) a^\dagger a} L_s\left(-a^\dagger a e^f\right) :$$

$$= \gamma^{s+1} : e^{-\gamma a^\dagger a} L_s\left[(\gamma - 1) a^\dagger a\right] : \tag{7.194}$$

其中，我们使用了 $|0\rangle \langle 0| = : e^{-a^\dagger a} :$，以及 Laguerre 多项式的定义.

$$L_s(x) = \sum_{l=0}^{s} \frac{(-x)^l n!}{(l!)^2 (n-l)!} \tag{7.195}$$

7.13 负二项态在衰减通道中的演化规律

将式 (7.191) 作为初始密度算符代入振幅衰减通道主方程的解 (6.11) 中, 并用算符恒等式

$$e^{fa^\dagger a}ae^{-fa^\dagger a} = ae^{-f} \tag{7.196}$$

得到

$$\begin{aligned}
s!\,(n_{\rm c})^s\,\rho\,(t) &= \sum_{m=0}^{\infty}\frac{T^m}{m!}e^{-\kappa ta^\dagger a}a^m a^s \rho_{\rm c} a^{\dagger s}a^{\dagger m}e^{-\kappa ta^\dagger a} \\
&= \sum_{m=0}^{\infty}\frac{T^m}{m!}e^{2\kappa t(m+s)}a^{m+s}e^{-\kappa ta^\dagger a}\rho_{\rm c}e^{-\kappa ta^\dagger a}a^{\dagger m+s} \\
&= \gamma\sum_{m=0}^{\infty}\frac{T^m}{m!}e^{2\kappa t(m+s)}a^{m+s}e^{(\lambda-2\kappa t)a^\dagger a}a^{\dagger m+s} \tag{7.197}
\end{aligned}$$

式中, $\lambda = \ln(1-\gamma)$. 此处在对 m 求和时遇到了障碍, 因为有 $e^{(\lambda-2\kappa t)a^\dagger a}$ 项夹在 a^{m+s} 和 $a^{\dagger m+s}$ 中间. 于是, 我们用算符的反正规乘积的恒等式

$$e^{\lambda a^\dagger a} = e^{-\lambda}\,{:}\exp\left[\left(1-e^{-\lambda}\right)aa^\dagger\right]{:}\quad 或 \quad {:}e^{\lambda aa^\dagger}{:} = \frac{1}{1-\lambda}e^{a^\dagger a\ln\frac{1}{1-\lambda}} \tag{7.198}$$

将式 (7.197) 改为

$$s!\,(n_{\rm c})^s\,\rho\,(t) = \gamma e^{-(\lambda-2\kappa t)}\sum_{m=0}^{\infty}\frac{T^m}{m!}e^{2\kappa t(m+s)}{:}a^{m+s}\exp\left[\left(1-e^{2\kappa t-\lambda}\right)aa^\dagger\right]a^{\dagger m+s}{:} \tag{7.199}$$

现在在 ${:}\ {:}$ 内部 a 与 $a^\dagger$ 可以交换了, 所以可施行对 m 求和, 结果是

$$\begin{aligned}
&s!\,(n_{\rm c})^s\,\rho\,(t) \\
&\quad = \gamma e^{-(\lambda-2\kappa t)}e^{2\kappa ts}a^s{:}\exp\left\{\left[Te^{2\kappa t}+\left(1-e^{2\kappa t-\lambda}\right)\right]aa^\dagger\right\}{:}a^{\dagger s} \\
&\quad = \gamma e^{-(\lambda-2\kappa t)}e^{2\kappa ts}a^s{:}\exp\left[e^{2\kappa t}\left(1-e^{-\lambda}\right)aa^\dagger\right]{:}a^{\dagger s} \\
&\quad = \frac{\gamma e^{2\kappa t}}{1-\gamma}e^{2\kappa ts}a^s{:}\exp\left(\frac{\gamma e^{2\kappa t}}{\gamma-1}aa^\dagger\right){:}a^{\dagger s} \tag{7.200}
\end{aligned}$$

其中

$$\frac{\gamma e^{2\kappa t}}{1-\gamma} : \exp\left(\frac{\gamma e^{2\kappa t}}{\gamma-1} aa^\dagger\right):$$

$$= \frac{\gamma e^{2\kappa t}}{1-\gamma(1-e^{2\kappa t})} \exp\left[aa^\dagger \ln\frac{\gamma-1}{\gamma(1-e^{2\kappa t})-1}\right]$$

$$= \frac{\gamma e^{2\kappa t}}{1-\gamma(1-e^{2\kappa t})} \exp\left\{aa^\dagger \ln\left[1 - \frac{\gamma e^{2\kappa t}}{1-\gamma(1-e^{2\kappa t})}\right]\right\}$$

$$= \gamma' e^{a^\dagger a \ln(1-\gamma')} \tag{7.201}$$

这里

$$\gamma' = \frac{\gamma e^{2\kappa t}}{1-\gamma(1-e^{2\kappa t})} = \frac{1}{e^{-2\kappa t}(1-\gamma)+\gamma}\gamma < \gamma \tag{7.202}$$

于是式 (7.200) 变成

$$\rho(t) = \frac{1}{s!\left(n_c e^{-2\kappa t}\right)^s} a^s \gamma' e^{a^\dagger a \ln(1-\gamma')} a^{\dagger s}$$

$$= \frac{1}{s!\left(n_c e^{-2\kappa t}\right)^s} a^s \rho_c' a^{\dagger s}$$

$$= \frac{1}{s!\left(n_c e^{-2\kappa t}\right)^s} \sum_{n=0}^\infty \gamma'(1-\gamma')^n a^s |n\rangle\langle n| a^{\dagger s}$$

$$= \frac{1}{s!\left(n_c e^{-2\kappa t}\right)^s} \sum_{n=0}^\infty \gamma'(1-\gamma')^n \frac{n!}{(n-s)!} |n-s\rangle\langle n-s|$$

$$= \frac{(1-\gamma')^s}{\gamma'^s} \frac{1}{\left(\frac{1-\gamma}{\gamma} e^{-2\kappa t}\right)^s} \sum_{n'=0}^\infty \gamma'^{s+1}(1-\gamma')^{n'} \binom{n'+s}{n'} |n'\rangle\langle n'|$$

$$= \sum_{n=0}^\infty \gamma'^{s+1}(1-\gamma')^n \binom{n+s}{n} |n\rangle\langle n| \tag{7.203}$$

显然, $\mathrm{Tr}\rho(t)=1$, 在最后一步我们注意到了下列关系:

$$\frac{1-\gamma'}{1-\gamma}\frac{\gamma}{\gamma'} = e^{-2\kappa t} \tag{7.204}$$

结论 负二项式态在通过振幅衰减通道后仍然演化为负二项式态, 只是参数从 γ 变为 γ', $\gamma' < 1$. t 时刻的平均光子数是

$$\mathrm{Tr}\left[\rho(t)a^\dagger a\right] = \frac{1-\gamma'}{\gamma'} = \frac{1-\gamma}{\gamma}e^{-2\kappa t} = n_c e^{-2\kappa t} \tag{7.205}$$

即 n_c 在衰变过程中呈指数衰减.

第8章

生成单模压缩光的简洁理论

已经知道, 激光的量子力学描述是相干态, 但它也有量子噪声. 当人们用激光来传输信号时, 带来量子噪声, 零点涨落是降低信号中噪声的量子极限.

为了摆脱这个量子极限的限制, 20 世纪 70 年代起物理学家着手研究压缩态, 设计制作了压缩光. 处于压缩态的光场的一个正交分量的量子涨落减小 (其代价是另一个正交分量的量子涨落增大), 用压缩光量子涨落小的正交相来传递信息, 则可以降低量子噪声.

在第 3 章中我们已将数态表象过渡为坐标表象, 这给阐述光的压缩态带来方便. 本章我们要说明在坐标表象中, 让 $|x\rangle \to \left|\dfrac{x}{\mu}\right\rangle$, 对应量子力学压缩变换. 它是在理论上生成压缩态的算符.

范洪义的理论是构造 Ket-Bra 积分形式:

$$S_1 \equiv \int_{-\infty}^{+\infty} \frac{\mathrm{d}x}{\sqrt{\mu}} \left|\frac{x}{\mu}\right\rangle \langle x| \tag{8.1}$$

它是经典尺度变换 $x \to \dfrac{x}{\mu}$ 的量子力学映射, 以这样的途径引入压缩算符. 这是捷径, 也

基于光子产生-湮灭机制的量子力学引论
Introduction to Quantum Mechanics Based on Photon Creation-Annihilation Mechanism

是物理的. 于是就存在一个定理: 经典尺度变换的量子对应变换是单模压缩算符.

证明: 根据坐标本征态的 Fock 形式 [见第 3 章式 (3.20)], 以及 $|0\rangle\langle 0| =\; : \mathrm{e}^{-a^\dagger a} :$, 用 IWOP 方法对上述的算符函数的积分有

$$S_1 = \int_{-\infty}^{+\infty} \frac{\mathrm{d}x}{\sqrt{\pi\mu}} \mathrm{e}^{-\frac{x^2}{2\mu^2} + \sqrt{2}\frac{x}{\mu}a^\dagger - \frac{a^{\dagger 2}}{2}} |0\rangle\langle 0| \mathrm{e}^{-\frac{x^2}{2} + \sqrt{2}xa - \frac{a^2}{2}} \tag{8.2}$$

$$= \int_{-\infty}^{+\infty} \frac{\mathrm{d}x}{\sqrt{\pi\mu}} : \mathrm{e}^{-\frac{x^2}{2}\left(1+\frac{1}{\mu^2}\right) + \sqrt{2}x\left(\frac{a^\dagger}{\mu}+a\right) - \frac{1}{2}\left(a^\dagger+a\right)^2} :$$

$$= \mathrm{sech}^{1/2}\lambda : \mathrm{e}^{-\frac{a^{\dagger 2}}{2}\tanh\lambda + (\mathrm{sech}\lambda - 1)a^\dagger a + \frac{a^2}{2}\tanh\lambda} :$$

其中

$$\mathrm{e}^\lambda = \mu, \quad \mathrm{sech}\lambda = \frac{2\mu}{1+\mu^2}, \quad \tanh\lambda = \frac{\mu^2-1}{1+\mu^2} \tag{8.3}$$

再根据 $\mathrm{e}^{\lambda a^\dagger a} =\; : \mathrm{e}^{(\mathrm{e}^\lambda-1)a^\dagger a} :$, 去掉式 (8.2) 中的记号 $: :$, 即得

$$S_1 = \mathrm{e}^{-\frac{a^{\dagger 2}}{2}\tanh\lambda} \mathrm{e}^{\left(a^\dagger a + \frac{1}{2}\right)\ln\mathrm{sech}\lambda} \mathrm{e}^{\frac{a^2}{2}\tanh\lambda} \tag{8.4}$$

这就是 IWOP 方法的魅力. 无需用李群和李代数的理论我们就导出压缩算符的显示的正规乘积形式, 这也体现了符号法的应用潜力、数学美感以及 IWOP 方法的简单性. 国际量子力学专家们这样评价 IWOP 方法: "It joints the two formalism (integral representation and operators) in a very clever way. The IWOP technique should be widely known." "I believe it will be rather useful for many PhD students as well as researchers working in the field of quantum optics." ["它将两种数学形式 (积分和算符) 以一种非常聪明的方法结合起来. IWOP 方法应该被广泛知晓." "我相信它对许多博士生以及工作在量子光学领域的研究人员都非常有用."] 这样一来, 许多量子理论中貌似艰深的、常令人敬而远之的公式变得很容易解读, 它们的物理意义更加明了, 数理结构的内在美通过数学的发展而再次展现于世人眼前. 黎曼说过: "只有在微积分发明之后, 物理学才成为一门科学." 对于狄拉克符号法而言, 在 IWOP 方法被发明之后, 便更能显示出它的巨大价值所在了. 人们也进一步领会了狄拉克在发明简洁符号所表现的天赋.

狄拉克坦陈数学美 "是我们的一种信条, 相信描述自然界的基本规律的方程都必定有显著的数学美", 因为自然界为它的物理定律选择优美的数学结构. 揭示自然规律的数学美要求开拓者除了要有微妙的洞察力, 独具慧眼, 还要有解决深奥而重要的问题的能力, 而 IWOP 方法体现了艺术的科学魅力. 对某些科学家来说, 数学形式主义的美学魅力常常提示着这种飞跃的方向. 假如狄拉克早在 20 世纪 30 年代能发明 IWOP 方法, 那么他马上就会做积分式 (8.1) 而在理论上首先发现压缩态, 且不会等到 80 年代才开始压缩态的研究. 尽管科学研究可能不会像梵高的名作那样给我们带来狂喜, 但科学的

气氛却有其内在的美——清晰、朴素和富于思想. 有人比方说, 读唐诗犹如学一条物理中的数学定理; 如果你接受这种说法, 那么你应该体会到, 证明一条数学物理定理就如同是在做一首永远传诵的好诗. 有诗为证: 异彩论文必传世, 字重千钧不易掂. 华章纳胸今方吐, 风流上身过往仙. 暂筵眯眼到微曛, 长歌清啸入云天, 谁解玄秘在量子, 道人画符思如泉.

对式 (8.4) 两边的参数 λ 求微商, 并利用下列算符恒等式:

$$e^{\gamma a^{\dagger 2}} a = \left(a - 2\gamma a^{\dagger}\right) e^{\gamma a^{\dagger 2}} \tag{8.5}$$

$$e^{\gamma a^{\dagger 2}} a^2 = \left(a^2 + 4\gamma^2 a^{\dagger 2} - 4\gamma a^{\dagger} a - 2\gamma\right) e^{\gamma a^{\dagger 2}} \tag{8.6}$$

导出

$$\frac{\partial}{\partial \lambda} S_1 = -\frac{\lambda}{2}\left(a^2 - a^{\dagger 2}\right) S_1 \tag{8.7}$$

注意到边界条件是 $S_1|_{\lambda=0} = 1$, 因此式 (8.7) 的解为

$$S_1 = \exp\left[-\frac{\lambda}{2}\left(a^2 - a^{\dagger 2}\right)\right] \tag{8.8}$$

把它改写为 QP(乘积) 算符, 即

$$e^{-\frac{\lambda}{2}\left(a^2 - a^{\dagger 2}\right)} = e^{-\frac{\lambda}{4}\left[(Q+\mathrm{i}\hat{P})^2 - (Q-\mathrm{i}\hat{P})^2\right]}$$
$$= e^{-\mathrm{i}\lambda\left(QP - \frac{\mathrm{i}}{2}\right)} \tag{8.9}$$

由式 (8.4) 得单模压缩真空态为

$$S_1 |0\rangle = \operatorname{sech}^{\frac{1}{2}} \lambda e^{-\frac{1}{2} a^{\dagger 2} \tanh \lambda} |0\rangle \tag{8.10}$$

即它是由压缩算符作用于真空态而产生的.

8.1　高斯光调制平移压缩光场

目前所知的自然界 (包括天体) 中存在的光, 从广义来说是平移压缩混沌光, 它是由平移算符和压缩算符共同作用于混沌光场 ρ_c 的结果, 此光场的密度算符是

$$\rho_s \equiv \left(1 - e^{\lambda}\right) D(\alpha) S(r) e^{\lambda a^{\dagger} a} S^{-1}(r) D^{-1}(\alpha) \tag{8.11}$$

其中 α 为平移参数, $\alpha = \dfrac{q+\mathrm{i}p}{\sqrt{2}}$, r 为压缩参数. 从 $\rho_c = (1 - \mathrm{e}^\lambda)\,\mathrm{e}^{\lambda a^\dagger a}$, 我们可以求出混沌光的平均光子数 $\bar{n}$:

$$\bar{n} = \mathrm{Tr}\left(\rho_c a^\dagger a\right) = \frac{1}{\mathrm{e}^{-\lambda} - 1} \tag{8.12}$$

下面研究平移压缩混沌光的一些新性质, 当将一束经典高斯光场 $\mathrm{e}^{-\frac{q^2}{2\tau_1^2} - \frac{p^2}{2\tau_2^2}}$ 去调制平移压缩量子光场, 会产生什么结果呢? 这里 τ_1 和 τ_2 是调制参数. 换言之, 理论上如何处理经典光场和量子光场 (用密度算符表示) 的耦合呢? 这个问题具有一定的普遍性.

借助于 IWOP 方法, 我们将指出经典高斯光场调制平移压缩量子光场的结果仍然是平移压缩光, 但混沌参数和压缩参数做相应的改变, 导致了其带新参数的密度算符产生. 我们先导出平移压缩混沌光场的 Weyl–排序形式, 再将其纳入正规乘积形式, 发现它呈现正态分布. 用此形式我们才可以用 IWOP 方法研究其与经典高斯光场的卷积. 我们发现高斯卷积后新光场正态分布的形式不变, 并给出新光场混沌参数和压缩参数随经典调制参数调整的公式.

8.2　平移压缩混沌光场密度算符的 Weyl–排序形式

要全面了解量子光场的性质, 须考察其密度算符在不同排序规则下的不同表现形式. 为了导出平移压缩混沌光场的 Weyl–排序形式, 我们首先用公式

$$\rho = 2 \int \frac{\mathrm{d}^2\beta}{\pi} \langle -\beta| \rho |\beta\rangle \vdots \exp\left(2|\alpha|^2 - 2\beta a^\dagger + 2a\beta^*\right) \vdots \tag{8.13}$$

这里, $\vdots\ \vdots$ 代表 Weyl–排序, $|\beta\rangle = \exp\left(\beta a^\dagger - \beta^* a\right)|0\rangle$ 是相干态, 式 (8.13) 可用相干态 $|z\rangle\langle z|$ 的 Weyl–排序形式导出, 见第 4 章. 再用算符恒等式

$$\mathrm{e}^{\lambda a^\dagger a} = :\, \exp\left[(\mathrm{e}^\lambda - 1)\, a^\dagger a\right] : \tag{8.14}$$

导出算符 $\mathrm{e}^{\lambda a^\dagger a}$ 的 Weyl–排序, 即由式 (8.13) 和式 (8.14) 可得

$$\mathrm{e}^{\lambda a^\dagger a} = 2 \int \frac{\mathrm{d}^2\beta}{\pi} \vdots \langle -\beta| : \exp\left[(\mathrm{e}^\lambda - 1)\, a^\dagger a\right] : |\beta\rangle \exp\left(2a^\dagger a - 2\beta a^\dagger + 2\beta^* a\right) \vdots$$

$$= \frac{2}{\mathrm{e}^\lambda + 1} \vdots \exp\left[\frac{\mathrm{e}^\lambda - 1}{\mathrm{e}^\lambda + 1}\left(P^2 + Q^2\right)\right] \vdots \tag{8.15}$$

其中

$$Q = \frac{a^\dagger + a}{\sqrt{2}}, \quad P = \frac{a - a^\dagger}{\sqrt{2}\mathrm{i}} \tag{8.16}$$

注意, 在 ⦂⦂ 内部玻色算符是对易的. 再利用平移算符 $D(\alpha)$ 和压缩算符 $S(r) = \exp\left[-\frac{\mathrm{i}}{2}(QP + PQ)\ln r\right]$ 的性质

$$D(\alpha)QD^{-1}(\alpha) = Q - q, \quad D(\alpha)PD^{-1}(\alpha) = P - p \tag{8.17}$$

$$S(r)PS^{-1}(r) = \mathrm{e}^r P, \quad S(r)QS^{-1}(r) = \mathrm{e}^{-r}Q \tag{8.18}$$

以及 Weyl-排序算符在相似变换下的序不变性 (即幺正变换算符可以直接越过 "篱笆" ⦂⦂ 作用到其内部的算符上), 可以得出

$$\begin{aligned}\rho_s &\equiv \left(1 - \mathrm{e}^\lambda\right) D(\alpha)(r)S(r)\mathrm{e}^{\lambda a^\dagger a}S^{-1}(r)D^{-1}(\alpha) \\ &= \frac{2\left(1 - \mathrm{e}^\lambda\right)}{\mathrm{e}^\lambda + 1} \vdots \exp\left\{\frac{\mathrm{e}^\lambda - 1}{\mathrm{e}^\lambda + 1}\left[\mathrm{e}^{2r}(P - p)^2 + \mathrm{e}^{-2r}(Q - q)^2\right]\right\} \vdots \end{aligned} \tag{8.19}$$

这就是平移压缩混沌光场密度算符的 Weyl-排序形式.

8.3　平移压缩混沌光场密度算符的正规乘积排序形式

根据 Weyl 量子化规则

$$\rho = 2\int \mathrm{d}^2\beta \, \Delta(\beta, \beta^*) h(\beta, \beta^*) \tag{8.20}$$

其中, $\Delta(\alpha, \alpha^*)$ 是 Wigner 算符, 它的 Weyl-排序形式是

$$\Delta(\beta, \beta^*) = \frac{1}{2}\vdots \delta(\beta - a)\delta(\beta^* - a^\dagger) \vdots = \vdots \delta(q' - Q)\delta(p' - P)\vdots \tag{8.21}$$

其中, $\beta = \dfrac{q' + \mathrm{i}p'}{\sqrt{2}}$, 可以得出 ρ_s 对应的经典函数为

$$h(\beta, \beta^*) = \frac{2\left(1 - \mathrm{e}^\lambda\right)}{\mathrm{e}^\lambda + 1}\exp\left\{\frac{\mathrm{e}^\lambda - 1}{\mathrm{e}^\lambda + 1}\left[\mathrm{e}^{2r}(p - p')^2 + \mathrm{e}^{-2r}(q - q')^2\right]\right\} \tag{8.22}$$

于是利用

$$\frac{e^\lambda - 1}{e^\lambda + 1} = -\frac{1}{2\bar{n}+1} \tag{8.23}$$

再利用 Wigner 算符的正规乘积形式

$$\Delta(\beta, \beta^*) = \frac{1}{\pi} : e^{-(q'-Q)^2 - (p'-P)^2} : \tag{8.24}$$

用 IWOP 方法我们可以得到

$$\begin{aligned}
\rho_s &= \frac{2}{2n+1} \iint_{-\infty}^{\infty} dp' dq' \exp\left\{ -\frac{1}{2n+1} \left[e^{2r}(p-p')^2 + e^{-2r}(q-q')^2 \right] \right\} \Delta(q', p') \\
&= \frac{2}{2n+1} \iint_{-\infty}^{\infty} dp' dq' \exp\left\{ -\frac{1}{2n+1} \left[e^{2r}(p-p')^2 + e^{-2r}(q-q')^2 \right] \right\} \frac{1}{\pi} : e^{-(q'-Q)^2 - (p'-P)^2} : \\
&= \frac{1}{\sigma_1 \sigma_2} : \exp\left[-\frac{(q-Q)^2}{2\sigma_1^2} - \frac{(p-P)^2}{2\sigma_2^2} \right] : \tag{8.25}
\end{aligned}$$

其中, σ_1, σ_2 满足

$$2\sigma_1^2 - 1 \equiv (2\bar{n}+1)e^{2r}, \quad 2\sigma_2^2 - 1 \equiv (2\bar{n}+1)e^{-2r} \tag{8.26}$$

这就是平移压缩混沌光场密度算符的正规乘积排序形式. 容易验证

$$\text{tr}\rho_s = \frac{1}{\sigma_1 \sigma_2} \int \frac{d^2z}{\pi} \langle z | : \exp\left[-\frac{(q-Q)^2}{2\sigma_1^2} - \frac{(p-P)^2}{2\sigma_2^2} \right] : |z\rangle = 1 \tag{8.27}$$

从式 (8.27) 解出光子数

$$\bar{n} = \frac{1}{2} \left[\sqrt{(2\sigma_1^2 - 1)(2\sigma_2^2 - 1)} - 1 \right] \tag{8.28}$$

和压缩参数

$$e^{4r} = \frac{2\sigma_1^2 - 1}{2\sigma_2^2 - 1}, \quad r = \frac{1}{4} \ln \frac{2\sigma_1^2 - 1}{2\sigma_2^2 - 1} \tag{8.29}$$

对 ρ_s 的边缘积分得出

$$\int_{-\infty}^{\infty} \frac{dq}{\sqrt{2\pi}} \rho_s = \int \frac{dq}{\sqrt{2\pi}} \frac{1}{\sigma_1 \sigma_2} : \exp\left[-\frac{(q-Q)^2}{2\sigma_1^2} - \frac{(p-P)^2}{2\sigma_2^2} \right] : = \frac{1}{\sigma_2} : \exp\left[-\frac{(p-P)^2}{2\sigma_2^2} \right] : \tag{8.30}$$

$$\int_{-\infty}^{\infty} \frac{dp}{\sqrt{2\pi}} \rho_s = \int \frac{dp}{\sqrt{2\pi}} \frac{1}{\sigma_1 \sigma_2} : \exp\left[-\frac{(q-Q)^2}{2\sigma_1^2} - \frac{(p-P)^2}{2\sigma_2^2} \right] : = \frac{1}{\sigma_1} : \exp\left[-\frac{(q-Q)^2}{2\sigma_1^2} \right] : \tag{8.31}$$

为了计算平移压缩光场的 Wigner 函数, 我们用

$$W(\alpha'^*, \alpha') = 2\pi \text{tr}[\Delta(\alpha'^*, \alpha')\rho_s] \tag{8.32}$$

其中, $\alpha' = \dfrac{q'+\mathrm{i}p'}{\sqrt{2}}$, $\Delta(\alpha'^*,\alpha')$ 是 Wigner 算符, 其在相干态表象 $|z\rangle$ 中的表示是

$$\Delta(\alpha'^*,\alpha') = \int \frac{\mathrm{d}^2 z}{\pi} |\alpha'+z\rangle \langle \alpha'-z| \mathrm{e}^{\alpha' z^* - \alpha'^* z} \tag{8.33}$$

由两个相干态的内积

$$\langle z'|z \rangle = \exp\left[-\frac{1}{2}\left(|z|^2 + |z'|^2 \right) + z'^* z \right] \tag{8.34}$$

我们计算出平移压缩光场的 Wigner 函数为

$$2\pi\mathrm{tr}[\Delta(\alpha'^*,\alpha')\rho_s]$$

$$= \iint \frac{2\mathrm{d}^2 z}{\sigma_1 \sigma_2 \pi} \langle \alpha'-z| : \exp\left[-\frac{(q-Q)^2}{2\sigma_1^2} - \frac{(p-P)^2}{2\sigma_2^2} \right] : |\alpha'+z\rangle \mathrm{e}^{\alpha' z^* - \alpha'^* z}$$

$$= \iint \frac{2\mathrm{d}z_1 z_2}{\sigma_1 \sigma_2 \pi} \exp\left[-2(z_1^2 + z_2^2) - \frac{\left(q - q' - \sqrt{2}\mathrm{i}z_2\right)^2}{2\sigma_1^2} - \frac{\left(p - p' - \sqrt{2}\mathrm{i}z_1\right)^2}{2\sigma_2^2} \right]$$

$$= \frac{2}{\sqrt{(2\sigma_1^2 - 1)(2\sigma_2^2 - 1)}} \exp\left[-\frac{(q-q')^2}{2\sigma_1^2 - 1} - \frac{(p-p')^2}{2\sigma_2^2 - 1} \right] \tag{8.35}$$

注意, 这里的 (q,p) 是原始光场的平移参数, (q',p') 是相空间中变量.

8.4 平移压缩光场的卷积形式不变性质

回忆两个函数 $u(x)$ 和 $v(x)$ 的卷积定义为

$$(u*v) = \int u(x-y)v(y)\,\mathrm{d}y = \int v(x-y)u(y)\,\mathrm{d}y \tag{8.36}$$

卷积函数 $(u*v)$ 的傅里叶变换记为 F, 具有以下性质:

$$F(u*v) = (Fu)(Fv) \tag{8.37}$$

$$(u*v) = \int u(x-y)v(y)\,\mathrm{d}y = \int v(x-y)u(y)\,\mathrm{d}y \tag{8.38}$$

一个典型的卷积公式是

$$\frac{1}{2\pi\sigma\tau}\int :e^{-\frac{(X-x)^2}{2\sigma^2}}: e^{-\frac{x^2}{2\tau^2}}\mathrm{d}x = \frac{1}{\sqrt{2\pi(\sigma^2+\tau^2)}}:e^{-\frac{X^2}{2(\sigma^2+\tau^2)}}: \tag{8.39}$$

用一束经典高斯光场 $e^{-\frac{q^2}{2\tau_1^2}-\frac{p^2}{2\tau_2^2}}$ 去调制平移压缩量子光场, 依靠 IWOP 方法, 我们做卷积

$$\iint \rho_s e^{-\frac{q^2}{2\tau_1^2}-\frac{p^2}{2\tau_2^2}}\mathrm{d}q\mathrm{d}p$$

$$= \frac{1}{4\pi^2\sigma_1\sigma_2\tau_1\tau_2}\iint : \exp\left[-\frac{(q-Q)^2}{2\sigma_1^2}-\frac{(p-P)^2}{2\sigma_2^2}\right] : e^{-\frac{q^2}{2\tau_1^2}-\frac{p^2}{2\tau_2^2}}\mathrm{d}q\mathrm{d}p$$

$$= \frac{1}{2\pi\sqrt{(\sigma_1^2+\tau_1^2)(\sigma_2^2+\tau_2^2)}} : \exp\left[-\frac{(q-Q)^2}{2(\sigma_1^2+\tau_1^2)}-\frac{(p-P)^2}{2(\sigma_2^2+\tau_2^2)}\right] : \tag{8.40}$$

比较 $\rho_s = \frac{1}{\sigma_1\sigma_2} : \exp\left[-\frac{(q-Q)^2}{2\sigma_1^2}-\frac{(p-P)^2}{2\sigma_2^2}\right] :$, 可知相空间中的表示

$$\rho_s' = \left(1-e^{\lambda'}\right)D(\alpha)S(r')e^{\lambda'a^\dagger a}S^{-1}(r')D^{-1}(\alpha) \tag{8.41}$$

这就是平移压缩光场的卷积形式不变性质, 只是式 (8.28) 变成

$$\bar{n} \to \bar{n}' = \frac{1}{2}\left[\sqrt{(2(\sigma_1^2+\tau_1^2)-1)(2(\sigma_2^2+\tau_2^2)-1)}-1\right] \tag{8.42}$$

压缩参数变为

$$e^{4r} \to e^{4r'} = \frac{2(\sigma_1^2+\tau_1^2)-1}{2(\sigma_2^2+\tau_2^2)-1}, \quad r' = \frac{1}{4}\ln\frac{2(\sigma_1^2+\tau_1^2)-1}{2(\sigma_2^2+\tau_2^2)-1} \tag{8.43}$$

混沌参数变为

$$\lambda' = \ln\frac{\bar{n}'}{\bar{n}'+1} \tag{8.44}$$

故有

$$\int\mathrm{d}^2\alpha\rho_s = \frac{1}{2}\left(1-e^\lambda\right)\iint\mathrm{d}q\mathrm{d}p D(\alpha)Se^{\lambda a^\dagger a}S^{-1}D^{-1}(\alpha)e^{-\frac{q^2}{2\tau_1^2}-\frac{p^2}{2\tau_2^2}}$$

$$= \left(1-e^{\lambda'}\right)D(\alpha)S(r')e^{\lambda'a^\dagger a}S^{-1}(r')D^{-1}(\alpha) = \rho_s' \tag{8.45}$$

这说明用一束经典高斯光场 $e^{-\frac{q^2}{2\tau_1^2}-\frac{p^2}{2\tau_2^2}}$ 去调制平移压缩量子光场, 结果可以得到新的平移压缩量子光场, 其量子性质没有变, 但混沌参数和压缩参数做相应的改变.

8.5 描写平移压缩态的振幅衰减的特征参数

我们探讨在衰减系数为 κ 的振幅耗散通道中压缩混沌态 (Squeezed Chaotic State, SCS) 的时间演化. 通过使用算符的 IWOP 方法, 我们将压缩混沌态的初始密度算符 ρ_0 重新构造为具有两个确定方差的正规排序的高斯算子的形式 σ_i $(i = 1, 2)$, 它与混沌场的平均光子数和压缩参数有关. 我们发现 ρ_0 演变为 ρ_t 保持高斯形式不变, 除了 $\sigma_i^2 \to \sigma_i'^2 = 1 - (1 - \sigma_i^2) \mathrm{e}^{-2\kappa t}$, 它表明方差可以是 SCS 衰减的特征. 基于 $\sigma_i'^2$ 的形式, 我们进一步描述了压缩混沌态的压缩参数的衰减规律.

8.5.1 简介

在自然界中, 每个量子力学系统都浸没在热环境中, 量子态不可避免地在振幅衰减通道中耗散, 并且量子噪声会增加. 振幅耗散通道由主方程

$$\frac{\mathrm{d}\rho(t)}{\mathrm{d}t} = \kappa \left(2a\rho a^\dagger - a^\dagger a \rho - \rho a^\dagger a \right) \tag{8.46}$$

描述, 其中, κ 是衰减系数, $a^\dagger$ 和 a 分别是产生算子和消灭算子, $[a, a^\dagger] = 1$. 我们在 6.3 节中已经推导出方程 (8.46) 在正规排序中的积分形式的解为

$$\rho(t) = -\frac{1}{T} \int \frac{\mathrm{d}^2\beta}{\pi} \langle -\beta | \rho_0 | \beta \rangle \mathrm{e}^{|\beta|^2} : \exp\left\{ \frac{1}{T} \left[|\beta|^2 + \mathrm{e}^{-\kappa t} \left(\beta a^\dagger - \beta^* a \right) - a^\dagger a \right] \right\} : \tag{8.47}$$

其中

$$T = 1 - \mathrm{e}^{-2\kappa t} \tag{8.48}$$

式中, $:\ :$ 表示正规排序, $|\beta\rangle$ 是相干态, $|\beta\rangle = \exp\left(\beta a^\dagger - \frac{|\beta|^2}{2} \right) |0\rangle$.

在本书中, 我们将揭示压缩混沌态通过阻尼通道的耗散规律. 压缩混沌态的初始密度算子是

$$\rho_0 = S^\dagger(r) \rho_c S(r) \tag{8.49}$$

其中

$$\rho_c = \left(1 - \mathrm{e}^\lambda \right) \mathrm{e}^{\lambda a^\dagger a} \quad \left(\lambda = \frac{\hbar\omega}{kT} \right) \tag{8.50}$$

表示混沌场, k 是玻尔兹曼常数, $S(r)$ 是压缩算符, 为

$$S(r) = \exp\left[\frac{1}{2}\left(a^2 - a^{\dagger 2}\right)\ln r\right]$$

$$= \exp\left[\mathrm{i}\left(XP - \frac{\mathrm{i}}{2}\right)\ln r\right] \tag{8.51}$$

这里

$$X = \frac{a + a^\dagger}{\sqrt{2}}, \qquad P = \frac{a - a^\dagger}{\sqrt{2}i} \tag{8.52}$$

其中, r 是压缩参数.

8.5.2 ρ_0 的正规排序形式

为了方便地算出式 (8.47), 我们需要知道 ρ_0 的正规排序形式. 利用坐标表象下的压缩算符

$$S(r) = \int_{-\infty}^{\infty} \frac{\mathrm{d}q}{\sqrt{\mu}} \left|\frac{q}{\mu}\right\rangle \langle q| \quad (\mu = \mathrm{e}^r) \tag{8.53}$$

其中 $|q\rangle$ 是坐标本征态:

$$|q\rangle = \pi^{-\frac{1}{4}} \exp\left(-\frac{q^2}{2} + \sqrt{2}qa^\dagger - \frac{a^{\dagger 2}}{2}\right)|0\rangle \tag{8.54}$$

真空态的正规排序形式则为 $|0\rangle\langle 0| =: \exp\left(-a^\dagger a\right):$, 我们有

$$
\begin{aligned}
\rho_0 &= (1 - \mathrm{e}^\lambda)\int \frac{\mathrm{d}q'}{\mu}\left|\frac{q'}{\mu}\right\rangle\langle q'|\mathrm{e}^{\lambda a^\dagger a}\int \mathrm{d}q|q\rangle\left\langle\frac{q}{\mu}\right| \\
&= (1 - \mathrm{e}^\lambda)\iint\left[\frac{\mathrm{d}q'\mathrm{d}q}{\pi\mu}\exp\left(-\frac{q'^2}{2\mu^2} + \frac{\sqrt{2}q'}{\mu}a^\dagger - \frac{a^{\dagger 2}}{2}\right)|0\rangle\right. \\
&\quad \left.\times\left(\langle q'|\mathrm{e}^{\lambda a^\dagger a}|q\rangle\right)\langle 0|\exp\left(-\frac{q^2}{2\mu^2} + \frac{\sqrt{2}q}{\mu}a - \frac{a^2}{2}\right)\right] \\
&= (1 - \mathrm{e}^\lambda)\iint\left\{\frac{\mathrm{d}q'\mathrm{d}q}{\pi\mu}\right. \\
&\quad \times: \exp\left[\left(-\frac{q'^2}{2\mu^2} + \frac{\sqrt{2}a^\dagger}{\mu}q'\right) + \left(-\frac{q^2}{2\mu^2} + \frac{\sqrt{2}a}{\mu}q\right) - \frac{a^{\dagger 2}}{2} - \frac{a^2}{2} - a^\dagger a\right]: \\
&\quad \left.\times\langle q'|\mathrm{e}^{\lambda a^\dagger a}|q\rangle\right\}
\end{aligned}
\tag{8.55}
$$

利用 Fock 空间的完备性关系 $\sum_n |n\rangle \langle n| = 1$，我们知道

$$\langle q'| e^{\lambda a^\dagger a} |q\rangle$$

$$= \langle q'| \sum_{n,n'=0}^{\infty} |n'\rangle \langle n'| e^{\lambda a^\dagger a} |n\rangle \langle n| q\rangle$$

$$= \sum_{n,n'=0}^{\infty} \langle q'| n'\rangle \langle n| q\rangle e^{\lambda n} \delta_{n,n'} = \frac{e^{-\frac{q^2}{2} - \frac{q'^2}{2}}}{\sqrt{\pi}} \sum_{n=0}^{\infty} \frac{e^{\lambda n}}{2^n n!} H_n(q) H_n(q')$$

$$= \frac{1}{\sqrt{\pi(1-e^{2\lambda})}} \exp\left[\frac{2e^\lambda qq' - e^{2\lambda}(q^2+q'^2)}{1-e^{2\lambda}} - \frac{q^2+q'^2}{2} \right]$$

$$= \frac{1}{\sqrt{\pi(1-e^{2\lambda})}} \exp\left[(q^2+q'^2)\coth\lambda - qq'\operatorname{sech}\lambda \right] \tag{8.56}$$

把它代入到式 (8.55)，然后对 q 和 q' 在 :: 中实施积分，我们得到

$$\rho_0 = \frac{1}{\sigma_1 \sigma_2} : \exp\left[\frac{1}{2}\left(\frac{1}{2\sigma_2^2} - \frac{1}{2\sigma_1^2} \right)(a^2 + a^{\dagger 2}) - \left(\frac{1}{2\sigma_1^2} + \frac{1}{2\sigma_2^2} \right) a^\dagger a \right] :$$

$$= \frac{1}{\sigma_1 \sigma_2} e^{-\frac{Q^2}{2\sigma_1^2} - \frac{P^2}{2\sigma_2^2}} : \tag{8.57}$$

其中

$$\begin{cases} 2\sigma_1^2 \equiv (2\bar{n}+1)e^{2r} + 1 \\ 2\sigma_2^2 \equiv (2\bar{n}+1)e^{-2r} + 1 \end{cases} \tag{8.58}$$

以及

$$\bar{n} \equiv (e^\lambda - 1)^{-1} \quad \left(\lambda = \frac{\hbar\omega}{kT} \right) \tag{8.59}$$

恰好是混沌场的光子数的平均值

$$\bar{n} = \operatorname{Tr}(\rho_c a^\dagger a) \tag{8.60}$$

值得注意的是，$\rho_0 = \frac{1}{\sigma_1\sigma_2} : e^{-\frac{Q^2}{2\sigma_1^2} - \frac{P^2}{2\sigma_2^2}} :$ 是正规排序的高斯算子的形式，根据统计理论，σ_1^2 和 σ_2^2 是方差，σ_1 和 σ_2 是标准差. 式 (8.57) 与式 (8.25) 吻合，它们的推导方法类似.

8.5.3 方差的衰减

把式 (8.57) 代入到式 (8.47)，并注意到 $|\beta\rangle$ 是相干态，$\langle -\beta| \beta\rangle = \exp(-2|\beta|^2)$，我们直接写下

$$\langle -\beta | \rho_0 | \beta \rangle$$

$$= \frac{1}{\sigma_1 \sigma_2} \exp \left[\frac{1}{2} \left(\frac{1}{2\sigma_2^2} - \frac{1}{2\sigma_1^2} \right) (\beta^2 + \beta^{*2}) + \left(\frac{1}{2\sigma_1^2} + \frac{1}{2\sigma_2^2} - 2 \right) |\beta|^2 \right] \tag{8.61}$$

于是有

$$\rho(t)$$

$$= \frac{-1}{T\sigma_1 \sigma_2} \int \frac{\mathrm{d}^2 \beta}{\pi} : \exp \left[\left(\frac{1}{2\sigma_1^2} + \frac{1}{2\sigma_2^2} - 1 + \frac{1}{T} \right) |\beta|^2 + \frac{\mathrm{e}^{-\kappa t} a^\dagger}{T} \beta \right.$$

$$\left. - \frac{\mathrm{e}^{-\kappa t} a}{T} \beta^* + \frac{1}{2} \left(\frac{1}{2\sigma_2^2} - \frac{1}{2\sigma_1^2} \right) \beta^2 + \frac{1}{2} \left(\frac{1}{2\sigma_2^2} - \frac{1}{2\sigma_1^2} \right) \beta^{*2} - \frac{1}{T} a^\dagger a \right] :$$

$$= \frac{1}{\sigma_1' \sigma_2'} : \exp \left[\frac{1}{2} \left(\frac{1}{2\sigma_2'^2} - \frac{1}{2\sigma_1'^2} \right) (a^{\dagger 2} - a^2) - \left(\frac{1}{2\sigma_2'^2} + \frac{1}{2\sigma_1'^2} \right) a^\dagger a \right] :$$

$$= \frac{1}{\sigma_1' \sigma_2'} : \mathrm{e}^{-\frac{Q^2}{2\sigma_1'^2} - \frac{P^2}{2\sigma_2'^2}} : \tag{8.62}$$

其中, 我们定义了

$$\begin{cases} \sigma_1'^2 = 1 - (1 - \sigma_1^2) \mathrm{e}^{-2\kappa t} \\ \sigma_2'^2 = 1 - (1 - \sigma_2^2) \mathrm{e}^{-2\kappa t} \end{cases} \tag{8.63}$$

因此, $\rho(t)$ 依旧是正规排序的高斯形式. 比较方程 (8.63) 和方程 (8.57), 我们发现压缩混沌态的耗散过程可描述成两个方差的时间演化.

$$\sigma_1^2 \to \sigma_1'^2 < \sigma_1^2, \quad \sigma_2^2 \to \sigma_2'^2 < \sigma_2^2 \tag{8.64}$$

显然在阻尼过程中方差显示出减少, 这是一个非常明确的陈述, 可以很容易被记住.

8.5.4 根据压缩参数的阻尼公式和混沌场的平均光子数描述压缩混沌态的阻尼

基于式 (8.63), 我们可以进一步推导出压缩参数的阻尼公式和混沌场的平均光子数. 实际上, 根据方程 (8.58) 的定义有

$$\begin{cases} 2\sigma_1'^2 \equiv (2\bar{n}' + 1) \mathrm{e}^{2r'} + 1 \\ 2\sigma_2'^2 \equiv (2\bar{n}' + 1) \mathrm{e}^{-2r'} + 1 \end{cases} \tag{8.65}$$

其中, r' 反映了压缩的阻尼效应, $\bar{n}'$ 则反映了混沌场的平均光子数的耗散. 结合方程 (8.58)、(8.63)、(8.65), 我们可以解出

$$r' = \frac{1}{4} \ln \frac{1 - \mathrm{e}^{-2\kappa t} + (2\bar{n} + 1) \mathrm{e}^{2r - 2\kappa t}}{1 - \mathrm{e}^{-2\kappa t} + (2\bar{n} + 1) \mathrm{e}^{-2r - 2\kappa t}} < r \tag{8.66}$$

以及

$$\bar{n}' = \frac{1}{2}\sqrt{\left[1 - \mathrm{e}^{-2\kappa t} + (2\bar{n}+1)\,\mathrm{e}^{2r-2\kappa t}\right]\left[1 - \mathrm{e}^{-2\kappa t} + (2\bar{n}+1)\,\mathrm{e}^{-2r-2\kappa t}\right]} - \frac{1}{2} \qquad (8.67)$$

显然, 当 $t = 0$ 时, $r' \to r$, $\bar{n}' \to \bar{n}$, 这与所预期的一样.

8.5.5 压缩混沌态中平均光子数的耗散

让我们通过使用其正规排序的高斯形式直接计算阻尼通道中压缩混沌态的光子数. 使用相干态的完备性关系

$$\int \frac{\mathrm{d}^2 z}{\pi}\,|z\rangle\langle z| = \int \frac{\mathrm{d}^2 z}{\pi} : \exp\left(-|z|^2 + z a^\dagger + z^* a - a^\dagger a\right) : \; = 1 \qquad (8.68)$$

得 ρ_0 的初始光子数是

$$
\begin{aligned}
\langle N \rangle_0 &\equiv \mathrm{Tr}\left(\rho_0 a^\dagger a\right) = \mathrm{Tr}\left(a^\dagger \rho_0 a\right) - 1 \\
&= \frac{1}{\sigma_1 \sigma_2}\mathrm{Tr}\Bigg\{ \int \frac{\mathrm{d}^2 z}{\pi}\,|z\rangle\langle z| \\
&\quad \times a^\dagger : \exp\left[\left(\frac{1}{2\sigma_2^2} - \frac{1}{2\sigma_1^2}\right)\frac{a^{\dagger 2} + a^2}{2} - \left(\frac{1}{2\sigma_2^2} + \frac{1}{2\sigma_1^2}\right)a^\dagger a\right] : a \Bigg\} - 1 \\
&= \frac{1}{\sigma_1 \sigma_2}\int \frac{\mathrm{d}^2 z}{\pi}\,|z|^2 \exp\left[\left(\frac{1}{2\sigma_2^2} - \frac{1}{2\sigma_1^2}\right)\frac{z^{*2} + z^2}{2} - \left(\frac{1}{2\sigma_2^2} + \frac{1}{2\sigma_1^2}\right)|z|^2\right] - 1 \\
&= \frac{\sigma_1^2 + \sigma_2^2}{2} - 1 \\
&= \left(\bar{n} + \frac{1}{2}\right)\cosh 2r - \frac{1}{2} = \bar{n}\cosh 2r + \sinh^2 r \qquad (8.69)
\end{aligned}
$$

从式 (8.69) 和式 (8.63)~(8.64), 我们立马得到 t 时刻的光子数为

$$
\begin{aligned}
\langle N \rangle_t &= \mathrm{Tr}\left[\rho(t)\,a^\dagger a\right] = \frac{\sigma_1'^2 + \sigma_2'^2}{2} - 1 \\
&= \left(\frac{\sigma_1^2 + \sigma_2^2}{2} - 1\right)\mathrm{e}^{-2\kappa t} = \left(\bar{n}\cosh 2r + \sinh^2 r\right)\mathrm{e}^{-2\kappa t} \qquad (8.70)
\end{aligned}
$$

将上式与式 (8.69) 相比较发现

$$\langle N \rangle_t = \langle N \rangle_0\,\mathrm{e}^{-2\kappa t} \qquad (8.71)$$

这表明初始状态的光子数随时间呈指数级变化, 正如预期的那样.

8.5.6 光子数的相对涨落和二阶相干度

因为

$$
\begin{aligned}
\left(a^\dagger a\right)^2 &= a^\dagger a a^\dagger a = \left(a a^\dagger - 1\right)\left(a a^\dagger - 1\right) \\
&= a^2 a^{\dagger 2} - 3 a a^\dagger + 1 \\
&= a^2 a^{\dagger 2} - 3 a^\dagger a - 2
\end{aligned} \tag{8.72}
$$

我们有

$$
\begin{aligned}
\left\langle N^2\right\rangle_0 &= \operatorname{Tr}\left[\rho(0)\left(a^\dagger a\right)^2\right] \\
&= \operatorname{Tr}\left[a^2 a^{\dagger 2}\rho(0)\right] - 3\left\langle N\right\rangle_0 - 2
\end{aligned} \tag{8.73}
$$

于是

$$
\begin{aligned}
&\operatorname{Tr}\left[a^2 a^{\dagger 2}\rho(0)\right] \\
&= \frac{1}{\sigma_1\sigma_2}\operatorname{Tr}\Bigg\{\int\frac{\mathrm{d}^2 z}{\pi}|z\rangle\langle z|a^{\dagger 2} \\
&\quad \times : \exp\left[\left(\frac{1}{2\sigma_2^2} - \frac{1}{2\sigma_1^2}\right)\frac{a^{\dagger 2} + a^2}{2} - \left(\frac{1}{2\sigma_2^2} + \frac{1}{2\sigma_1^2}\right)a^\dagger a\right] : a^2\Bigg\} \\
&= \frac{1}{\sigma_1\sigma_2}\int\Bigg\{\frac{\mathrm{d}^2 z}{\pi}|z|^4 \\
&\quad \times \exp\left[\left(\frac{1}{2\sigma_2^2} - \frac{1}{2\sigma_1^2}\right)\frac{z^{*2} + z^2}{2} - \left(\frac{1}{2\sigma_2^2} + \frac{1}{2\sigma_1^2}\right)|z|^2\right]\Bigg\}
\end{aligned} \tag{8.74}
$$

令

$$
u = \frac{1}{2\sigma_2^2} - \frac{1}{2\sigma_1^2}, \quad v = \frac{1}{2\sigma_2^2} + \frac{1}{2\sigma_1^2}, \quad \frac{1}{\sigma_1\sigma_2} = \sqrt{v^2 - u^2} \tag{8.75}
$$

利用积分公式

$$
\int\frac{\mathrm{d}^2 z}{\pi}\exp\left(\zeta|z|^2 + f z^2 + g z^{*2}\right) = \frac{1}{\sqrt{\zeta^2 - 4fg}} \tag{8.76}
$$

我们可以导出

$$
\begin{aligned}
&\operatorname{Tr}\left[a^2 a^{\dagger 2}\rho(0)\right] \\
&= \sqrt{v^2 - u^2}\int\frac{\mathrm{d}^2 z}{\pi}|z|^4\exp\left[-v|z|^2 + u\left(z^{*2} + z^2\right)\right] \\
&= \sqrt{v^2 - u^2}\int\frac{\mathrm{d}^2 z}{\pi}\frac{\partial^2}{\partial v^2}\exp\left[-v|z|^2 + u\left(z^{*2} + z^2\right)\right] \\
&= \sqrt{v^2 - u^2}\frac{\partial^2}{\partial v^2}\int\frac{\mathrm{d}^2 z}{\pi}\exp\left[-v|z|^2 + u\left(z^{*2} + z^2\right)\right]
\end{aligned}
$$

$$
\begin{aligned}
&= \sqrt{v^2 - u^2}\, \frac{\partial^2}{\partial v^2} \frac{1}{\sqrt{v^2 - 4u^2}} \\
&= \frac{2v^2 + 4u^2}{(v^2 - 4u^2)^2} \\
&= \frac{3\sigma_1^4 + 3\sigma_2^4 + 2\sigma_1^2 \sigma_2^2}{4}
\end{aligned}
\tag{8.77}
$$

把式 (8.69) 和式 (8.77) 代入到式 (8.73), 有

$$
\begin{aligned}
\langle N^2 \rangle_0 &= \frac{3\sigma_1^4 + 3\sigma_2^4 + 2\sigma_1^2 \sigma_2^2}{4} - 3\left(\frac{\sigma_1^2 + \sigma_2^2}{2} - 1 \right) - 2 \\
&= \frac{3\sigma_1^4 + 3\sigma_2^4 + 2\sigma_1^2 \sigma_2^2 - 6\sigma_1^2 - 6\sigma_2^2}{4} + 1
\end{aligned}
\tag{8.78}
$$

从式 (8.78) 和式 (8.64), 我们立马得到

$$
\langle N^2 \rangle_t = \frac{3\sigma_1'^4 + 3\sigma_2'^4 + 2\sigma_1'^2 \sigma_2'^2 - 6\sigma_1'^2 - 6\sigma_2'^2}{4} + 1
\tag{8.79}
$$

紧接着

$$
\begin{aligned}
&\langle N^2 \rangle_t - \langle N \rangle_t^2 \\
&= \frac{3\sigma_1'^4 + 3\sigma_2'^4 + 2\sigma_1'^2 \sigma_2'^2 - 6\sigma_1'^2 - 6\sigma_2'^2}{4} + 1 - \left(\frac{\sigma_1'^2 + \sigma_2'^2}{2} - 1 \right)^2 \\
&= \frac{\sigma_1'^4 + \sigma_2'^4 - (\sigma_1'^2 + \sigma_2'^2)}{2}
\end{aligned}
\tag{8.80}
$$

于是光子数的相对涨落为

$$
\begin{aligned}
\frac{\Delta N_t}{\langle N \rangle_t} &= \frac{\sqrt{\langle N^2 \rangle_t - \langle N \rangle_t^2}}{\langle N \rangle_t} \\
&= \frac{\sqrt{2\left[\sigma_1'^4 + \sigma_2'^4 - (\sigma_1'^2 + \sigma_2'^2) \right]}}{\sigma_1'^2 + \sigma_2'^2 - 2}
\end{aligned}
\tag{8.81}
$$

把式 (8.63) 代入到式 (8.81) 得到

$$
\begin{aligned}
\frac{\Delta N_t}{\langle N \rangle_t} &= \frac{\sqrt{2\left[\sigma_1'^2 (\sigma_1'^2 - 1) + \sigma_2'^2 (\sigma_2'^2 - 1) \right]}}{(\sigma_1'^2 - 1) + (\sigma_2'^2 - 1)} \\
&= \frac{\sqrt{2\left[(\sigma_1^2 - 1)^2 + (\sigma_2^2 - 1)^2 + (\sigma_1^2 + \sigma_2^2 - 2)\,\mathrm{e}^{2\kappa t} \right]}}{\sigma_1^2 + \sigma_2^2 - 2}
\end{aligned}
\tag{8.82}
$$

从中我们看到光子数的相对波动以 $O(\mathrm{e}^{\kappa t})$ 的方式增加.

二阶相干度与压缩参数 r 和平均光子数 $\bar{n}$ 的混沌场有关, 因为

$$
G^{(2)} \equiv \frac{\langle N^2 \rangle_t - \langle N \rangle_t}{\langle N \rangle_t^2}
$$

$$= 2 + \frac{\left(\sigma_1'^2 - \sigma_2'^2\right)^2}{\left(\sigma_1'^2 + \sigma_2'^2 - 2\right)^2} = 2 + \frac{\left(\sigma_1^2 - \sigma_2^2\right)^2}{\left(\sigma_1^2 + \sigma_2^2 - 2\right)^2}$$

$$= 2 + \frac{\left[(2\bar{n}+1)\,\mathrm{e}^{2r} - (2\bar{n}+1)\,\mathrm{e}^{-2r}\right]^2}{\left[(2\bar{n}+1)\,\mathrm{e}^{2r} + (2\bar{n}+1)\,\mathrm{e}^{-2r} - 2\right]^2}$$

$$= 2 + \frac{(2\bar{n}+1)^2\sinh^2(2r)}{\left[(2\bar{n}+1)\cosh(2r) - 1\right]^2} > 1 \tag{8.83}$$

从式 (8.83) 我们得出结论, 光子表现出聚束, 即光子倾向于优先分布成束, 并表现为超泊松分布.

总的来说, 我们发现在阻尼过程中, 压缩混沌态的密度算子保持其正常有序的高斯形式不变, 除了方差有变化: $\sigma_i^2 \to 1 - (1 - \sigma_i^2)\,\mathrm{e}^{-2\kappa t}$. 基于该公式, 我们进一步描述了压缩混沌态在压缩参数的耗散规则下混沌场的平均光子数的耗散.

第 9 章

双模压缩光衰减的简明理论

在第 6 章中我们构造了纠缠态 $|\eta\rangle$：

$$|\eta\rangle = \exp\left(-\frac{1}{2}|\eta|^2 + \eta a^\dagger - \eta^* b^\dagger + a^\dagger b^\dagger\right)|00\rangle \tag{9.1}$$

其中，$[a^\dagger, a] = 1$，$[b^\dagger, b] = 1$. 在此基础上我们构造算符

$$S \equiv \int \frac{\mathrm{d}^2\eta}{\pi\mu} \left|\frac{\eta}{\mu}\right\rangle \langle\eta| \tag{9.2}$$

用 $|00\rangle\langle 00| =: \mathrm{e}^{-a^\dagger a - b^\dagger b}:$ 和 IWOP 方法可导出

$$
\begin{aligned}
S_2(\mu) &= \int \frac{\mathrm{d}^2\eta}{\pi\mu} |\eta/\mu\rangle\langle\eta| \\
&= \int \frac{\mathrm{d}^2\eta}{\pi} : \exp\left[-\frac{|\eta|^2}{2}\left(1 + \frac{1}{\mu^2}\right) + \frac{\eta}{\mu}a^\dagger - \frac{\eta^*}{\mu}b^\dagger \right. \\
&\quad \left. + \eta^* a - \eta b + a^\dagger b^\dagger + ab - a^\dagger a - b^\dagger b\right]: \\
&= \mathrm{sech}\,\sigma \exp\left(a^\dagger b^\dagger \tanh\sigma\right) \exp\left[(a^\dagger a + b^\dagger b)\ln\mathrm{sech}\,\sigma\right] \exp\left(-ab\tanh\sigma\right)
\end{aligned}
$$

$$= e^{\sigma\left(a^\dagger b^\dagger - ab\right)} \tag{9.3}$$

其中, $\mu = e^\sigma$, 这就是双模压缩算符, 它是 $|\eta\rangle \to |\eta/\mu\rangle$ 的映射. 所以双模压缩态为

$$S_2(\mu)|00\rangle = \mathrm{sech}\sigma\, e^{a^\dagger b^\dagger \tanh\sigma}|00\rangle$$

这说明双模态压缩态本身是一个纠缠态. 下面给出纠缠态表象的一个应用.

9.1 纠缠态表象在解介观电路中的应用

我们先来研究双回路介观电路的哈密顿量. 如图 9.1 所示, 双回路介观电路共用一个电容 C 并包含两个电感 $L_{1,2}$, 其互感为 M, 可表示为 $M = K\sqrt{L_1 L_2}$, K 表示磁通量的泄漏程度, 通常小于 1, $\varepsilon(t)$ 是外部电源. 对于这个电路, 我们有拉氏量:

$$\mathcal{L} = \frac{1}{2}\left(L_1 I_1^2 + L_2 I_2^2\right) + M I_1 I_2 - \frac{1}{2}\frac{(q_1 - q_2)^2}{C} + \varepsilon(t)\, q_1 \tag{9.4}$$

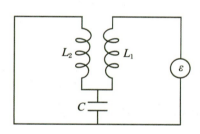

图9.1　双回路量子介观电路
其中电容共享并且在两个电感之间存在互感

这里的 $\frac{1}{2}\left(L_1 I_1^2 + L_2 I_2^2\right) + M I_1 I_2$ 表示动能, $\frac{1}{2}\frac{(q_1 - q_2)^2}{C}$ 是存储在电容中的势能. 根据分析力学中的拉格朗日方程

$$\frac{\mathrm{d}}{\mathrm{d}t}\left(\frac{\partial \mathcal{L}}{\partial \dot{q}_i}\right) - \frac{\partial \mathcal{L}}{\partial q_i} = 0 \quad (i = 1, 2) \tag{9.5}$$

和

$$\frac{\partial \mathcal{L}}{\partial q_1} = -\frac{q_1 - q_2}{C} + \varepsilon(t) \tag{9.6}$$

以及

$$\frac{\mathrm{d}}{\mathrm{d}t}\left(\frac{\partial \mathcal{L}}{\partial \dot{q}_1}\right) = \frac{\mathrm{d}}{\mathrm{d}t}\left(\frac{\partial \mathcal{L}}{\partial I_1}\right) = \frac{\mathrm{d}}{\mathrm{d}t}\left(L_1 I_1 + M I_2\right) = L_1 \frac{\mathrm{d}^2 q_1}{\mathrm{d}t^2} + M \frac{\mathrm{d}^2 q_2}{\mathrm{d}t^2} \tag{9.7}$$

我们写下双回路的电流-电压方程

$$L_1 \frac{\mathrm{d}^2 q_1}{\mathrm{d}t^2} + M \frac{\mathrm{d}^2 q_2}{\mathrm{d}t^2} + \frac{q_1 - q_2}{C} = \varepsilon(t) \tag{9.8}$$

$$L_2 \frac{\mathrm{d}^2 q_2}{\mathrm{d}t^2} + M \frac{\mathrm{d}^2 q_1}{\mathrm{d}t^2} - \frac{q_1 - q_2}{C} = 0 \tag{9.9}$$

其中, $\frac{\mathrm{d}q_i}{\mathrm{d}t}$ $(i = 1, 2)$ 代表电流, 它们与基尔霍夫定理得到的回路方程一致. 将 q_i 视为正则坐标, 则正则动量是

$$p_1 = \frac{\partial \mathcal{L}}{\partial \dot{q}_1} = \frac{\partial \mathcal{L}}{\partial I_1} = L_1 I_1 + M I_2 \tag{9.10}$$

$$p_2 = \frac{\partial \mathcal{L}}{\partial \dot{q}_2} = \frac{\partial \mathcal{L}}{\partial I_2} = L_2 I_2 + M I_1 \tag{9.11}$$

由于 $K = \frac{M}{\sqrt{L_1 L_2}} < 1$, $L_1 L_2 - M^2 \neq 0$, 从式 (9.10) 和式 (9.11) 我们推出

$$\begin{pmatrix} I_1 \\ I_2 \end{pmatrix} = \begin{pmatrix} L_1 & M \\ M & L_2 \end{pmatrix}^{-1} \begin{pmatrix} p_1 \\ p_2 \end{pmatrix} = \frac{1}{L_1 L_2 - M^2} \begin{pmatrix} L_2 & -M \\ -M & L_1 \end{pmatrix} \begin{pmatrix} p_1 \\ p_2 \end{pmatrix} \tag{9.12}$$

或者

$$I_1 = \frac{L_2 p_1 - M p_2}{L_1 L_2 - M^2}, \quad I_2 = \frac{L_1 p_2 - M p_1}{L_1 L_2 - M^2} \tag{9.13}$$

通过勒让德变换, 注意到方程 (9.4), 我们得到哈密顿量为

$$\begin{aligned}
H &= \sum_{i=1}^{2} \dot{q}_i p_i - \mathcal{L} = I_1 \left(L_1 I_1 + M I_2\right) + I_2 \left(L_2 I_2 + M I_1\right) - \mathcal{L} \\
&= \frac{1}{2}\left[L_1 \left(\frac{L_2 p_1 - M p_2}{L_1 L_2 - M^2}\right)^2 + L_2 \left(\frac{L_1 p_2 - M p_1}{L_1 L_2 - M^2}\right)^2 \right] \\
&\quad + M \left(\frac{L_2 p_1 - M p_2}{L_1 L_2 - M^2}\right)\left(\frac{L_1 p_2 - M p_1}{L_1 L_2 - M^2}\right) + \frac{1}{2}\frac{(q_1 - q_2)^2}{C} - \varepsilon(t) q_1 \\
&= H_0 - \varepsilon(t) q_1
\end{aligned} \tag{9.14}$$

其中

$$H_0 = \frac{p_1^2}{2A L_1} + \frac{p_2^2}{2A L_2} - \frac{M}{A L_1 L_2} p_1 p_2 + \frac{1}{2}\frac{(q_1 - q_2)^2}{C} \tag{9.15}$$

以及

$$A = 1 - \frac{M^2}{L_1 L_2} = 1 - K^2 \quad \left(K \equiv \frac{M}{\sqrt{L_1 L_2}} \right) \tag{9.16}$$

下面我们只考虑稳态电路的情况, 即假设 $\varepsilon(t) q_1$ 只是补偿了电路中产生的焦耳热, 所以接下来我们将 H_0 视为具有可交换关系 $[q_i, p_j] = i\hbar \delta_{ij}$ 的哈密顿运算符.

我们的目的是找到 H_0 的能量量子化公式、零点能量和特征频率, 因为 $p_1 p_2$ 和 $q_1 q_2$ 项的存在, 理论上导致了量子纠缠, 我们将使用纠缠态表象来进行讨论.

9.2 两个相互共轭的纠缠态表示

令

$$q_i = \frac{1}{\sqrt{2}} \left(a_i + a_i^\dagger \right), \quad p_i = \frac{1}{\sqrt{2}i} \left(a_i - a_i^\dagger \right), \quad \left[a_i, a_j^\dagger \right] = \delta_{i,j} \tag{9.17}$$

这里我们约定了 $\hbar = m = \omega = 1$, 然后引入双模态矢量

$$|\eta\rangle = \exp\left(-\frac{1}{2} |\eta|^2 + \eta a_1^\dagger - \eta^* a_2^\dagger + a_1^\dagger a_2^\dagger \right) |00\rangle, \quad \eta = \eta_1 + i\eta_2 \tag{9.18}$$

我们可以证明 $|\eta\rangle$ 就是算符 $p_1 + p_2 \equiv p$, $q_1 - q_2 \equiv q_r$, $[p, q_r] = 0$ 的共同本征态. 事实上, 通过将 a_1, a_2 分别作用到 $|\eta\rangle$ 上, 我们有

$$a_1 |\eta\rangle = \left(\eta + a_2^\dagger \right) |\eta\rangle, \quad a_2 |\eta\rangle = - \left(\eta^* - a_1^\dagger \right) |\eta\rangle \tag{9.19}$$

然后有

$$q_r |\eta\rangle = \sqrt{2} \eta_1 |\eta\rangle \tag{9.20}$$

$$p |\eta\rangle = \sqrt{2} \eta_2 |\eta\rangle \tag{9.21}$$

η 的实部和虚部分别对应了 q_r 和 p 的本征值. 凭借 IWOP 方法以及

$$|00\rangle \langle 00| =: \exp\left(-a_1^\dagger a_1 - a_2^\dagger a_2 \right) : \tag{9.22}$$

我们可以进一步证明完备关系

$$\int \frac{\mathrm{d}^2 \eta}{\pi} |\eta\rangle \langle \eta| = \int \frac{\mathrm{d}^2 \eta}{\pi} : \exp(-|\eta|^2 + \eta a_1^\dagger - \eta^* a_2^\dagger + a_1^\dagger a_2^\dagger$$

$$-a_1^\dagger a_1 - a_2^\dagger a_2 + \eta^* a_1 - \eta a_2 + a_1 a_2):$$
$$= 1 \tag{9.23}$$

以及 $|\eta\rangle$ 的正交性

$$\langle \eta' | \eta \rangle = \pi \delta (\eta' - \eta) \delta (\eta'^* - \eta^*) \tag{9.24}$$

将 q_i 看作正则坐标, 则 "相对坐标" 和 "质心坐标" 为

$$q_r = q_1 - q_2, \quad q_c = \mu_1 q_1 + \mu_2 q_2 \tag{9.25}$$

其中

$$\mu_1 \equiv \frac{L_1}{L_1 + L_2}, \quad \mu_2 \equiv \frac{L_2}{L_1 + L_2} \tag{9.26}$$

另一方面, "质量加权的相对动量" 和 "总动量" 分别为

$$p_r = \mu_2 p_1 - \mu_1 p_2, \quad p = p_1 + p_2 \tag{9.27}$$

可见

$$[q_r, p] = 0, \quad [q_c, p] = \mathrm{i}, \quad [q_c, p_r] = 0, \quad [q_r, p_r] = \mathrm{i} \tag{9.28}$$

鉴于 $[q_c, p_r] = 0$, 我们也能找到它们的共同本征态

$$
\begin{aligned}
|\xi\rangle = \exp \Big\{ & -\frac{1}{2} |\xi|^2 + \frac{1}{\sqrt{\lambda}} [\xi + (\mu_1 - \mu_2) \xi^*] a_1^\dagger \\
& + \frac{1}{\sqrt{\lambda}} [\xi^* - (\mu_1 - \mu_2) \xi] a_2^\dagger \\
& + \frac{1}{\sqrt{\lambda}} \left[(\mu_2 - \mu_1) \left(a_1^{\dagger 2} - a_2^{\dagger 2} \right) - 4\mu_1\mu_2 a_1^\dagger a_2^\dagger \right] \Big\} |00\rangle \quad (\xi = \xi_1 + \mathrm{i}\xi_2)
\end{aligned}
\tag{9.29}
$$

其中

$$\lambda \equiv 2 \left(\mu_1^2 + \mu_2^2 \right) \tag{9.30}$$

事实上, 把 a_1 和 a_2 分别作用在 $|\xi\rangle$, 有

$$a_1 |\xi\rangle = \left[\frac{2}{\sqrt{\lambda}} (\mu_1 \xi_1 + \mathrm{i}\mu_2 \xi_2) - 4\frac{\mu_1\mu_2}{\lambda} a_2^\dagger + \frac{2}{\lambda} (\mu_2 - \mu_1) a_1^\dagger \right] |\xi\rangle \tag{9.31}$$

$$a_2 |\xi\rangle = \left[\frac{2}{\sqrt{\lambda}} (\mu_2 \xi_1 - \mathrm{i}\mu_1 \xi_2) - 4\frac{\mu_1\mu_2}{\lambda} a_1^\dagger - \frac{2}{\lambda} (\mu_2 - \mu_1) a_2^\dagger \right] |\xi\rangle \tag{9.32}$$

然后得

$$(\mu_1 a_1 + \mu_2 a_2)|\xi\rangle = \left[\sqrt{\lambda}\xi_1 - \left(\mu_1 a_1^\dagger + \mu_2 a_2^\dagger\right)\right]|\xi\rangle \tag{9.33}$$

$$(\mu_1 a_2 - \mu_2 a_1)|\xi\rangle = \left[-i\sqrt{\lambda}\xi_2 - \left(\mu_2 a_1^\dagger - \mu_1 a_2^\dagger\right)\right]|\xi\rangle \tag{9.34}$$

由于

$$q_c = \frac{1}{\sqrt{2}}\left[\mu_1\left(a_1 + a_1^\dagger\right) + \mu_2\left(a_2 + a_2^\dagger\right)\right] \tag{9.35}$$

$$p_r = \frac{i}{\sqrt{2}}\left[\mu_1\left(a_2 - a_2^\dagger\right) - \mu_2\left(a_1 - a_1^\dagger\right)\right] \tag{9.36}$$

于是 $|\xi\rangle$ 是 q_c 和 p_r 的共同本征态, 有

$$q_c|\xi\rangle = \sqrt{\frac{\lambda}{2}}\xi_1|\xi\rangle \tag{9.37}$$

$$p_r|\xi\rangle = \sqrt{\frac{\lambda}{2}}\xi_2|\xi\rangle \tag{9.38}$$

使用 IWOP 方法我们能够证明 $|\xi\rangle$ 的完备关系:

$$\begin{aligned}
&\int \frac{\mathrm{d}^2\xi}{\pi}|\xi\rangle\langle\xi|\\
&= \int \frac{\mathrm{d}^2\xi}{\pi} : \exp\Bigg\{-|\xi|^2 + \frac{\xi}{\sqrt{\lambda}}\Big[(\mu_1 + \mu_2)\left(a_1^\dagger + a_2\right)\\
&\quad + (\mu_1 - \mu_2)\left(a_1 - a_2^\dagger\right)\Big] + \frac{\xi^*}{\sqrt{\lambda}}\Big[(\mu_1 - \mu_2)\left(a_1^\dagger - a_2\right) + (\mu_1 + \mu_2)\left(a_2^\dagger + a_1\right)\Big]\\
&\quad + \frac{1}{\lambda}(\mu_2 - \mu_1)\left(a_1^{\dagger 2} - a_2^{\dagger 2} + a_1^2 - a_2^2\right) - a_1^\dagger a_1 - a_2^\dagger a_2 - \frac{4}{\lambda}\mu_1\mu_2\left(a_1^\dagger a_2^\dagger + a_1 a_2\right)\Bigg\} :\\
&= 1 \tag{9.39}
\end{aligned}$$

以及正交性

$$\langle\xi'|\xi\rangle = \pi\delta\left(\xi' - \xi\right)\delta\left(\xi'^* - \xi^*\right) \tag{9.40}$$

为了推出内积 $\langle\eta|\xi\rangle$, 我们引入双模相干态的完备关系

$$\int \frac{\mathrm{d}^2 z_1 \mathrm{d}^2 z_2}{\pi^2}|z_1 z_2\rangle\langle z_1 z_2| = 1 \tag{9.41}$$

$$|z_1 z_2\rangle = \exp\left[-\frac{1}{2}\left(|z_1|^2 + |z_2|^2\right) + z_1 a_1^\dagger + z_2 a_2^\dagger\right]|00\rangle \tag{9.42}$$

于是有

$$\langle\eta|\xi\rangle = \langle\eta|\int \frac{\mathrm{d}^2 z_1 \mathrm{d}^2 z_2}{\pi^2}|z_1 z_2\rangle\langle z_1 z_2|\xi\rangle$$

$$= \int \frac{\mathrm{d}^2 z_1 \mathrm{d}^2 z_2}{\pi^2} \Big(\exp\Big[-\frac{1}{2} \big(|\xi|^2 + |\eta|^2 \big) \Big]$$
$$\times \exp\Big\{ -|z_1|^2 - |z_2|^2 + \eta^* z_1 - \eta z_2 - z_1 z_2$$
$$+ \frac{1}{\sqrt{\lambda}} \big[\xi + (\mu_1 - \mu_2)\xi^* \big] z_1^* + \frac{1}{\sqrt{\lambda}} \big[\xi^* - (\mu_1 - \mu_2)\xi \big] z_2^*$$
$$+ \frac{1}{\lambda} \big[(\mu_2 - \mu_1)\big(z_1^{*2} - z_2^{*2} \big) - 4\mu_1\mu_2 z_1^* z_2^* \big] \Big\} \Big)$$
$$= \sqrt{\frac{\lambda}{4}} \exp\Big\{ \mathrm{i} \big[(\mu_1 - \mu_2)(\eta_1\eta_2 - \xi_1\xi_2) + \sqrt{\lambda}(\eta_1\xi_2 - \eta_2\xi_1) \big] \Big\} \tag{9.43}$$

尤其当 $L_1 = L_2$, $\mu_1 = \mu_2$, $\lambda = 1$ 时,

$$\langle \eta | \xi \rangle \to \frac{1}{2} \exp\{ \mathrm{i}(\eta_1\xi_2 - \eta_2\xi_1) \} \tag{9.44}$$

其中, $\mathrm{i}(\eta_1\xi_2 - \eta_2\xi_1)$ 是纯虚数, 在这种情况下, $\langle \eta | \xi \rangle$ 可以看成是傅里叶变换核, 且 $\langle \eta |$ 和 $\langle \xi |$ 是互相共轭的.

9.3 使用纠缠态表象解静态薛定谔方程

现在我们来求解静态薛定谔方程 $H_0 |\psi\rangle = E_n |\psi\rangle$, 其中 H_0 由式 (9.15) 给出

$$H_0 = \frac{p_1^2}{2AL_1} + \frac{p_2^2}{2AL_2} - \frac{M}{AL_1L_2} p_1 p_2 + \frac{(q_1 - q_2)^2}{2C} \quad \left(A = 1 - \frac{M^2}{L_1L_2} \right) \tag{9.45}$$

为了解决由耦合项 p_1p_2 和 q_1q_2 引起的量子纠缠, 我们将使用纠缠态表象. 由式 (9.25) 和式 (9.27) 我们看到

$$p_1 = \mu_1 p + p_{\mathrm{r}}, \quad p_2 = \mu_2 p - p_{\mathrm{r}} \tag{9.46}$$

$$q_1 = q_{\mathrm{c}} + \mu_2 q_{\mathrm{r}}, \quad q_2 = q_{\mathrm{c}} - \mu_1 q_{\mathrm{r}} \tag{9.47}$$

然后使用式 (9.26) 得

$$\nu \equiv A(L_1 + L_2), \quad \mu \equiv A\frac{L_1L_2}{L_1 + L_2} = A^2 \frac{L_1L_2}{\nu} = \nu\mu_1\mu_2, \quad K \equiv \frac{M}{\sqrt{L_1L_2}} \tag{9.48}$$

我们可以表示出 $\dfrac{p_1^2}{2AL_1} + \dfrac{p_2^2}{2AL_2} = \dfrac{p^2}{2\nu} + \dfrac{p_{\mathrm{r}}^2}{2\mu}$, 以及 H_0 可以重写为

$$H_0 = \left(\frac{1}{2\nu} - \frac{K\mu_1\mu_2}{A\sqrt{L_1L_2}} \right) p^2 + \left(\frac{1}{2\mu} + \frac{K}{A\sqrt{L_1L_2}} \right) p_{\mathrm{r}}^2 - \frac{K(\mu_2 - \mu_1)}{A\sqrt{L_1L_2}} p p_{\mathrm{r}} + \frac{q_{\mathrm{r}}^2}{2C} \tag{9.49}$$

令 H_0 的能量本征值为 $|E_n\rangle$，$H_0|E_n\rangle = E_n|E_n\rangle$，将它投影到 $\langle\eta|$ 表象上，然后使用方程 (9.20) 和 (9.21) 得到

$$\langle\eta|H_0|E_n\rangle = E_n\langle\eta|E_n\rangle$$
$$= \left(\frac{1}{\nu} - \frac{2K}{A\sqrt{L_1L_2}}\mu_1\mu_2\right)\eta_2^2\langle\eta|E_n\rangle + \left(\frac{1}{2\mu} + \frac{K}{A\sqrt{L_1L_2}}\right)\langle\eta|p_r^2|E_n\rangle$$
$$- \frac{K(\mu_2-\mu_1)}{A\sqrt{L_1L_2}}\sqrt{2}\eta_2\langle\eta|p_r|E_n\rangle + \frac{\eta_1^2}{C}\langle\eta|E_n\rangle \tag{9.50}$$

利用式 (9.38) 和式 (9.43) 的结果，我们有

$$\langle\eta|p_r = \langle\eta|p_r\int\frac{\mathrm{d}^2\xi}{\pi}|\xi\rangle\langle\xi| = \int\frac{\mathrm{d}^2\xi}{\pi}\sqrt{\frac{\lambda}{2}}\xi_2\langle\eta|\xi\rangle\langle\xi|$$
$$= -\sqrt{\frac{1}{2}}\left[\mathrm{i}\frac{\partial}{\partial\eta_1} + (\mu_1-\mu_2)\eta_2\right]\int\frac{\mathrm{d}^2\xi}{\pi}\langle\eta|\xi\rangle\langle\xi|$$
$$= -\sqrt{\frac{1}{2}}\left[\mathrm{i}\frac{\partial}{\partial\eta_1} + (\mu_1-\mu_2)\eta_2\right]\langle\eta| \tag{9.51}$$

把式 (9.51) 代入到式 (9.50) 得到

$$E_n\langle\eta|E_n\rangle = \left\{-\frac{1}{2}\left(\frac{1}{2\mu} + \frac{K}{A\sqrt{L_1L_2}}\right)\left[\frac{\partial}{\partial\eta_1} - \mathrm{i}(\mu_1-\mu_2)\eta_2\right]^2\right.$$
$$+ \mathrm{i}\eta_2\frac{K(\mu_2-\mu_1)}{A\sqrt{L_1L_2}}\left[\frac{\partial}{\partial\eta_1} - \mathrm{i}(\mu_1-\mu_2)\eta_2\right]$$
$$\left. + \left(\frac{1}{\nu} - \frac{2K}{A\sqrt{L_1L_2}}\mu_1\mu_2\right)\eta_2^2 + \frac{\eta_1^2}{C}\right\}\langle\eta|E_n\rangle \tag{9.52}$$

假设波函数 $\langle\eta|E_n\rangle$ 是如下形式:

$$\langle\eta|E_n\rangle = \exp[\mathrm{i}(\mu_1-\mu_2)\eta_1\eta_2]\psi_n \tag{9.53}$$

其中，ψ_n 待定，注意到

$$\exp[-\mathrm{i}(\mu_1-\mu_2)\eta_1\eta_2]\left[\frac{\partial}{\partial\eta_1} - \mathrm{i}(\mu_1-\mu_2)\eta_2\right]\exp[\mathrm{i}(\mu_1-\mu_2)\eta_1\eta_2] = \frac{\partial}{\partial\eta_1} \tag{9.54}$$

于是式 (9.50) 转化为关于 ψ_n 的微分方程

$$\left\{-\frac{1}{2}\left(\frac{1}{2\mu} + \frac{K}{A\sqrt{L_1L_2}}\right)\frac{\partial^2}{\partial\eta_1^2} + \mathrm{i}\eta_2\frac{K(\mu_2-\mu_1)}{A\sqrt{L_1L_2}}\frac{\partial}{\partial\eta_1}\right. \tag{9.55}$$
$$\left. + \left(\frac{1}{L} - \frac{2K}{A\sqrt{L_1L_2}}\mu_1\mu_2\right)\eta_2^2 + \frac{\eta_1^2}{C} - E_n\right\}\psi_n = 0$$

假设

$$\psi_n = \exp\left[-2\mathrm{i}\eta_1\eta_2\frac{K\mu(\mu_1-\mu_2)}{A\sqrt{L_1L_2}}\bigg/\left(1 + 2\mu\frac{K}{A\sqrt{L_1L_2}}\right)\right]\varphi_n \equiv \mathrm{e}^{\mathrm{i}\eta_1\rho}\varphi_n \tag{9.56}$$

其中

$$\rho \equiv -\frac{2\mu\eta_2 K (\mu_1 - \mu_2)}{A\sqrt{L_1 L_2}} \Big/ \left(1 + \frac{2\mu K}{A\sqrt{L_1 L_2}}\right) \tag{9.57}$$

这里 φ_n 待定, 用

$$e^{-i\eta_1\rho} \frac{\partial}{\partial\eta_1} e^{i\eta_1\rho} = \frac{\partial}{\partial\eta_1} + i\rho \tag{9.58}$$

以及式 (9.56), 我们将式 (9.55) 的前两项重铸为

$$
\begin{aligned}
&-\frac{1}{2}\left(\frac{1}{2\mu} + \frac{K}{A\sqrt{L_1 L_2}}\right)\frac{\partial^2}{\partial\eta_1^2}\psi_n + i\eta_2 \frac{K(\mu_2 - \mu_1)}{A\sqrt{L_1 L_2}}\frac{\partial}{\partial\eta_1}\psi_n \\
&= -\frac{1}{2}\left(\frac{1}{2\mu} + \frac{K}{A\sqrt{L_1 L_2}}\right)\frac{\partial}{\partial\eta_1}\left(\frac{\partial}{\partial\eta_1} - 2i\rho\right)e^{i\eta_1\rho}\varphi_n \\
&= -\frac{1}{2}\left(\frac{1}{2\mu} + \frac{K}{A\sqrt{L_1 L_2}}\right)e^{i\eta_1\rho}\left(\frac{\partial}{\partial\eta_1} + i\rho\right)\left(\frac{\partial}{\partial\eta_1} - i\rho\right)\varphi_n \\
&= -\frac{1}{2}\left(\frac{1}{2\mu} + \frac{K}{A\sqrt{L_1 L_2}}\right)e^{i\eta_1\rho}\left(\frac{\partial^2}{\partial\eta_1^2} + \rho^2\right)\varphi_n \\
&= -e^{i\eta_1\rho}\left[\frac{1}{2}\left(\frac{1}{2\mu} + \frac{K}{A\sqrt{L_1 L_2}}\right)\frac{\partial^2}{\partial\eta_1^2} + \eta_2^2 \frac{\mu K^2 (\mu_1 - \mu_2)^2}{A^2 L_1 L_2}\Big/\left(1 + \frac{2\mu K}{A\sqrt{L_1 L_2}}\right)\right]\varphi_n
\end{aligned}
\tag{9.59}
$$

把式 (9.59) 代入式 (9.55), 再利用式 (9.74) 和式 (9.26), 我们可以得到 φ_n 的微分方程

$$\left[-\frac{1}{2}\left(\frac{1}{2\mu} + \frac{K}{A\sqrt{L_1 L_2}}\right)\frac{\partial^2}{\partial\eta_1^2} + \frac{\eta_1^2}{C} + \frac{\left(\frac{1}{\nu} - \frac{K^2\mu}{A^2 L_1 L_2}\right)}{\left(1 + \frac{2\mu K}{A\sqrt{L_1 L_2}}\right)}\eta_2^2 - E_n\right]\varphi_n = 0 \tag{9.60}$$

比较式 (9.60) 和标准简谐振子的薛定谔方程

$$-\frac{1}{2m}\frac{d^2}{dx^2}\varphi_n + \frac{1}{2}m\omega^2 x^2 \varphi_n = \varepsilon_n\varphi_n \tag{9.61}$$

它的能级 $\varepsilon_n = \left(n + \frac{1}{2}\right)\omega$, 我们得到了对应式 (9.60) 中 φ_n 的能级是

$$E_n = \frac{1 - K^2}{\nu\left(1 + \frac{2\mu K}{A\sqrt{L_1 L_2}}\right)}\eta_2^2 + \left(n + \frac{1}{2}\right)\sqrt{\frac{1}{\mu C}}\sqrt{1 + \frac{2\mu K}{A\sqrt{L_1 L_2}}} \tag{9.62}$$

其中, $n = 0, 1, \cdots$.

9.4 复杂介观电路的特征频率和磁能

从式 (9.62) 和 $A = 1 - K^2 = 1 - \dfrac{M^2}{L_1 L_2}$, $\mu = A^2 \dfrac{L_1 L_2}{\nu}$, $\nu = A(L_1 + L_2)$, 我们看到这个复杂介观电路的特征频率是

$$\sqrt{\frac{1}{\mu C}}\sqrt{1 + \frac{2\mu K}{A\sqrt{L_1 L_2}}} = \sqrt{\frac{L_1 + 2M + L_2}{(L_1 L_2 - M^2)C}} \tag{9.63}$$

接下来, 我们分析式 (9.62) 中的第一项, 从式 (9.15) 我们知道

$$[p^2, H_0] = 0 \tag{9.64}$$

所以 p 是守恒的, 从特征值方程 $p|\eta\rangle = \sqrt{2}\eta_2|\eta\rangle$, 我们可以将 η_2^2 替换为 $\dfrac{p^2}{2}$, 然后使用式 (9.10) 和式 (9.11) 我们得到式 (9.62) 中的第一项是

$$\frac{1 - K^2}{\nu\left(1 + \dfrac{2\mu K}{A\sqrt{L_1 L_2}}\right)}\frac{p^2}{2}$$

$$= \frac{1}{(L_1 + L_2)\left(1 + \dfrac{2M}{L_1 + L_2}\right)}\frac{(p_1 + p_2)^2}{2}$$

$$= \frac{[L_1 I_1 + M(I_1 + I_2) + L_2 I_2]^2}{2(L_1 + 2M + L_2)} \tag{9.65}$$

这就是电感中的磁能 (包括了互感), 再之后得到

$$E_n = \frac{[L_1 I_1 + M(I_1 + I_2) + L_2 I_2]^2}{2(L_1 + 2M + L_2)} + \left(n + \frac{1}{2}\right)\sqrt{\frac{L_1 + 2M + L_2}{(L_1 L_2 - M^2)C}} \tag{9.66}$$

特别地, 当 M 为零时, 没有互感, 则特征频率 $\sqrt{\dfrac{1}{L_1 C} + \dfrac{1}{L_2 C}} = \sqrt{\omega_1^2 + \omega_2^2}$, $\omega_1 = \dfrac{1}{\sqrt{L_1 C}}$ 和 $\omega_2 = \dfrac{1}{\sqrt{L_2 C}}$ 分别是单个的回路 1 和回路 2 的特征频率. 此外结合式 (9.53)~ 式 (9.57) 我们得到纠缠态表象的波函数为

$$\langle \eta | E_n \rangle = \sqrt{\frac{\alpha}{\sqrt{\pi}2^n n!}}\exp\left[\mathrm{i}\eta_1\eta_2\frac{(\mu_1 - \mu_2)(L_1 + L_2)}{L_1 + 2M + L_2}\right]\exp\left(-\frac{1}{2}\alpha^2\eta_1^2\right)\mathrm{H}_n(\alpha\eta_1) \tag{9.67}$$

$$\alpha = \frac{1}{\sqrt{2\sqrt{C}}}\left[\frac{L_1 + 2M + L_2}{(1-K^2)L_1 L_2}\right]^{\frac{3}{4}} \tag{9.68}$$

其中, H_n 是厄密多项式. 上面的这些结果都无法由在电路学中所学的基尔霍夫定律得到. 今后, 我们可以将这个方法推广到其他形式的电路上.

总之, 我们第一次使用纠缠态表象来推导量子化能级公式, 并确定了系统的特征频率 $\sqrt{\dfrac{L_1 + 2M + L_2}{(L_1 L_2 - M^2)C}}$, 知互感 M 越高, 特征频率越高, 我们也计算出电感中的磁能公式 $\dfrac{[L_1 I_1 + M(I_1 + I_2) + L_2 I_2]^2}{2(L_1 + 2M + L_2)}$, 还获得相应的波函数. 我们认为纠缠态表示对于解决介观电路的其他量子化问题是非常有用的, 这是电路学中的基尔霍夫定律无法做到的.

9.5 两个独立幅值耗散通道中的双模压缩态的耗散

本节研究双模压缩纯态的耗散结果, 该量子态将通过两个独立的振幅耗散通道, 它由两个独立的单模主方程的直积描述. 虽然这两个主方程并不混合两种模式 (即它们之间没有耦合), 但由于双模压缩态同时是纠缠态, 因此从两个通道出现的输出态是双模密度算子 (混合态). 我们将导出输出态的精确而紧凑的表达式, 并表明随着时间的推移, 压缩效应和光子数都会减少.

自然界中的大多数系统都浸没在"热库"中, 激发和退激发过程受到系统和热库之间能量交换的影响. 我们不可避免地会遇到所考虑的量子态与其环境的一些相互作用, 而产生退相干. 以下我们研究双模压缩真空态如何在两个独立的振幅耗散通道中演化. 对于这两个通道, 物理过程中的相关损耗机制由以下两个未耦合的主方程控制:

$$\frac{\mathrm{d}\rho_1(t)}{\mathrm{d}t} = \kappa\left(2a\rho_1 a^\dagger - a^\dagger a\rho_1 - \rho_1 a^\dagger a\right) \tag{9.69}$$

$$\frac{\mathrm{d}\rho_2(t)}{\mathrm{d}t} = \kappa\left(2b\rho_2 b^\dagger - b^\dagger b\rho_2 - \rho_2 b^\dagger b\right) \tag{9.70}$$

ρ_1 和 ρ_2 是系统的密度算符, κ 是衰减率. 当初始状态是双模压缩态 $S(\lambda)|00\rangle\langle 00|S^\dagger(\lambda)$ 时, 我们将解出主方程, $S(\lambda) = \exp[\lambda(a^\dagger b^\dagger - ab)]$ 是双模压缩算子, 以及

$$S(\lambda)|00\rangle = \mathrm{sech}\lambda \exp\left(a^\dagger b^\dagger \tanh\lambda\right)|00\rangle \tag{9.71}$$

其中, $|00\rangle$ 是真空态, λ 是压缩参数, 这个态可以在一个参数放大器中产生. 因此, 自然

会出现一个有趣的问题: 如果双模压缩纯态经历两个独立的振幅耗散通道, 那么结果是什么? 应该注意的是, 虽然这两个主方程不混合 a 模和 b 模 (它们之间没有耦合), 但由于双模压缩态同时是纠缠态 (空闲模式与信号模式在频域中的纠缠), 通过该通道出现的最终状态则变为了双模密度算子 (混合态), 我们将借助 IWOP 方法以及纠缠态表象推导出这种新的与时间相关的密度算符, 这表明随着时间的推移, 压缩效应会减小. 之后, 我们推导出每种模式下光子数的演化规律.

9.5.1　两个振幅耗散通道中双模压缩真空的耗散

当初始状态是纯双模压缩状态时,

$$\rho(0) = \operatorname{sech}^2 \lambda \, \mathrm{e}^{a^\dagger b^\dagger \tanh \lambda} |00\rangle \langle 00| \mathrm{e}^{ab \tanh \lambda} \tag{9.72}$$

经衰减通道后, 它演化为

$$\rho(t) = \operatorname{sech}^2 \lambda \sum_{m,n=0}^{\infty} \frac{T'^{n+m}}{n!m!} \mathrm{e}^{-\kappa t (a^\dagger a + b^\dagger b)} a^n b^m \mathrm{e}^{a^\dagger b^\dagger \tanh \lambda} |00\rangle \langle 00| \mathrm{e}^{ab \tanh \lambda} a^{\dagger n} b^{\dagger m} \mathrm{e}^{-\kappa t (a^\dagger a + b^\dagger b)} \tag{9.73}$$

为了化简, 我们先作如下分析:

$$a^n b^m \mathrm{e}^{a^\dagger b^\dagger \tanh \lambda} |00\rangle = a^n \left(a^\dagger \tanh \lambda\right)^m \mathrm{e}^{a^\dagger b^\dagger \tanh \lambda} |00\rangle \tag{9.74}$$

通过 IWOP 方法以及相干态表象 $\int \frac{\mathrm{d}^2 z}{\pi} |z\rangle \langle z| = 1$, 可以将 $a^n a^{\dagger m}$ 转换为正规排序的形式

$$a^n a^{\dagger m} = \int \frac{\mathrm{d}^2 z}{\pi} z^n |z\rangle \langle z| z^{*m} = \int \frac{\mathrm{d}^2 z}{\pi} z^n z^{*m} : \exp\left[-\left(z^* - a^\dagger\right)\left(z - a\right)\right] :$$
$$= (-\mathrm{i})^{m+n} : \mathrm{H}_{m,n}\left(\mathrm{i}a^\dagger, \mathrm{i}a\right) : \tag{9.75}$$

其中

$$\mathrm{H}_{m,n}(\lambda, \lambda^*) = \sum_{l=0}^{\min(m,n)} \frac{m!n!}{l!(m-l)!(n-l)!} (-1)^l \lambda^{m-l} \lambda^{*n-l} \tag{9.76}$$

是双变量的厄密多项式, 我们可以将式 (9.74) 转变为

$$a^n b^m \mathrm{e}^{a^\dagger b^\dagger \tanh \lambda} |00\rangle = (-\mathrm{i})^{m+n} \tanh^m \lambda : \mathrm{H}_{m,n}\left(\mathrm{i}a^\dagger, \mathrm{i}a\right) : \mathrm{e}^{a^\dagger b^\dagger \tanh \lambda} |00\rangle$$

$$= \tanh^m \lambda \sum_{l=0}^{\min(m,n)} \frac{m!n! \left(a^\dagger\right)^{m-l}}{l!(m-l)!(n-l)!} a^{n-l} \mathrm{e}^{a^\dagger b^\dagger \tanh \lambda} |00\rangle$$

$$= \tanh^m \lambda \sum_{l=0}^{\min(m,n)} \frac{m!n! \left(a^\dagger\right)^{m-l} \left(b^\dagger \tanh \lambda\right)^{n-l}}{l!(m-l)!(n-l)!} e^{a^\dagger b^\dagger \tanh \lambda} |00\rangle$$

代入式 (9.76) 上式变成

$$a^n b^m e^{a^\dagger b^\dagger \tanh \lambda} |00\rangle = (-i)^{m+n} \tanh^m \lambda H_{m,n} \left(ia^\dagger, ib^\dagger \tanh \lambda\right) e^{a^\dagger b^\dagger \tanh \lambda} |00\rangle \qquad (9.77)$$

根据双厄密多项式乘积的母函数公式

$$\sum_{m,n=0}^{\infty} H_{m,n}(\xi,\eta) H_{m,n}(\sigma,\kappa) \frac{t^n s^m}{m!n!} = \frac{1}{1-ts} \exp\left[\frac{1}{1-ts}\left(s\sigma\xi + t\eta\kappa - st\sigma\kappa - st\xi\eta\right)\right] \qquad (9.78)$$

以及正规排序形式的真空投影算子

$$|00\rangle\langle 00| = : e^{-a^\dagger a - b^\dagger b} : \qquad (9.79)$$

和 $e^{-\kappa t a^\dagger a} a^\dagger e^{\kappa t a^\dagger a} = a^\dagger e^{-\kappa t}$，我们推导出式 (9.73) 里面的密度算子的紧凑形式为

$$\begin{aligned}
\rho(t) &= \mathrm{sech}^2 \lambda \sum_{m,n=0}^{\infty} \left[\frac{T'^{n+m}}{n!m!} e^{-\kappa t(a^\dagger a + b^\dagger b)} \tanh^{2m} \lambda H_{m,n}\left(ia^\dagger, ib^\dagger \tanh \lambda\right) e^{a^\dagger b^\dagger \tanh \lambda}\right. \\
&\quad \left. \times |00\rangle\langle 00| e^{ab \tanh \lambda} H_{m,n}(-ia, -ib \tanh \lambda) e^{-\kappa t(a^\dagger a + b^\dagger b)}\right] \\
&= \mathrm{sech}^2 \lambda \sum_{m,n=0}^{\infty} \left[\frac{T'^n \left(T' \tanh^2 \lambda\right)^m}{n!m!} \times : H_{m,n}\left(ia^\dagger e^{-\kappa t}, ib^\dagger e^{-\kappa t} \tanh \lambda\right)\right. \\
&\quad \left. \times : H_{m,n}\left(-iae^{-\kappa t}, -ibe^{-\kappa t} \tanh \lambda\right) e^{\left(a^\dagger b^\dagger + ab\right)e^{-2\kappa t} \tanh \lambda - a^\dagger a - b^\dagger b} :\right] \\
&= \frac{\mathrm{sech}^2 \lambda}{1 - T'^2 \tanh^2 \lambda} : \exp\left\{\frac{T' \tanh^2 \lambda e^{-2\kappa t}}{1 - T'^2 \tanh^2 \lambda}\left[\left(aa^\dagger + b^\dagger b\right) + T' \tanh \lambda \left(ab + a^\dagger b^\dagger\right)\right]\right. \\
&\quad \left. + \left(a^\dagger b^\dagger + ab\right) e^{-2\kappa t} \tanh \lambda - a^\dagger a - b^\dagger b\right\} : \\
&= \frac{\mathrm{sech}^2 \lambda}{1 - T'^2 \tanh^2 \lambda} : \exp\left[\frac{T' \tanh^2 \lambda - 1}{1 - T'^2 \tanh^2 \lambda}\left(aa^\dagger + b^\dagger b\right) + \frac{e^{-2\kappa t} \tanh \lambda}{1 - T'^2 \tanh^2 \lambda}\left(ab + a^\dagger b^\dagger\right)\right] :
\end{aligned}$$
$$\qquad (9.80)$$

这是一个混合态，其中我们使用了 $T' = 1 - e^{-2\kappa t}$.

为了检查上述推导的有效性，我们计算 $\mathrm{Tr}\rho(t)$，看它是否等于 1. 事实上，使用相干态完备关系 $\int \frac{d^2 z_1 d^2 z_2}{\pi^2} |z_1 z_2\rangle\langle z_1 z_2| = 1$，我们有

$$\begin{aligned}
\mathrm{Tr}\rho(t) &= \frac{\mathrm{sech}^2 \lambda}{1 - T'^2 \tanh^2 \lambda} \int \frac{d^2 z_1 d^2 z_2}{\pi} \langle z_1 z_2 | : \exp\left[\frac{T' \tanh^2 \lambda - 1}{1 - T'^2 \tanh^2 \lambda}\left(aa^\dagger + b^\dagger b\right)\right. \\
&\quad \left. + \frac{e^{-2\kappa t} \tanh \lambda}{1 - T'^2 \tanh^2 \lambda}\left(ab + a^\dagger b^\dagger\right)\right] : |z_1 z_2\rangle
\end{aligned}$$

基于光子产生-湮灭机制的量子力学引论
Introduction to Quantum Mechanics Based on Photon Creation-Annihilation Mechanism

$$= \frac{\mathrm{sech}^2\lambda}{1-T'^2\tanh^2\lambda}\int\frac{\mathrm{d}^2z_1\mathrm{d}^2z_2}{\pi^2}$$

$$\times\exp\left[\frac{T'\tanh^2\lambda-1}{1-T'^2\tanh^2\lambda}\left(|z_1|^2+|z_2|^2\right)+\left(z_1^*z_2^*+z_1z_2\right)\frac{\mathrm{e}^{-2\kappa t}\tanh\lambda}{1-T'^2\tanh^2\lambda}\right] \quad (9.81)$$

其中

$$\int\frac{\mathrm{d}^2z_1}{\pi}\exp\left[\frac{T'\tanh^2\lambda-1}{1-T'^2\tanh^2\lambda}|z_1|^2+\left(z_1^*z_2^*+z_1z_2\right)\frac{\mathrm{e}^{-2\kappa t}\tanh\lambda}{1-T'^2\tanh^2\lambda}\right] \quad (9.82)$$

$$=\frac{1-T'^2\tanh^2\lambda}{1-T'\tanh^2\lambda}\exp\left[\frac{1}{1-T'\tanh^2\lambda}\frac{\left(1-T'\right)^2\tanh^2\lambda}{1-T'^2\tanh^2\lambda}|z_2|^2\right]$$

把式 (9.82) 代入到式 (9.81) 得

$$\mathrm{Tr}\rho\left(t\right)=\frac{\mathrm{sech}^2\lambda}{1-T'\tanh^2\lambda}\int\frac{\mathrm{d}^2z_2}{\pi}\exp\left(\frac{-\mathrm{sech}^2\lambda}{1-T'\tanh^2\lambda}|z_2|^2\right)=1 \quad (9.83)$$

这正是我们期望得到的结果. 进一步利用

$$\mathrm{e}^{\lambda a^\dagger a}=:\exp\left[\left(\mathrm{e}^\lambda-1\right)a^\dagger a\right]: \quad (9.84)$$

将式 (9.80) 重写为

$$\rho\left(t\right)=\frac{\mathrm{sech}^2\lambda}{1-T'^2\tanh^2\lambda}\exp\left(\frac{\mathrm{e}^{-2\kappa t}\tanh\lambda}{1-T'^2\tanh^2\lambda}a^\dagger b^\dagger\right)$$

$$\times\exp\left[\left(a^\dagger a+b^\dagger b\right)\ln\frac{T'\tanh^2\lambda\mathrm{e}^{-2\kappa t}}{1-T'^2\tanh^2\lambda}\right]\exp\left(\frac{\mathrm{e}^{-2\kappa t}\tanh\lambda}{1-T'^2\tanh^2\lambda}ab\right) \quad (9.85)$$

比较式 (9.85) 和式 (9.73) 中的初态, 我们得到了压缩量 $\tanh\lambda\to\tanh\lambda\dfrac{\mathrm{e}^{-2\kappa t}}{1-T'^2\tanh^2\lambda}$. 由于 $T'=1-\mathrm{e}^{-2\kappa t}$, 以及 $T'>T'^2\tanh^2\lambda$, 于是得到

$$\frac{\mathrm{e}^{-2\kappa t}}{1-T'^2\tanh^2\lambda}<1$$

这意味着在耗散过程中压缩量减少. 因此, 我们知道随着时间的推移, 压缩效应减小, 而退相干增加. 使用式 (9.85) 还可以计算出相应的 Wigner 函数的演化等.

9.5.2 光子数的计算

我们现在研究在 t 时刻中有多少 b-模的光子保留. 我们首先为 a-模计算 $\rho\left(t\right)$ 的部分迹, 结果是

$$\mathrm{tr}_a\rho\left(t\right)=\frac{\mathrm{sech}^2\lambda}{1-T'\tanh^2\lambda}:\exp\left(\frac{-\mathrm{sech}^2\lambda}{1-T'\tanh^2\lambda}b^\dagger b\right):$$

接着计算

$$\text{tr}_b\left[\text{tr}_a\rho(t)b^\dagger b\right] = \text{tr}_b\left[\text{tr}_a\rho(t)bb^\dagger\right] - 1 = \text{tr}_b\left(\rho(t)b\int\frac{\mathrm{d}^2z_2}{\pi}|z_2\rangle\langle z_2|b^\dagger\right) - 1$$

$$= \text{tr}_b\left(\rho(t)\int\frac{\mathrm{d}^2z_2}{\pi}|z_2|^2|z_2\rangle\langle z_2|\right) - 1$$

$$= \frac{\text{sech}^2\lambda}{1-T'\tanh^2\lambda}\int\frac{\mathrm{d}^2z_2}{\pi}\langle z_2|:\exp\left(\frac{-\text{sech}^2\lambda}{1-T'\tanh^2\lambda}b^\dagger b\right):|z_2|^2|z_2\rangle - 1$$

$$= \frac{\text{sech}^2\lambda}{1-T'\tanh^2\lambda}\int\frac{\mathrm{d}^2z_2}{\pi}\exp\left(\frac{-\text{sech}^2\lambda}{1-T'\tanh^2\lambda}|z_2|^2\right):|z_2|^2 - 1$$

$$= \frac{1-T'\tanh^2\lambda}{\text{sech}^2\lambda} - 1 = \mathrm{e}^{-2\kappa t}\sinh^2\lambda$$

因此, 我们看到 b-模光子数减少率为 $\mathrm{e}^{-2\kappa t}$, a-模光子数也是如此, 因为这两种模式是对称的. 值得注意的是, 两种模式的光子数量减少, 好像它们是独立衰减的, 事实上它们是纠缠在一起的.

总之, 我们首次研究了双模压缩态在两个独立的振幅耗散通道中是如何演化的. 有趣的是, 虽然两个通道是独立的, 但是输入纯态会演变为混合态, 而且输出仍然保持两种模式纠缠在一起.

9.6 双模压缩态的单模激发

本节我们构造一个新的光场, 表示为 $\rho_0 \equiv |\psi\rangle_{ll}\langle\psi|$, $|\psi\rangle_l = \frac{\text{sech}^l\lambda}{\sqrt{l!}}b^{\dagger l}S_2|00\rangle$, 通过将单模 l-光子添加到双模式的压缩真空态中, 其中 $S_2 = \exp\left[\lambda\left(a^\dagger b^\dagger - ab\right)\right]$ 是双模压缩算子. 我们发现它在 b-模上的部分求迹将导致 a-模的负二项光场, 从而表现出量子纠缠. 我们研究新光场中 a-模和 b-模的光子数波动. 我们将使用正规乘积内的积分方法来进行讨论.

9.6.1 简介

量子控制理论上可以通过将光子产生和湮灭操作应用于某些经典态来实现, 例如, 单光子热激发态和单光子相干激发态所得的态称为非高斯态. 光学领域的非经典态的构造有利于发展量子态工程和量子信息处理. 此外, 光子减少或增加可以改善两个高斯态

之间的纠缠. 在本节中, 我们构建一个新的光场 $C_l b^{\dagger l} S_2 (\lambda) |00\rangle$, 即增加单模 l-光子于双模压缩真空态 (一种非高斯态), 其中 $S_2 (\lambda) = \exp \left[\lambda \left(a^{\dagger} b^{\dagger} - ab \right) \right]$ 是双模压缩算符, C_l 是待定的归一化常数.

9.6.2 双模压缩态和单模激发态的归一化

作为第一步, 我们先求出归一化常数 C_l. 基于双模压缩真空态形式

$$S_2 (\lambda) |00\rangle = \text{sech} \lambda \, \mathrm{e}^{a^{\dagger} b^{\dagger} \tanh \lambda} |00\rangle, \quad |0,0\rangle = |0\rangle_a |0\rangle_b) \tag{9.86}$$

引入双模相干态

$$|z\rangle = \exp \left(-\frac{|z|^2}{2} + za^{\dagger} \right) |0\rangle_a$$

$$|z'\rangle = \exp \left(-\frac{|z'|^2}{2} + z'b^{\dagger} \right) |0\rangle_b \tag{9.87}$$

$$\langle 0,0| z,z' \rangle = \exp \left(-\frac{|z|^2}{2} - \frac{|z'|^2}{2} \right) \tag{9.88}$$

利用完备性关系

$$\int \frac{\mathrm{d}^2 z \mathrm{d}^2 z'}{\pi^2} |z,z'\rangle \langle z,z'| = 1 \tag{9.89}$$

并使用积分公式

$$\int \frac{\mathrm{d}^2 z}{\pi} \exp \left(\zeta |z|^2 + \xi z + \eta z^* \right) z^n z^{*m}$$

$$= \exp \left[-\frac{\xi \eta}{\zeta} \sum_{k=0}^{\min(m,n)} \frac{m! n! \xi^{m-k} \eta^{n-k}}{k!(m-k)!(n-k)!(-\zeta)^{m+n-k+1}} \right] \quad (\text{Re}\,\zeta < 0) \tag{9.90}$$

我们得到

$$\langle 0,0| S_2^{\dagger} b^l b^{\dagger l} S_2 |0,0\rangle = \text{sech}^2 \lambda \, \langle 0,0| \mathrm{e}^{ab \tanh \lambda} b^l b^{\dagger l} \mathrm{e}^{a^{\dagger} b^{\dagger} \tanh \lambda} |0,0\rangle$$

$$= \text{sech}^2 \lambda \, \langle 0,0| \mathrm{e}^{ab \tanh \lambda} b^l \int \frac{\mathrm{d}^2 z \mathrm{d}^2 z'}{\pi^2} |z,z'\rangle \langle z,z'| b^{\dagger l} \mathrm{e}^{a^{\dagger} b^{\dagger} \tanh \lambda} |0,0\rangle$$

$$= \text{sech}^2 \lambda \int \frac{\mathrm{d}^2 z \mathrm{d}^2 z'}{\pi^2} |z'|^{2l} \mathrm{e}^{-|z|^2 - |z'|^2 + \left(z^* z'^* + zz' \right) \tanh \lambda}$$

$$= \text{sech}^2 \lambda \int \frac{\mathrm{d}^2 z'}{\pi} |z'|^{2l} \mathrm{e}^{-|z'|^2 \text{sech}^2 \lambda} = l! \cosh^{2l} \lambda \tag{9.91}$$

于是, $C_l = \dfrac{\text{sech}^l \lambda}{\sqrt{l!}}$, 对应的归一化的密度算子为

$$\rho_0 = \frac{\text{sech}^{2l} \lambda}{l!} b^{\dagger l} S_2 (\lambda) |0,0\rangle \langle 0,0| S_2^{\dagger} (\lambda) b^l \equiv |\psi\rangle_{l\,l} \langle \psi| \tag{9.92}$$

这里

$$|\psi\rangle_l = \frac{\operatorname{sech}^l \lambda}{\sqrt{l!}} b^{\dagger l} S_2(\lambda) |0,0\rangle = \frac{\operatorname{sech}^{l+1} \lambda}{\sqrt{l!}} \sum_{n=0}^{\infty} (\tanh \lambda)^n b^{\dagger n+l} \frac{a^{\dagger n}}{n!} |0,0\rangle$$

$$= \operatorname{sech}^{l+1} \lambda \sum_{n=0}^{\infty} (\tanh \lambda)^n \sqrt{\frac{(n+l)!}{n!l!}} |n, n+l\rangle$$

$$= \sum_{n=0}^{\infty} \sqrt{\binom{n+l}{l} \operatorname{sech}^{2l+2} \lambda (\tanh \lambda)^{2n}} |n, n+l\rangle \tag{9.93}$$

以及 $|n, n+l\rangle = \sqrt{\dfrac{1}{n!(n+l)!}} a^{\dagger n} b^{\dagger n+l} |0,0\rangle$. 令 $\operatorname{sech}^2 \lambda = \gamma$, 则光子激发双模压缩态表示为

$$|\psi\rangle_l = \sum_{n=0}^{\infty} \sqrt{\binom{n+l}{l} \gamma^{l+1} (1-\gamma)^n} |n, n+l\rangle \tag{9.94}$$

这是一个新的单模 l-光子激发的双模压缩态. 显然, $_l\langle \psi | \psi \rangle_l = 1$.

由 $a|n\rangle = \sqrt{n}|n-1\rangle$, 得到

$$a|\psi\rangle_l = \sum_{n=0}^{\infty} \sqrt{\binom{n+l}{l} \gamma^{l+1} (1-\gamma)^n n} |n-1, l+n\rangle$$

$$= \sqrt{l+1} \sum_{n=0}^{\infty} \sqrt{\binom{n+1+l}{l+1} \gamma^{l+1} (1-\gamma)^{n+1}} |n, l+n+1\rangle$$

$$= \sqrt{(l+1) \frac{1-\gamma}{\gamma}} |\psi\rangle_{l+1} \tag{9.95}$$

或者

$$a|\psi\rangle_l = \sinh \lambda \sqrt{l+1} |\psi\rangle_{l+1} \tag{9.96}$$

可见湮灭一个 a-模光子将会产生一个 b-模光子, 于是 $|\psi\rangle_l \to |\psi\rangle_{l+1}$, 这体现了量子纠缠. 另一方面我们计算

$$b|\psi\rangle_l = \frac{\operatorname{sech}^l \lambda}{\sqrt{l!}} bb^{\dagger l} S_2 |0,0\rangle$$

$$= \frac{\operatorname{sech}^{l+1} \lambda}{\sqrt{l!}} \sum_{n=0}^{\infty} (\tanh \lambda)^n (n+l) b^{\dagger n+l-1} \frac{a^{\dagger n}}{n!} |0,0\rangle$$

$$= a^{\dagger} \tanh \lambda |\psi\rangle_l + \sqrt{l} \operatorname{sech} \lambda |\psi\rangle_{l-1} \tag{9.97}$$

这表示湮灭一个 b-模光子将会伴随着一个 a-模光子的产生. 将式 (9.97) 重写为

$$(b \cosh \lambda - a^{\dagger} \sinh \lambda) |\psi\rangle_l = \sqrt{l} |\psi\rangle_{l-1} \tag{9.98}$$

我们发现, $b\cosh\lambda - a^{\dagger}\sinh\lambda \equiv b'$ 或许可以理解为新的湮灭算符 $|\psi\rangle_l \to |\psi\rangle_{l-1}$, 对比 $a|n\rangle = \sqrt{n}\,|n-1\rangle$.

9.6.3 ρ_0 关于 b-模的部分迹

在式 (9.92) 中对 ρ_0 的 b-模求部分迹, 利用相干态表示 $\int \dfrac{\mathrm{d}^2 z'}{\pi} |z'\rangle\langle z'| = 1$ 得到

$$
\begin{aligned}
\mathrm{tr}_b \rho_0 &= \frac{\mathrm{sech}^{2l}\lambda}{l!} \mathrm{tr}_b \left(b^{\dagger l} S_2 |0,0\rangle \langle 0,0| S_2^{\dagger} b^l \right) \\
&= \frac{\mathrm{sech}^{2(l+1)}\lambda}{l!} \int \frac{\mathrm{d}^2 z'}{\pi} \langle z'| b^{\dagger l} \mathrm{e}^{b^{\dagger} a^{\dagger} \tanh\lambda} |0,0\rangle \langle 0,0| \mathrm{e}^{ba\tanh\lambda} b^l |z'\rangle \\
&= \frac{\mathrm{sech}^{2(l+1)}\lambda}{l!} \int \frac{\mathrm{d}^2 z'}{\pi} \langle z'| z'^{*l} z'^l \mathrm{e}^{z'^* a^{\dagger} \tanh\lambda} |0,0\rangle \langle 0,0| \mathrm{e}^{z' a \tanh\lambda} |z'\rangle \\
&= \frac{\mathrm{sech}^{2(l+1)}\lambda}{l!} \int \frac{\mathrm{d}^2 z'}{\pi} z'^{*l} z'^l \mathrm{e}^{z'^* a^{\dagger} \tanh\lambda} |0\rangle_{aa}\langle 0| \mathrm{e}^{z' a \tanh\lambda} \langle z'|0\rangle_{bb}\langle 0|z'\rangle
\end{aligned}
\tag{9.99}
$$

注意到

$$
{}_b\langle 0|z'\rangle = \mathrm{e}^{-|z'|^2/2}
\tag{9.100}
$$

而

$$
\mathrm{e}^{z'^* a^{\dagger} \tanh\lambda} |0\rangle_a = \|z'^* \tanh\lambda\rangle
\tag{9.101}
$$

$$
{}_a\langle 0| \mathrm{e}^{z' a \tanh\lambda} = \langle z'^* \tanh\lambda\|
\tag{9.102}
$$

是 a-模为归一化的相干态, 于是

$$
z'^{*l} \mathrm{e}^{z'^* a^{\dagger} \tanh\lambda} |0\rangle = z'^{*l} \|z'^* \tanh\lambda\rangle = (a/\tanh\lambda)^l \|z'^* \tanh\lambda\rangle
\tag{9.103}
$$

$$
\langle z'^* \tanh\lambda\| z'^l = \langle z'^* \tanh\lambda\| (a^{\dagger}/\tanh\lambda)^l
\tag{9.104}
$$

因此方程 (9.99) 变成

$$
\mathrm{tr}_b \rho_0 = \frac{\mathrm{sech}^{2(l+1)}\lambda}{l!} \frac{1}{\tanh^{2l}\lambda} a^l \int \frac{\mathrm{d}^2 z'}{\pi} \|z'^* \tanh\lambda\rangle \langle z'^* \tanh\lambda\| \mathrm{e}^{-|z'|^2} a^{\dagger l}
\tag{9.105}
$$

利用

$$
|0\rangle_{aa}\langle 0| =: \mathrm{e}^{-a^{\dagger} a} :
\tag{9.106}
$$

以及 IWOP 方法和一些积分公式

$$
\int \frac{\mathrm{d}^2 z}{\pi} \exp\left(\zeta |z|^2 + \xi z + \eta z^* \right) = -\frac{1}{\zeta} \mathrm{e}^{\frac{-\xi\eta}{\zeta}}
\tag{9.107}
$$

对方程 (9.105) 进行积分得到

$$\text{tr}_b\rho_0 = \frac{\text{sech}^{2(l+1)}\lambda}{l!}\frac{1}{\tanh^{2l}\lambda}a^l\int\frac{\text{d}^2z'}{\pi}:\text{e}^{-|z'|^2+z'^*a^\dagger\tanh\lambda+z'a\tanh\lambda-a^\dagger a}:a^{\dagger l}$$

$$= \frac{\text{sech}^{2(l+1)}\lambda}{l!}\frac{1}{\tanh^{2l}\lambda}a^l:\text{e}^{a^\dagger a(\tanh^2\lambda-1)}:a^{\dagger l}$$

$$= \frac{\text{sech}^{2(l+1)}\lambda}{l!}\frac{1}{\tanh^{2l}\lambda}a^l\text{e}^{a^\dagger a\ln\tanh^2\lambda}a^{\dagger l} \tag{9.108}$$

注意到 $\text{sech}^2\lambda=\gamma$, 则式 (9.108) 变成

$$\text{tr}_b\rho_0 = \frac{\gamma^{l+1}}{(1-\gamma)^l l!}a^l(1-\gamma)^{a^\dagger a}a^{\dagger l} = \frac{\gamma^l}{(1-\gamma)^l l!}a^l\rho_c a^{\dagger l} \tag{9.109}$$

这里, $\rho_c=\gamma(1-\gamma)^{a^\dagger a}$ 是**热场**, 可见 $\text{tr}_b\rho_0$ 是 a-模的负二项态光场, 并且用 l 来表征, 利用 Fock 空间的完备性

$$\sum_{n=0}^\infty|n\rangle_{aa}\langle n|=1 \tag{9.110}$$

可将式 (9.109) 改写为

$$\text{tr}_b\rho_0 = \frac{\gamma^{l+1}}{l!}\frac{1}{(1-\gamma)^l}a^l\sum_{n=0}^\infty(1-\gamma)^n|n\rangle_{aa}\langle n|a^{\dagger l}$$

$$= \sum_{n=0}^\infty\binom{n+l}{n}\gamma^{l+1}(1-\gamma)^n|n\rangle_{aa}\langle n| \tag{9.111}$$

以及

$$\text{tr}_a(\text{tr}_b\rho_0) = \sum_{n=0}^\infty\binom{n+l}{n}\gamma^{l+1}(1-\gamma)^n=1 \tag{9.112}$$

其中用到了负二项公式

$$(1+x)^{-(l+1)}=\sum_{n=0}^\infty\frac{(n+l)!}{n!l!}(-x)^n \tag{9.113}$$

由于 $\text{tr}_a\text{tr}_b\equiv\text{Tr}$, 故式 (9.112) 表示新光场的求迹为

$$\text{Tr}\rho_0=\,_l\langle\psi|\psi\rangle_l=1 \tag{9.114}$$

基于光子产生-湮灭机制的量子力学引论
Introduction to Quantum Mechanics Based on Photon Creation-Annihilation Mechanism

9.6.4 计算 b-模的光子数分布

利用 b-模的 Fock 空间表示

$$\sum_m^\infty |m\rangle_{bb}\langle m| = 1 \tag{9.115}$$

计算处于 ρ_0 的 b-模光子数为

$$_l\langle\psi|b^\dagger b|\psi\rangle_l = {}_l\langle\psi|\sum_{m=0}^\infty m|m\rangle_{bb}\langle m|\,\psi\rangle_l \tag{9.116}$$

其中

$$_b\langle m|\,\psi\rangle_l = \sum_n^\infty \sqrt{\binom{n+l}{l}\gamma^{l+1}(1-\gamma)^n}\,_b\langle m|n, n+l\rangle$$

$$= \sum_n^\infty \sqrt{\binom{n+l}{l}\gamma^{l+1}(1-\gamma)^n}\,|n\rangle_a\,\delta_{m,n+l} \tag{9.117}$$

以及

$$_l\langle\psi|\,m\rangle_{bb}\langle m|\,\psi\rangle_l$$

$$= \sum_k^\infty\sum_n^\infty \sqrt{\binom{k+l}{l}\gamma^{l+1}(1-\gamma)^k}\,_a\langle k|\,n\rangle_a\,\delta_{m,k+l}\delta_{m,n+l}\sqrt{\binom{n+l}{l}\gamma^{l+1}(1-\gamma)^n}$$

$$= \sum_k^\infty\sum_n^\infty \sqrt{\binom{k+l}{l}\gamma^{l+1}(1-\gamma)^k}\,\delta_{n,k}\delta_{m,k+l}\delta_{m,n+l}\sqrt{\binom{n+l}{l}\gamma^{l+1}(1-\gamma)^n}$$

$$= \sum_n^\infty \binom{n+l}{l}\gamma^{l+1}(1-\gamma)^n\,\delta_{m,n+l} \tag{9.118}$$

使用

$$\sum_n^\infty n\binom{n+l}{l}\gamma^{l+1}(1-\gamma)^n = \frac{l+1}{\gamma}(1-\gamma) \tag{9.119}$$

可得 b-模的平均光子数为

$$_l\langle\psi|b^\dagger b|\psi\rangle_l = \sum_{m=0}^\infty m\sum_n^\infty \binom{n+l}{l}\gamma^{l+1}(1-\gamma)^n\,\delta_{m,n+l} \tag{9.120}$$

$$= \sum_n^\infty (l+n)\binom{n+l}{l}\gamma^{l+1}(1-\gamma)^n$$

$$= l + \sum_n^\infty n\binom{n+l}{l}\gamma^{l+1}(1-\gamma)^n = \frac{l+1}{\gamma} - 1$$

然后计算

$$_l \langle \psi | (b^\dagger b)^2 | \psi \rangle_l = {}_l \langle \psi | (b^\dagger b)^2 \sum_m^\infty |m\rangle_{bb} \langle m | \psi \rangle_l = {}_l \langle \psi | \sum_m^\infty m^2 |m\rangle_{bb} \langle m | \psi \rangle_l$$

$$= \sum_m^\infty m^2 \sum_n^\infty \binom{n+l}{l} \gamma^{l+1} (1-\gamma)^n \delta_{m,n+l}$$

$$= \sum_n^\infty (n+l)^2 \binom{n+l}{l} \gamma^{l+1} (1-\gamma)^n \tag{9.121}$$

由于

$$\sum_n^\infty n(n-1) \binom{n+l}{l} \gamma^{l+1} (1-\gamma)^n = \frac{(1-\gamma)^2}{\gamma^2} (l+2)(l+1) \tag{9.122}$$

代入式 (9.121) 得到

$$_l \langle \psi | (b^\dagger b)^2 | \psi \rangle_l = l^2 + (2l+1) \sum_n^\infty n \binom{n+l}{l} \gamma^{l+1} (1-\gamma)^n \tag{9.123}$$

$$+ \sum_n^\infty n(n-1) \binom{n+l}{l} \gamma^{l+1} (1-\gamma)^n$$

$$= l^2 + (2l+1) \frac{(l+1)}{\gamma} (1-\gamma) + \frac{(1-\gamma)^2}{\gamma^2} (l+2)(l+1)$$

$$= \frac{1}{\gamma^2} (l^2 - 3l\gamma + 3l + \gamma^2 - 3\gamma + 2)$$

因为 $(b^\dagger b)^2 = b^{\dagger 2} b^2 + b^\dagger b$, 故 ρ_0 的 b-模的光子数涨落为

$$_l \langle \psi | (b^\dagger b)^2 | \psi \rangle_l - \left({}_l \langle \psi | b^\dagger b | \psi \rangle_l \right)^2 = \frac{(1-\gamma)(l+1)}{\gamma^2} \tag{9.124}$$

9.6.5 计算 a-模的光子数分布

本小节利用式 (9.94) 的 $|\psi\rangle_l$ 我们计算 a-模的平均光子数.

利用式 (9.95) 得到

$$\text{Tr} (a^\dagger a \rho_0) = \text{Tr} (a^\dagger a |\psi\rangle_{l\,l} \langle \psi|) = {}_l \langle \psi | a^\dagger a | \psi \rangle_l = (l+1) \frac{1-\gamma}{\gamma} \tag{9.125}$$

比较式 (9.125) 和式 (9.120), 我们发现 b-模的光子数比 a-模多出 l.

进一步使用式 (9.95) 我们有

$$a^2 |\psi\rangle_l = \sqrt{\frac{1-\gamma}{\gamma}} \sqrt{l+1} a |\psi\rangle_{l+1}$$

$$= \frac{1-\gamma}{\gamma} \sqrt{(l+1)(l+2)} |\psi\rangle_{l+2} \tag{9.126}$$

因此

$$_l \langle \psi | a^{\dagger 2} a^2 | \psi \rangle_l = \left(\frac{1-\gamma}{\gamma} \right)^2 (l+1)(l+2) \tag{9.127}$$

由于 $\left(a^\dagger a \right)^2 = a^{\dagger 2} a^2 + a^\dagger a$, 处于 ρ_0 的 a-模的光子数涨落为

$$_l \langle \psi | \left(a^\dagger a \right)^2 | \psi \rangle_l - \left(_l \langle \psi | a^\dagger a | \psi \rangle_l \right)^2 = \frac{(l+1)(1-\gamma)}{\gamma^2} \tag{9.128}$$

使用式 (9.125) 和式 (9.127) 我们进一步得到二阶相干度:

$$g^{(2)} \equiv \frac{_l \langle \psi | \left(a^\dagger a \right)^2 | \psi \rangle_l - _l \langle \psi | a^\dagger a | \psi \rangle_l}{\left(_l \langle \psi | a^\dagger a | \psi \rangle_l \right)^2} \tag{9.129}$$

$$= \frac{\left(\frac{1-\gamma}{\gamma} \right)^2 (l+1)(l+2)}{\left[\frac{l+1}{\gamma} (1-\gamma) \right]^2} = \frac{l+2}{l+1} > 1$$

它展示了 a-模光子的聚束. 式 (9.129) 的计算细节将在本节的附录中给出.

总的来说, 通过激发单模 l-光子到双模压缩真空态上, 我们提出了一个新的光场 $|\psi\rangle_u \langle \psi |$, $|\psi\rangle_l = \frac{\operatorname{sech}^l \lambda}{\sqrt{l!}} b^{\dagger l} S_2 |00\rangle$, 关于 $|\psi\rangle_u \langle \psi |$ 的 b-模的部分迹将会产生 a-模的负二项光场, 也显示出了量子纠缠.

附录

二阶相干度定义为

$$g^{(2)} \equiv \frac{_l \langle \psi | \left(a^\dagger a \right)^2 | \psi \rangle_l - _l \langle \psi | a^\dagger a | \psi \rangle_l}{\left(_l \langle \psi | a^\dagger a | \psi \rangle_l \right)^2} \tag{9.130}$$

因为

$$\left(a^\dagger a \right)^2 = a^\dagger a \, a^\dagger a$$

$$= a^\dagger \left(a^\dagger a + 1 \right) a$$

$$= a^{\dagger 2} a^2 + a^\dagger a \tag{9.131}$$

于是

$$_l\langle\psi|\left(a^\dagger a\right)^2|\psi\rangle_l - {}_l\langle\psi|a^\dagger a|\psi\rangle_l = {}_l\langle\psi|a^{\dagger2}a^2|\psi\rangle_l \tag{9.132}$$

利用式 (9.132), 我们将式 (9.129) 写为

$$
\begin{aligned}
g^{(2)} &= \frac{_l\langle\psi|a^{\dagger2}a^2|\psi\rangle_l}{\left(_l\langle\psi|a^\dagger a|\psi\rangle_l\right)^2} \\
&= \frac{\left(\dfrac{1-\gamma}{\gamma}\right)^2(l+1)(l+2)}{\left[\dfrac{l+1}{\gamma}(1-\gamma)\right]^2} \\
&= \frac{(l+1)(l+2)}{(l+1)^2} \\
&= \frac{l+2}{l+1} > 1
\end{aligned} \tag{9.133}
$$

第 10 章

激光过程中的熵变

尽管激光物理学始于 20 世纪 60 年代, 但对其熵的演化一直被视为难题, 直到最近才有人在 Ann. of Phys. 杂志上报道了激光通道主方程的 Kraus 形式解 (作者是陈俊华和范洪义). 我们基于此文研究分析具有任意初态的激光过程中物理可观测量的时间演化, 如光子数、二阶相干度等, 还研究了这些状态的熵演化. 原创的理论结果能很好地解释激光的已知性能, 这证实了该主方程的解可以恰当地描述激光的生成和湮灭.

10.1 多模指数两次型光子产生–湮灭算符的相干态表象和正规乘积形式

在第 5 章中我们指出 Fresnel 算符可以作为经典光学 Fresnel 变换在相干态表象中的映像来描述矩阵光学中的 ABCD 传播, 在这里我们要用 IWOP 方法导出多模光子气

的密度算符的正规乘积形式, 其二次型哈密顿算符是

$$H = \frac{1}{2} \left(A^\dagger \ A \right) \Gamma' \begin{pmatrix} \tilde{A}^\dagger \\ \tilde{A} \end{pmatrix} \tag{10.1}$$

这里, $A = (a_1, a_2, \cdots, a_n)$, $A^\dagger = (a_1^\dagger, a_2^\dagger, \cdots, a_n^\dagger)$, Γ' 是对称矩阵, 以保证 H 的厄密性. 为了简化记号, 我们引入

$$B \equiv (A^\dagger \ A) \equiv \left(a_1^\dagger \ a_2^\dagger \cdots a_n^\dagger \ a_1 \ a_2 \cdots a_n \right), \quad \tilde{B} = \begin{pmatrix} \tilde{A}^\dagger \\ \tilde{A} \end{pmatrix} \tag{10.2}$$

于是

$$H = \frac{1}{2} B \Gamma' \tilde{B} \tag{10.3}$$

与此同时, 对于 n-维列向量 Λ 和 Λ', 我们定义

$$\left[\tilde{\Lambda}_i, \Lambda_j' \right] \equiv \left[\tilde{\Lambda}, \Lambda' \right]_{ij} \quad (i, j = 1, 2, \cdots, n) \tag{10.4}$$

于是 $\left[\tilde{\Lambda}, \Lambda' \right]$ 是一个 $2n \times 2n$ 的矩阵. 在这种表示下, 基本的对易关系 $\left[a_i, a_j^\dagger \right] = \delta_{ij}$ 可以重新写为如下的形式:

$$\left[\tilde{B}, B \right] = \Pi \tag{10.5}$$

其中

$$\Pi = \begin{pmatrix} 0 & -I \\ I & 0 \end{pmatrix} \quad (I \text{为 } n \text{ 阶单位矩阵}) \tag{10.6}$$

为了方便, 根据式 (10.2), $B_{n+1} = a_1$, $\tilde{B}_1 = a_1^\dagger$, 于是参考式 (10.4) 和式 (10.5) 我们就有 $\left[a_1^\dagger, a_1 \right] = \left[\tilde{B}_1, B_{n+1} \right] = \left[\tilde{B}, B \right]_{1, n+1} = \Pi_{1, n+1} = -1$, 于是式 (10.5) 变得容易理解了. 众所周知, 对易子 (10.5) 在相似变换下是不变的, 假设 W 是一个相似变换算子

$$WAW^{-1} = AP + A^\dagger L, \quad WA^\dagger W^{-1} = A^\dagger Q + AN \tag{10.7}$$

或者

$$WBW^{-1} = BM \equiv B' \tag{10.8}$$

其中, $M \equiv \begin{pmatrix} Q & L \\ N & P \end{pmatrix}$, Q, L, P, N 是所有的 $n \times n$ 复矩阵, 一般来说, $AP + A^\dagger L$ 和 $A^\dagger Q + AN$ 不是互相厄密共轭的, 尽管相似变换保证了 A 和 $A^\dagger$ 的对易关系. 因为对易子在相似变换下不变的, 所以我们有

$$\left[\tilde{B}', B' \right]_{ij} = W \left[\tilde{B}_i, B_j \right] W^{-1} = \left[\tilde{B}, B \right]_{ij} \tag{10.9}$$

另一方面, 从式 (10.8) 我们知道

$$\left[\tilde{B}', B'\right]_{ij} = \left[\left(\tilde{M}\tilde{B}\right)_i, (BM)_j\right] = \tilde{M}_{ik}\left[\tilde{B}, B\right]_{kl} M_{lj} = \left(\tilde{M}\left[\tilde{B}, B\right] M\right)_{ij} \tag{10.10}$$

比较式 (10.9) 和式 (10.10), 然后使用式 (10.5), 我们发现 $\tilde{M}\left[\tilde{B}, B\right] M = \left[\tilde{B}, B\right]$, 于是

$$\tilde{M}\Pi M = \Pi \tag{10.11}$$

根据矩阵理论我们知道 M 是辛矩阵, 辛变换保证了经典泊松括号不变, 并且可以生成辛群. 从 $\Pi^{-1} = -\Pi$, 可知 $M^{-1}\Pi\left(\tilde{M}\right)^{-1} = \Pi$, 故而

$$\Pi = M\Pi\tilde{M} \tag{10.12}$$

基于式 (10.11), 我们知道 $\tilde{M}$ 也是一个辛矩阵, 然后从式 (10.8) 和式 (10.11) 得

$$\tilde{Q}N = \tilde{N}Q, \quad \tilde{L}P = \tilde{P}L, \quad \tilde{Q}P - \tilde{N}L = I, \quad \tilde{P}Q - \tilde{L}N = I \tag{10.13}$$

从式 (10.8) 和式 (10.12) 我们有

$$Q\tilde{L} = L\tilde{Q}, \quad N\tilde{P} = P\tilde{N}, \quad Q\tilde{P} - L\tilde{N} = I, \quad P\tilde{Q} - N\tilde{L} = I \tag{10.14}$$

式 (10.13) 和式 (10.14) 在后面的推导中是很重要的. 把未归一化的密度矩阵 $\exp(-\beta H)$ 考虑为一个相似变换, 我们希望证明如下的定理: 对于算子 $\exp(-\beta H)$, 其中 $H = \frac{1}{2}B\Gamma'\tilde{B}$ 由式 (10.1) 定义, 有 n-模相干态表示:

$$\exp(-\beta H) = \sqrt{\det Q} \int \prod_{i=1}^{n} \frac{\mathrm{d}^2 Z_i}{\pi} \left| \begin{pmatrix} Q & -L \\ -N & P \end{pmatrix} \begin{pmatrix} \tilde{Z} \\ \tilde{Z}^* \end{pmatrix} \right\rangle \left\langle \begin{pmatrix} \tilde{Z} \\ \tilde{Z}^* \end{pmatrix} \right| \tag{10.15}$$

其中

$$\left| \begin{pmatrix} \tilde{Z} \\ \tilde{Z}^* \end{pmatrix} \right\rangle \equiv |Z\rangle = D(Z)\left|\vec{0}\right\rangle, \quad D(Z) \equiv \exp(A^\dagger \tilde{Z} - A\tilde{Z}^*) \tag{10.16}$$

于是

$$\left| \begin{pmatrix} Q & -L \\ -N & P \end{pmatrix} \begin{pmatrix} \tilde{Z} \\ \tilde{Z}^* \end{pmatrix} \right\rangle = \exp[A^\dagger(Q\tilde{Z} - L\tilde{Z}^*) - A(-N\tilde{Z} + P\tilde{Z}^*)]\left|\vec{0}\right\rangle$$

$$= \exp[A^\dagger(Q\tilde{Z} - L\tilde{Z}^*) + \frac{1}{2}(Z\tilde{N} - \tilde{Z}^*P)(Q\tilde{Z} - L\tilde{Z}^*)]\left|\vec{0}\right\rangle \tag{10.17}$$

以及

$$\begin{pmatrix} Q & L \\ N & P \end{pmatrix} = \exp(\Gamma\Pi) \tag{10.18}$$

其中, $\Gamma \equiv -\beta\Gamma'$, $\Gamma' = \begin{pmatrix} R & C \\ \widetilde{C} & D \end{pmatrix}$. 在证明这个定理之前, 我们罗列一些引论, 对易子

$$\left[H, a_i^\dagger\right] = a_j^\dagger C_{ji} + a_j D_{ji}, \quad [H, a_i] = -a_j \widetilde{C}_{ji} - a_j^\dagger R_{ji} \tag{10.19}$$

是从式 (10.2) 推出的, 可以重新表示成紧凑的矩阵形式

$$[H, B] = \left[H, (A^\dagger, A)\right] = (A^\dagger, A) \begin{pmatrix} C & -R \\ D & -\widetilde{C} \end{pmatrix} = B \begin{pmatrix} R & C \\ \widetilde{C} & D \end{pmatrix} \begin{pmatrix} 0 & -I \\ I & 0 \end{pmatrix} = B \left(\Gamma'\Pi\right) \tag{10.20}$$

利用 Baker-Hausdorff 公式, 我们有

$$e^{-\beta H} B e^{\beta H} = B + \frac{1}{2!} B \left(-\beta\Gamma'\Pi\right)^2 + \frac{1}{3!} B \left(-\beta\Gamma'\Pi\right)^3 + \cdots$$

$$= B e^{-\beta\Gamma'\Pi} = B e^{\Gamma\Pi} = (A^\dagger\ A) \begin{pmatrix} Q & L \\ N & P \end{pmatrix} \tag{10.21}$$

比较式 (10.21) 和式 (10.8) 我们可以得到 $e^{-\beta H} = W$, 这也就意味着 $e^{-\beta H}$ 可以看作一个相似变换.

下面对式 (10.15) 进行证明.

如果我们能够证明式 (10.15) 的 $\sqrt{\det Q} \int \prod_{i=1}^{n} \frac{\mathrm{d}^2 Z_i}{\pi} \left| \begin{pmatrix} Q & -L \\ -N & P \end{pmatrix} \begin{pmatrix} \widetilde{Z} \\ \widetilde{Z}^* \end{pmatrix} \right\rangle \left\langle \begin{pmatrix} \widetilde{Z} \\ \widetilde{Z}^* \end{pmatrix} \right|$

能保证进行和式 (10.21) 相同的变换, 则定理得证. 为了达到这个目标, 使用式 (10.17)、式 (10.14) 中的 $\widetilde{Q}P - \widetilde{N}L = I$, 以及

$$\left| \vec{0} \right\rangle \left\langle \vec{0} \right| =: e^{-A^\dagger \widetilde{A}} : \tag{10.22}$$

我们把式 (10.15) 右边写为

$$式(10.15)右 = \sqrt{\det Q} \int \prod_{i=1}^{n} \frac{\mathrm{d}^2 Z_i}{\pi} : \exp\left[-\frac{1}{2}(Z\ Z^*) \begin{pmatrix} -\widetilde{N}Q & \widetilde{Q}P \\ \widetilde{P}Q & -\widetilde{P}L \end{pmatrix} \begin{pmatrix} \widetilde{Z} \\ \widetilde{Z}^* \end{pmatrix} \right.$$

$$\left. + (A^\dagger Q A - A^\dagger L) \begin{pmatrix} \widetilde{Z} \\ \widetilde{Z}^* \end{pmatrix} - A^\dagger \widetilde{A} \right] : \tag{10.23}$$

利用高斯积分公式

$$\int \prod_{i=1}^{n} \frac{\mathrm{d}^2 Z_i}{\pi} \exp\left[-\frac{1}{2}(Z\ Z^*) \begin{pmatrix} F & C \\ \widetilde{C} & D \end{pmatrix} \begin{pmatrix} \widetilde{Z} \\ \widetilde{Z}^* \end{pmatrix} + (\mu\ \nu^*) \begin{pmatrix} \widetilde{Z} \\ \widetilde{Z}^* \end{pmatrix} \right] \tag{10.24}$$

$$= \left[\det \begin{pmatrix} \widetilde{C} & D \\ F & C \end{pmatrix} \right]^{-1/2} \exp\left[-\frac{1}{2}(\mu\ \nu^*) \begin{pmatrix} F & C \\ \widetilde{C} & D \end{pmatrix}^{-1} \begin{pmatrix} \widetilde{\mu} \\ \widetilde{\nu}^* \end{pmatrix} \right]$$

以及 IWOP 方法我们对式 (10.23) 进行积分, 结果是

$$式(10.15)右 = \sqrt{\det Q} \left[\det \begin{pmatrix} \widetilde{P}Q & -\widetilde{P}L \\ -\widetilde{N}Q & \widetilde{Q}P \end{pmatrix} \right]^{-\frac{1}{2}}$$

$$\times : \exp\left[\frac{1}{2}(A^\dagger Q\ \ A - A^\dagger L) \begin{pmatrix} -\widetilde{N}Q & \widetilde{Q}P \\ \widetilde{P}Q & -\widetilde{P}L \end{pmatrix}^{-1} \begin{pmatrix} \widetilde{Q}\widetilde{A}^\dagger \\ \widetilde{A} - \widetilde{L}\widetilde{A^\dagger} \end{pmatrix} - A^\dagger\widetilde{A} \right] :$$

$$(10.25)$$

使用块形式的 $2n \times 2n$ 矩阵的逆公式

$$\begin{pmatrix} \alpha & \beta \\ \gamma & \eta \end{pmatrix}^{-1} = \begin{pmatrix} (\alpha - \beta\eta^{-1}\gamma)^{-1} & \alpha^{-1}\beta(\gamma\alpha^{-1}\beta - \eta)^{-1} \\ \eta^{-1}\gamma(\beta\eta^{-1}\gamma - \alpha)^{-1} & (\eta - \gamma\alpha^{-1}\beta)^{-1} \end{pmatrix} \qquad (10.26)$$

和它的行列式公式

$$\det \begin{pmatrix} \alpha & \beta \\ \gamma & \eta \end{pmatrix} = \det\alpha \det(\eta - \gamma\alpha^{-1}\beta) \qquad (10.27)$$

以及条件式 (10.13) 和式 (10.14) 可得到

$$\begin{pmatrix} -\widetilde{N}Q & \widetilde{Q}P \\ \widetilde{P}Q & -\widetilde{P}L \end{pmatrix}^{-1} = \begin{pmatrix} Q^{-1}L & I \\ I & P^{-1}N \end{pmatrix}$$

$$\left[\det \begin{pmatrix} \widetilde{P}Q & -\widetilde{P}L \\ -\widetilde{N}Q & \widetilde{Q}P \end{pmatrix} \right]^{-\frac{1}{2}} = [\det(QP)]^{-\frac{1}{2}} \qquad (10.28)$$

于是式 (10.25) 变成了正规排序

$$式(10.15)右 = \frac{1}{\sqrt{\det P}} : \exp\left[-\frac{1}{2}A^\dagger(LP^{-1})\widetilde{A}^\dagger + A^\dagger(\widetilde{P}^{-1} - I)\widetilde{A} + \frac{1}{2}A(P^{-1}N)\widetilde{A} \right] :$$

$$(10.29)$$

使用 $e^{A^\dagger \Lambda A} =: e^{A^\dagger(e^\Lambda - 1)A} :$ 去掉式 (10.29) 的正规排序符号得到

$$式(10.15)右$$

$$= \frac{1}{\sqrt{\det P}} \exp\left[-\frac{1}{2}A^\dagger(LP^{-1})\widetilde{A}^\dagger \right] \exp[A^\dagger(\ln\widetilde{P}^{-1})\widetilde{A}] \exp\left[\frac{1}{2}A(P^{-1}N)\widetilde{A} \right]$$

$$\equiv V \qquad (10.30)$$

对于式 (10.30) 我们计算

$$VA_kV^{-1} = \exp\left[-\frac{1}{2}A_i^\dagger(LP^{-1})_{ij}\widetilde{A_j}^\dagger\right]\widetilde{P}_{kl}A_l\exp\left[\frac{1}{2}A_i^\dagger(LP^{-1})_{ij}\widetilde{A_j}^\dagger\right] \tag{10.31}$$
$$= \widetilde{P}_{kl}A_l + A_i^\dagger(LP^{-1})_{ij}\widetilde{P}_{kj} = AP + A^\dagger L$$

这和式 (10.7) 的第一个方程是相等的, 进一步由式 (10.30) 我们发现

$$\exp\left[\frac{1}{2}A_i(P^{-1}N)_{ij}\widetilde{A}_j\right]A_k^\dagger\exp\left[\frac{-1}{2}A_i(P^{-1}N)_{ij}\widetilde{A}_j\right] = A_k^\dagger + A_i(P^{-1}N)_{ik} \tag{10.32}$$

以及

$$\exp\left[A_i^\dagger(\ln\widetilde{P}^{-1})_{ij}\widetilde{A}_j\right]\left[A_k^\dagger + A_i(P^{-1}N)_{ik}\right]\exp[-A_i^\dagger(\ln\widetilde{P}^{-1})_{ij}\widetilde{A}_j]$$
$$= A_j^\dagger(\widetilde{P}^{-1})_{jk} + \widetilde{P}_{il}A_l(P^{-1}N)_{ik} = A_j^\dagger(\widetilde{P}^{-1})_{jk} + A_lN_{lk} \tag{10.33}$$

结合式 (10.29)、式 (10.30), 以及式 (10.13) 中的 $\widetilde{P}Q - \widetilde{L}N = I$ 得到

$$VA_kV^{-1} = \exp\left[-\frac{1}{2}A_i^\dagger(LP^{-1})_{ij}\widetilde{A_j}^\dagger\right]\left[A_j^\dagger(\widetilde{P}^{-1})_{jk} + A_lN_{lk}\right]\exp\left[\frac{1}{2}A_i^\dagger(LP^{-1})_{ij}\widetilde{A_j}^\dagger\right]$$
$$= A_j^\dagger(\widetilde{P}^{-1})_{jk} + \left[A_l + A_i^\dagger(LP^{-1})_{il}\right]N_{lk} = A^\dagger Q + AN \tag{10.34}$$

这正好是式 (10.7) 中的第二个表示式. 于是 $V \equiv$ (10.15) 的右端保证了和 $e^{-\beta H} = W$ 产生一样的变换, 两者至多差一个相因子 (该相因子也能被证明是 1).

我们得出结论: 密度矩阵的相干态表示的明确形式为

$$e^{-\beta H} = \sqrt{\det Q}\int\prod_{i=1}^{n}\frac{d^2z_i}{\pi}\Big|\begin{pmatrix} Q & -L \\ -N & P \end{pmatrix}\begin{pmatrix} \widetilde{Z} \\ \widetilde{Z}^* \end{pmatrix}\Big\rangle\Big\langle\begin{pmatrix} \widetilde{Z} \\ \widetilde{Z}^* \end{pmatrix}\Big| \tag{10.35}$$
$$= \frac{1}{\sqrt{\det P}}\exp\left(-\frac{1}{2}A^\dagger LP^{-1}\widetilde{A}^\dagger\right)\exp[A^\dagger(\ln\widetilde{P}^{-1})\widetilde{A}]\exp\left(\frac{1}{2}AP^{-1}N\widetilde{A}\right) = W$$

其中

$$\begin{pmatrix} Q & L \\ N & P \end{pmatrix} = \exp(\Gamma\Pi) \tag{10.36}$$

式中, $\Gamma \equiv -\beta\Gamma', H = \frac{1}{2}B\Gamma'\widetilde{B}$. 正如狄拉克写道: "······对于具有经典模拟的量子动力学系统, 量子理论中的幺正变换是经典理论中正则变换的类比."

本节通过 IWOP 方法和相干态表象证明了经典辛矩阵变换 $\begin{pmatrix} Q & -L \\ -N & P \end{pmatrix}\begin{pmatrix} \widetilde{Z} \\ \widetilde{Z}^* \end{pmatrix}$ 在相空间的量子对应是 $e^{-\beta H}$.

引理 1 因为辛矩阵成群, 它们的量子对应 (相干态表象) 构成了一个忠实群表示.

引理 2 由于每个辛矩阵存在逆变换, 则

$$e^{\beta H} = \sqrt{\det \widetilde{P}} \int \prod_{i=1}^{n} \frac{\mathrm{d}^2 Z_i}{\pi} \left| \begin{pmatrix} \widetilde{P} & \widetilde{L} \\ \widetilde{N} & \widetilde{Q} \end{pmatrix} \begin{pmatrix} \widetilde{Z} \\ \widetilde{Z}^* \end{pmatrix} \right\rangle \left\langle \begin{pmatrix} \widetilde{Z} \\ \widetilde{Z}^* \end{pmatrix} \right| = W^{-1} \tag{10.37}$$

证明 从 $\widetilde{M}\Pi M = \Pi$, 我们知道 $\Pi^{-1}\widetilde{M}\Pi = M^{-1}$, 于是 M^{-1} 和 $\widetilde{M}$ 相似, 也与 M 相似, 因为式 (10.35) 表明了 $\begin{pmatrix} Q & -L \\ -N & P \end{pmatrix} \to e^{-\beta H} = W$, 所以

$$\begin{pmatrix} Q & -L \\ -N & P \end{pmatrix}^{-1} = \Pi^{-1} \begin{pmatrix} \tilde{Q} & -\tilde{N} \\ -\tilde{L} & \tilde{P} \end{pmatrix} \Pi = \begin{pmatrix} \tilde{P} & \tilde{L} \\ \tilde{N} & \tilde{Q} \end{pmatrix} \to W^{-1} = e^{\beta H} \tag{10.38}$$

于是式 (10.37) 得证. 比较式 (10.37) 和式 (10.35) 我们可以立即写下

$$W^{-1} = \frac{1}{\sqrt{\det \tilde{Q}}} \exp\left(\frac{1}{2} A^\dagger \tilde{L} \tilde{Q}^{-1} \widetilde{A}^\dagger\right) \exp[A^\dagger (\ln Q^{-1}) \widetilde{A}] \exp\left(-\frac{1}{2} A \tilde{Q}^{-1} \tilde{N} \widetilde{A}\right) \tag{10.39}$$

然后从 $Q\tilde{L} = L\tilde{Q}$, $\tilde{Q}N = \tilde{N}Q$, 我们有

$$W^{-1} = \frac{1}{\sqrt{\det \tilde{Q}}} \exp\left(\frac{1}{2} A^\dagger Q^{-1} L \widetilde{A}^\dagger\right) \exp\left[A^\dagger (\ln Q^{-1}) \widetilde{A}\right] \exp\left(-\frac{1}{2} A N Q^{-1} \widetilde{A}\right) \neq W^\dagger \tag{10.40}$$

于是 W 是相似变换, 且非酉变换.

10.2　配分函数

我们现在推导由式 (10.1) 描述的多模相互作用玻色系统的配分函数. 利用式 (10.29) 我们立即得到 $e^{-\beta H}$ 的相干态矩阵元为

$$\langle Z' | e^{-\beta H} | Z'' \rangle = \frac{1}{\sqrt{\det P}} \exp\left(-\frac{1}{2} Z'^* L P^{-1} \widetilde{Z'}^* + Z'^* \widetilde{P}^{-1} \widetilde{Z''} \right.$$
$$\left. + \frac{1}{2} Z'' P^{-1} N \widetilde{Z''} - \frac{1}{2} Z' \widetilde{Z'}^* - \frac{1}{2} Z'' \widetilde{Z''}^* \right) \tag{10.41}$$

于是配分函数为

$$\mathrm{Tr}\, e^{-\beta H} = \int \prod_{i=1}^{n} \frac{\mathrm{d}^2 Z_i}{\pi} \langle Z | e^{-\beta H} | Z \rangle$$

$$= \frac{1}{\sqrt{\det P}} \int \prod_{i=1}^{n} \frac{\mathrm{d}^2 Z_i}{\pi} \exp\left(-\frac{1}{2} Z^* L P^{-1} \widetilde{Z}^* + Z^* \widetilde{P}^{-1} \widetilde{Z} + \frac{1}{2} Z P^{-1} N \widetilde{Z} - Z \widetilde{Z}^* \right)$$

$$= \frac{1}{\sqrt{\det P}} \int \prod_{i=1}^{n} \frac{\mathrm{d}^2 Z_i}{\pi} \exp\left[-\frac{1}{2} (Z \ Z^*) \begin{pmatrix} -P^{-1}N & I - P^{-1} \\ I - \widetilde{P}^{-1} & L P^{-1} \end{pmatrix} \begin{pmatrix} \widetilde{Z} \\ \widetilde{Z}^* \end{pmatrix} \right]$$

$$= \left(\det \tilde{P} \right)^{-1/2} \left[\det \begin{pmatrix} I - \widetilde{P}^{-1} & L P^{-1} \\ -P^{-1}N & I - P^{-1} \end{pmatrix} \right]^{-1/2} \tag{10.42}$$

注意到 $P^{-1}N = \tilde{N}\widetilde{P}^{-1}$, 使用式 (10.27) 我们发现

$$\mathrm{Tr}\, e^{-\beta H} = \left[\det\left(\tilde{P} - I \right) \right]^{-\frac{1}{2}} \left\{ \det[(I - P^{-1}) + \tilde{N}\left(\tilde{P} - I \right)^{-1} L P^{-1}] \right\}^{-\frac{1}{2}}$$

$$= \left[\det \begin{pmatrix} \tilde{P} - I & L P^{-1} \\ -\tilde{N} & I - P^{-1} \end{pmatrix} \right]^{-\frac{1}{2}}$$

$$= (-1)^{-2} \left[\det \begin{pmatrix} \tilde{P} - I & -L P^{-1} \\ -\tilde{N} & P^{-1} - I \end{pmatrix} \right]^{-\frac{1}{2}} \tag{10.43}$$

现在证明式 (10.43) 可以写成更紧凑的形式:

$$\mathrm{Tr}\, e^{-\beta H} = \left| \det\left(I - e^{-\beta \Gamma' \Pi} \right) \right|^{-\frac{1}{2}} \tag{10.44}$$

式中, $\Gamma' = \begin{pmatrix} R & C \\ \widetilde{C} & D \end{pmatrix}$, 由式 (10.20) 给出.

证明 从式 (10.18) 和 $\tilde{M}\Pi M = \Pi$, 得

$$e^{\beta \Gamma' \Pi} = \begin{pmatrix} Q & L \\ N' & P \end{pmatrix}^{-1} = M^{-1} = -\Pi \left(\tilde{M} \right)^{-1} \Pi = \begin{pmatrix} \tilde{P} & -\tilde{L} \\ -\tilde{N} & \tilde{Q} \end{pmatrix} \tag{10.45}$$

由式 (10.14) 的条件

$$\widetilde{Q} = \widetilde{P}\left(I + N\widetilde{L} \right), \quad P^{-1}N = \tilde{N}\widetilde{P}^{-1} \tag{10.46}$$

我们得到

$$\det\left(e^{\beta \Gamma' \Pi} - I \right) = \det \begin{pmatrix} \tilde{P} - I & -\tilde{L} \\ -\tilde{N} & P^{-1} - I + \tilde{N}\widetilde{P}^{-1}\widetilde{L} \end{pmatrix} \tag{10.47}$$

通过乘以 $\widetilde{P}^{-1}\widetilde{L}$ 把第一列加到第二列, 即矩阵理论中的初等变换 (这并不改变行列式的值), 利用 $\widetilde{P}^{-1}\widetilde{L} = L P^{-1}$ 我们有

$$\det\left(e^{\beta \Gamma' \Pi} - I \right) = \det \begin{pmatrix} \tilde{P} - I & -L P^{-1} \\ -\tilde{N} & P^{-1} - I \end{pmatrix} \tag{10.48}$$

基于光子产生-湮灭机制的量子力学引论
Introduction to Quantum Mechanics Based on Photon Creation-Annihilation Mechanism

比较式 (10.48) 和式 (10.43) 发现

$$\mathrm{Tr}\,e^{-\beta H} = (-1)^{-\frac{n}{2}}\det\left(e^{\beta\Gamma'\Pi} - I\right) \tag{10.49}$$

由于 Γ' 是对称矩阵, 而 Π 是反对称的, 于是

$$\det e^{\beta\Gamma'\Pi} = \exp\left[\mathrm{Tr}\left(\beta\Gamma'\Pi\right)\right] = e^0 = 1 \tag{10.50}$$

因此

$$\det\left(e^{\beta\Gamma'\Pi} - I\right) = \det\left(I - e^{-\beta\Gamma'\Pi}\right) \tag{10.51}$$

得到

$$\mathrm{Tr}\,e^{-\beta H} = (-1)^{-n/2}\left[\det\left(I - e^{-\beta\Gamma'\Pi}\right)\right]^{-1/2} \tag{10.52}$$

我们可以写一个无关紧要的相位因子

$$\mathrm{Tr}\,e^{-\beta H} = |\det\left(I - e^{-\beta\Gamma'\Pi}\right)|^{-\frac{1}{2}} \tag{10.53}$$

因此式 (10.44) 得证. 式(10.53) 形式看起来更整洁了. 举个例子, 当

$$H \to \omega\left(a^\dagger a + \frac{1}{2}\right) = \frac{1}{2}\left(a^\dagger\ a\right)\begin{pmatrix} 0 & \omega \\ \omega & 0 \end{pmatrix}\begin{pmatrix} a^\dagger \\ a \end{pmatrix} \tag{10.54}$$

从式 (10.1) 我们发现 $\Gamma' = \begin{pmatrix} 0 & \omega \\ \omega & 0 \end{pmatrix}$,

$$\exp\left[-\beta\begin{pmatrix} 0 & \omega \\ \omega & 0 \end{pmatrix}\Pi\right] = \begin{pmatrix} e^{-\beta\omega} & 0 \\ 0 & e^{\beta\omega} \end{pmatrix} \to \begin{pmatrix} Q & L \\ N' & P \end{pmatrix} = \exp(-\beta\Gamma'\Pi) \tag{10.55}$$

于是由式 (10.53)得

$$\mathrm{Tr}\,e^{-\beta\omega\left(a^\dagger a + \frac{1}{2}\right)} = \left|\det\begin{pmatrix} e^{-\beta\omega} - 1 & 0 \\ 0 & e^{\beta\omega} - 1 \end{pmatrix}\right|^{-\frac{1}{2}} = \frac{e^{-\frac{1}{2}\beta\omega}}{1 - e^{-\beta\omega}}, \tag{10.56}$$

正如所料. 比较式(10.56)和式(10.53)的形式, 我们有理由将式(10.53)命名为广义玻色子分配函数公式, 因为它是理想玻色气体分布的非平凡推广.

10.3　指数两次型光子产生–湮灭算符的熵计算

von Neuman 熵定义为

$$S\left[\rho\left(t\right)\right] = -k_B \mathrm{Tr}\left[\rho\left(t\right)\ln\rho\left(t\right)\right] \tag{10.57}$$

根据

$$\frac{\mathrm{d}}{\mathrm{d}x}y^x = \frac{\mathrm{d}}{\mathrm{d}x}\mathrm{e}^{x\ln y} = \mathrm{e}^{x\ln y}\ln y = y^x\ln y \tag{10.58}$$

有

$$\rho\left(t\right)\ln\rho\left(t\right) = \lim_{s\to 1}\rho^s\left(t\right)\ln\rho\left(t\right) = \lim_{s\to 1}\frac{\mathrm{d}}{\mathrm{d}s}\rho^s\left(t\right) \tag{10.59}$$

再根据 Lopital 法则, 就有公式

$$S\left[\rho\left(t\right)\right] = -k_B\frac{\partial\mathrm{Tr}\left[\rho^s\left(t\right)\right]}{\partial s}\bigg|_{s=1} = -k_B\lim_{s\to 1}\frac{\mathrm{Tr}\left[\rho^s\left(t\right)\right]}{1-s} \tag{10.60}$$

为了计算式 (10.60) 的具体结果, 我们考虑算符 $\exp\left[Aa^{\dagger 2} + \dfrac{B}{2}\left(a^{\dagger}a + aa^{\dagger}\right) + A^*a^2\right]$.

在 10.1 节我们已经用 IWOP 方法和相干态表象导出了多模指数两次型光子产生 -湮灭算符的正规乘积形式的一般公式 (读者也可参见《量子力学纠缠态表象及应用》(范洪义) 中的式 (7.18)).

据此可得

$$\exp\left[Aa^{\dagger 2} + \frac{B}{2}\left(a^{\dagger}a + aa^{\dagger}\right) + A^*a^2\right]$$

$$= \frac{1}{\sqrt{\cosh\theta - B\frac{\sinh\theta}{\theta}}} : \exp\left[\begin{array}{c}\dfrac{A\sinh\theta}{\theta\cosh\theta - B\sinh\theta}a^{\dagger 2} \\[2mm] + a^{\dagger}a\left(\dfrac{1}{\cosh\theta - B\frac{\sinh\theta}{\theta}} - 1\right) \\[2mm] + \dfrac{A^*\sinh\theta}{\theta\cosh\theta - B\sinh\theta}a^2\end{array}\right] : \tag{10.61}$$

的正规乘积形式, 这里

$$\theta = \sqrt{B^2 - 4\left|A\right|^2} \tag{10.62}$$

证明 记

$$\exp\left[Aa^{\dagger 2} + \frac{B}{2}\left(a^\dagger a + aa^\dagger\right) + A^* a^2\right] = \exp\left[(a^\dagger, a)\, \Gamma \begin{pmatrix} a^\dagger \\ a \end{pmatrix}\right]$$

其中

$$\Gamma = \begin{pmatrix} 2A & B \\ B & 2A^* \end{pmatrix} \tag{10.63}$$

$$\Gamma\Pi = \begin{pmatrix} 2A & B \\ B & 2A^* \end{pmatrix}\begin{pmatrix} 0 & -1 \\ 1 & 0 \end{pmatrix} = \begin{pmatrix} B & -2A \\ 2A^* & -B \end{pmatrix}$$

记 $\theta = \sqrt{B^2 - 4|A|^2}$, 根据《量子力学纠缠态表象及应用》中的式 (7.18) 有

$$\begin{pmatrix} Q & L \\ N & P \end{pmatrix} \equiv \exp(\Gamma\Pi)$$

$$= \begin{pmatrix} \cosh\theta + B\dfrac{\sinh\theta}{\theta} & -2A\dfrac{\sinh\theta}{\theta} \\ 2A^*\dfrac{\sinh\theta}{\theta} & \cosh\theta - B\dfrac{\sinh\theta}{\theta} \end{pmatrix} \tag{10.64}$$

故式 (10.61) 得证.

下面反解式 (10.61). 先给出如下的算符恒等式:

$$: \exp\left(\alpha a^{\dagger 2} + \beta a^\dagger a + \alpha^* a^2\right):$$

$$= \frac{1}{\sqrt{1+\beta}} \exp\left[\frac{\alpha\theta}{(1+\beta)\sinh\theta} a^{\dagger 2} + \frac{\theta\left(\cosh\theta - \dfrac{1}{1+\beta}\right)}{2\sinh\theta}\left(a^\dagger a + aa^\dagger\right) + \frac{\alpha^*\theta}{(1+\beta)\sinh\theta} a^2\right] \tag{10.65}$$

这里

$$\cosh\theta = \frac{1+\beta}{2} + \frac{1 - 4|\alpha|^2}{2(1+\beta)} \tag{10.66}$$

证明 在式 (10.61) 中我们记

$$\begin{cases} \dfrac{A\sinh\theta}{\theta\cosh\theta - B\sinh\theta} = \alpha \\[2mm] \dfrac{1}{\cosh\theta - B\dfrac{\sinh\theta}{\theta}} - 1 = \beta \end{cases} \tag{10.67}$$

于是

$$\begin{cases} B\dfrac{\sinh\theta}{\theta} = \cosh\theta - \dfrac{1}{1+\beta} \\ A\dfrac{\sinh\theta}{\theta} = \alpha\left(\cosh\theta - B\dfrac{\sinh\theta}{\theta}\right) = \dfrac{\alpha}{1+\beta} \end{cases} \tag{10.68}$$

由此导出

$$\left(\frac{\sinh\theta}{\theta}\right)^2\left(B^2 - 4\left|A\right|^2\right) = \left(\cosh\theta - \frac{1}{1+\beta}\right)^2 - \frac{4\left|\alpha\right|^2}{(1+\beta)^2} \tag{10.69}$$

整理得到

$$\begin{cases} \sinh^2\theta = \cosh^2\theta - \dfrac{2\cosh\theta}{1+\beta} + \dfrac{1-4\left|\alpha\right|^2}{(1+\beta)^2} \\ \cosh\theta = \dfrac{1+\beta}{2} + \dfrac{1-4\left|\alpha\right|^2}{2(1+\beta)} \end{cases} \tag{10.70}$$

解出

$$\begin{cases} A = \dfrac{\alpha}{1+\beta}\dfrac{\theta}{\sinh\theta} \\ B = \left(\cosh\theta - \dfrac{1}{1+\beta}\right)\dfrac{\theta}{\sinh\theta} \end{cases} \tag{10.71}$$

故而式 (10.61) 变形成式 (10.65). 验证

$$B^2 - 4\left|A\right|^2 = \left(\frac{\theta}{\sinh\theta}\right)^2\left[\left(\cosh\theta - \frac{1}{1+\beta}\right)^2 - 4\left(\frac{\alpha}{1+\beta}\right)^2\right] = \theta^2 \tag{10.72}$$

用式 (10.60) 和式 (10.61) 可以导出公式:

$$\begin{aligned} G &\equiv \left[: \exp\left(\alpha a^{\dagger 2} + \beta a^\dagger a + \alpha^* a^2 + \delta\right):\right]^s \tag{10.73}\\ &= \left\{\exp\left[A a^{\dagger 2} + \frac{B}{2}\left(a^\dagger a + a a^\dagger\right) + A^* a^2 - \frac{\ln(1+\beta)}{2} + \delta\right]\right\}^s \\ &= \exp\left[sA a^{\dagger 2} + \frac{sB}{2}\left(a^\dagger a + a a^\dagger\right) + sA^* a^2 - \frac{s\ln(1+\beta)}{2} + s\delta\right] \\ &= \frac{\mathrm{e}^{s\delta - s/2\ln(1+\beta)}}{\sqrt{\cosh s\theta - sB\dfrac{\sinh s\theta}{s\theta}}} \\ &\quad \times : \exp\left[\frac{sA\sinh s\theta}{s\theta\cosh s\theta - B\sinh s\theta}a^{\dagger 2} + a^\dagger a\left(\frac{1}{\cosh s\theta - sB\dfrac{\sinh s\theta}{s\theta}} - 1\right)\right. \\ &\quad \left. + \frac{sA^*\sinh s\theta}{s\theta\cosh s\theta - B\sinh s\theta}a^2\right]: \end{aligned}$$

基于光子产生-湮灭机制的量子力学引论
Introduction to Quantum Mechanics Based on Photon Creation-Annihilation Mechanism

再用 $B\dfrac{\sinh\theta}{\theta}=\cosh\theta-\dfrac{1}{1+\beta}$，$A\dfrac{\sinh\theta}{\theta}=\alpha\left(\cosh\theta-B\dfrac{\sinh\theta}{\theta}\right)=\dfrac{\alpha}{1+\beta}$，以及

$$\sinh(s-1)\theta=\cosh\theta\sinh s\theta-\sinh\theta\cosh s\theta \tag{10.74}$$

得到

$$\frac{\dfrac{\alpha}{1+\beta}\dfrac{\theta}{\sinh\theta}\sinh s\theta}{\theta\cosh s\theta-\left(\cosh\theta-\dfrac{1}{1+\beta}\right)\dfrac{\theta}{\sinh\theta}\sinh s\theta}=\frac{\alpha\sinh s\theta}{\sinh s\theta-(1+\beta)\sinh(s-1)\theta} \tag{10.75}$$

这时不再出现 θ. 故而

$$G=\frac{e^{s\delta-s/2\ln(1+\beta)}:\exp\left[\begin{array}{l}\dfrac{\dfrac{\alpha}{1+\beta}\dfrac{\theta}{\sinh\theta}\sinh s\theta}{\theta\cosh s\theta-\left(\cosh\theta-\dfrac{1}{1+\beta}\right)\dfrac{\theta}{\sinh\theta}\sinh s\theta}a^{\dagger2}\\+a^{\dagger}a\left(\dfrac{1}{\cosh\theta-\left(\cosh\theta-\dfrac{1}{1+\beta}\right)\dfrac{\theta}{\sinh\theta}\dfrac{\sinh s\theta}{\theta}}-1\right)\\+\dfrac{\dfrac{\alpha^{*}}{1+\beta}\dfrac{\theta}{\sinh\theta}\sinh s\theta}{\theta\cosh s\theta-\left(\cosh\theta-\dfrac{1}{1+\beta}\right)\dfrac{\theta}{\sinh\theta}\sinh s\theta}a^{2}\end{array}\right]:}{\sqrt{\cosh s\theta-\left(\cosh\theta-\dfrac{1}{1+\beta}\right)\dfrac{\theta}{\sinh\theta}\dfrac{\sinh s\theta}{\theta}}} \tag{10.76}$$

$$=\frac{e^{s\delta-s/2\ln(1+\beta)}\sqrt{(1+\beta)\sinh\theta}}{\sqrt{\sinh s\theta-(1+\beta)\sinh(s-1)\theta}}:\exp\left[\begin{array}{l}\dfrac{\alpha\sinh s\theta}{\sinh s\theta-(1+\beta)\sinh(s-1)\theta}a^{\dagger2}\\+a^{\dagger}a\left(\dfrac{(1+\beta)\sinh\theta}{\sinh s\theta-(1+\beta)\sinh(s-1)\theta}-1\right)\\+\dfrac{\alpha^{*}\sinh s\theta}{\sinh s\theta-(1+\beta)\sinh(s-1)\theta}a^{2}\end{array}\right]:$$

其中

$$\cosh\theta=\frac{1+\beta}{2}+\frac{1-4\left|\alpha\right|^{2}}{2(1+\beta)} \tag{10.77}$$

当 $s=1$ 时，回归于式 (10.65).

所以，若给定的密度算符为

$$\rho=:\exp\left(\alpha a^{\dagger2}+\beta a^{\dagger}a+\alpha^{*}a^{2}+\delta\right): \tag{10.78}$$

其中，三个参数之间满足

$$\mathrm{Tr}\rho=\frac{e^{\delta}}{\left(\beta^{2}-4\left|\alpha\right|^{2}\right)^{1/2}}=1 \tag{10.79}$$

ρ 的 s 幂次是 (记 $\ln(1+\beta)\equiv\mu$)

$$\rho^{s}=\exp\left[sAa^{\dagger2}+s\frac{B}{2}\left(a^{\dagger}a+aa^{\dagger}\right)+sA^{*}a^{2}+s\delta-\frac{s\mu}{2}\right] \tag{10.80}$$

$$=\frac{e^{s\delta-\frac{s}{2}\ln(1+\beta)}\sqrt{(1+\beta)\sinh\theta}}{\sqrt{\sinh s\theta-(1+\beta)\sinh(s-1)\theta}}$$

$$\times : \exp \left\{ \frac{\alpha \sinh s\theta}{\sinh s\theta - (1+\beta) \sinh(s-1)\theta} a^{\dagger 2} + a^{\dagger} a \left[\frac{(1+\beta) \sinh \theta}{\sinh s\theta - (1+\beta) \sinh(s-1)\theta} - 1 \right] \right.$$
$$\left. + \frac{\alpha^* \sinh s\theta}{\sinh s\theta - (1+\beta) \sinh(s-1)\theta} a^2 \right\} :$$

于是

$$\mathrm{Tr}\rho^s = \int \frac{\mathrm{d}^2 z}{\pi} \langle z| \rho^s |z\rangle \tag{10.81}$$
$$= \frac{\mathrm{e}^{s\delta - \frac{s}{2} \ln(1+\beta)} \sqrt{(1+\beta) \sinh \theta}}{\sqrt{\sinh s\theta - (1+\beta) \sinh(s-1)\theta}}$$
$$\times \frac{1}{\sqrt{\left(\frac{(1+\beta) \sinh \theta}{\sinh s\theta - (1+\beta) \sinh(s-1)\theta} - 1 \right)^2 - \frac{4|\alpha|^2 \sinh^2 s\theta}{[\sinh s\theta - (1+\beta) \sinh(s-1)\theta]^2}}}$$

所以可算出熵为

$$\frac{S[\rho]}{k_B} = \lim_{s \to 1} \frac{\mathrm{Tr}\rho^s}{1-s} = -\frac{\partial \mathrm{Tr}[\rho^s(t)]}{\partial s} \bigg|_{s=1} \tag{10.82}$$
$$= -\partial_s \left[\frac{\mathrm{e}^{s\delta - \frac{s}{2} \ln(1+\beta)} \sqrt{(1+\beta) \sinh \theta}}{\sqrt{\sinh s\theta - (1+\beta) \sinh(s-1)\theta}} \right.$$
$$\left. \times \frac{1}{\sqrt{\left(\frac{(1+\beta) \sinh \theta}{\sinh s\theta - (1+\beta) \sinh(s-1)\theta} - 1 \right)^2 - \frac{4|\alpha|^2 \sinh^2 s\theta}{[\sinh s\theta - (1+\beta) \sinh(s-1)\theta]^2}}} \right] \bigg|_{s=1}$$
$$= \frac{1}{2} \ln \frac{1+\beta}{\beta^2 - 4|\alpha|^2} + \frac{\theta}{\sinh \theta} \frac{(1+\beta) \left[(1+\beta)^2 - 1 - 4|\alpha|^2 \right] - \left[(1+\beta)^2 - 1 + 4|\alpha|^2 \right] \cosh \theta}{2 \left(\beta^2 - 4|\alpha|^2 \right)}$$
$$= \frac{1}{2} \ln \frac{1+\beta}{\beta^2 - 4|\alpha|^2} + \frac{\theta}{\sinh \theta} \frac{(2+\beta)^2 - 4|\alpha|^2}{4(1+\beta)}$$

其中又出现了 θ, 满足

$$\cosh \theta = \frac{1+\beta}{2} + \frac{1-4|\alpha|^2}{2(1+\beta)} \tag{10.83}$$

推导中我们用了

$$\frac{\mathrm{e}^{\delta}}{\left(\beta^2 - 4|\alpha|^2 \right)^{1/2}} = \mathrm{Tr}\rho = 1$$

10.4 一些例子

记压缩算符是 $U(\lambda)$, 压缩相干态为

$$|\psi(\lambda,z)\rangle = U(\lambda)|z\rangle$$

$$= \frac{1}{\sqrt{\cosh\lambda}} : \exp\left[-\frac{a^{\dagger 2}}{2}\tanh\lambda + \left(\frac{1}{\cosh\lambda}-1\right)a^\dagger a + \frac{a^2}{2}\tanh\lambda\right] : |z\rangle$$

$$= \frac{1}{\sqrt{\cosh\lambda}} \exp\left[-\frac{a^{\dagger 2}}{2}\tanh\lambda + \left(\frac{1}{\cosh\lambda}-1\right)a^\dagger z + \frac{z^2}{2}\tanh\lambda\right] |z\rangle$$

$$= \frac{1}{\sqrt{\cosh\lambda}} \exp\left[-\frac{a^{\dagger 2}}{2}\tanh\lambda + \frac{1}{\cosh\lambda}a^\dagger z + \frac{z^2}{2}\tanh\lambda - \frac{|z|^2}{2}\right] |0\rangle$$

其密度算符为

$$\rho_0 = |\psi(\lambda,z)\rangle\langle\psi(\lambda,z)|$$

$$= \frac{1}{\cosh\lambda} : \exp\left[-\frac{a^{\dagger 2}}{2}\tanh\lambda - a^\dagger a - \frac{a^2}{2}\tanh\lambda + \frac{1}{\cosh\lambda}\left(a^\dagger z + az^*\right)\right.$$

$$\left. + \frac{z^2 + z^{*2}}{2}\tanh\lambda - |z|^2\right] :$$

在式 (10.78) 中取

$$\alpha = -\frac{1}{2}\tanh\lambda$$

$$\beta = -1$$

代入式 (10.82) 得到 $|\psi(\lambda,0)\rangle\langle\psi(\lambda,0)|$ 的熵.

10.5 激光通道方程解的介绍

在 20 世纪 60 年代发展起来的量子光学, 是人类伟大的发明, 它以量子力学的方式, 通过相干状态描述高于某个阈值的稳定激光. 然而, 作为一个热物体, 它的熵的演化却

一直未被重视, 直到最近我们在解决了激光通道的时间演化主方程后开始计算它的熵. 激光通道的主方程为

$$\frac{\mathrm{d}\rho(t)}{\mathrm{d}t} = g[2a^{\dagger}\rho(t)a - aa^{\dagger}\rho(t) - \rho(t)aa^{\dagger}] \tag{10.84}$$
$$+ \kappa[2a\rho(t)a^{\dagger} - a^{\dagger}a\rho(t) - \rho(t)a^{\dagger}a]$$

我们获得其无限求和的形式 (或称为 Kraus 形式解) 解为

$$\rho(t) = \sum_{i,j=0}^{\infty} M_{ij}\rho_0 M_{ij}^{\dagger} \tag{10.85}$$

其中, M_{ij} 通常称为 Kraus 算子. 在方程 (10.84) 中 g 和 κ 分别代表激光通道的增益和损失, $a^{\dagger}$ 和 a 是光子产生和湮灭算子. 对于方程 (10.85) 我们可使用纠缠态表象来导出

$$M_{ij} = \sqrt{\frac{T_3\kappa^i g^j T_1^{i+j}}{i!j!T_2^{2j}}}\mathrm{e}^{a^{\dagger}a\ln T_2}a^{\dagger j}a^i \tag{10.86}$$

以及

$$T_1 = \frac{1-\mathrm{e}^{-2(\kappa-g)t}}{\kappa - g\mathrm{e}^{-2(\kappa-g)t}}, \quad T_2 = \frac{(\kappa-g)\mathrm{e}^{-(\kappa-g)t}}{\kappa - g\mathrm{e}^{-2(\kappa-g)t}}, \quad T_3 = \frac{\kappa-g}{\kappa - g\mathrm{e}^{-2(\kappa-g)t}} \tag{10.87}$$

事实上, 它们并不是彼此独立的

$$T_3 = 1 - gT_1, \quad \frac{T_2^2}{T_3} = 1 - \kappa T_1 \tag{10.88}$$

我们可以检查保迹性

$$\sum_{i,j=0}^{\infty} M_{ij}^{\dagger}M_{ij} = 1 \tag{10.89}$$

由于激光的演化和性质非常重要, 我们必须回答一个重要的问题: 方程 [式 (10.85)~式 (10.87)] 中的解决方案确实可以反映激光通道的物理特性吗? 以下, 我们将研究激光过程中一些重要物理量的演变, 如光子数、二阶相干度. 由于熵涉及热力学和信息的统计性质, 我们要探索激光过程中熵的演化是很重要的. 稍后我们可以看到, 我们的结果很好地符合激光的行为, 这证实了我们的解决方案 [式 (10.85)~ 式 (10.87)] 是正确的.

10.6　密度矩阵的演化

注意到 Fock 空间中的粒子数态 $|m\rangle = \dfrac{a^{\dagger m}}{\sqrt{m!}}|0\rangle$, 以及

$$a|m\rangle = \sqrt{m}|m-1\rangle, \quad a^{\dagger}|m\rangle = \sqrt{m+1}|m+1\rangle$$

对于任意初态 $\rho_0 = \sum\limits_{m,n=0}^{\infty} \rho_{m,n}|m\rangle\langle n|$, 使用方程 (10.85) 和 (10.86), 我们有

$$
\begin{aligned}
\rho(t) &= \sum_{i,j=0}^{\infty} M_{ij}\rho_0 M_{ij}^{\dagger} \\
&= \sum_{i,j=0}^{\infty}\sum_{m,n=0}^{\infty}\Big(\frac{T_3\kappa^i g^j T_1^{i+j} T_2^{m+n-2i}}{i!j!}\sqrt{\frac{m!n!\,(m-i+j)!\,(n-i+j)!}{(m-i)!^2\,(n-i)!^2}} \\
&\quad \times \rho_{mn}|m-i+j\rangle\langle n-i+j|\Big) \\
&= \sum_{i,j=0}^{\infty}\sum_{m',n'=0}^{\infty}\Big(\frac{T_3\kappa^i g^j T_1^{i+j} T_2^{m'+n'}}{i!j!}\sqrt{\frac{(m'+i)!\,(n'+i)!\,(m'+j)!\,(n'+j)!}{m'!^2 n'!^2}} \\
&\quad \times \rho_{m'+i,n'+i}|m'+j\rangle\langle n'+j|\Big)
\end{aligned}
\tag{10.90}
$$

对于以下几个不同的激光工作条件, 我们讨论 $\rho(t)$:

(1) 若 $\kappa > g$, 增益小于损失, 则从方程 (10.87) 可知

$$
\begin{cases}
T_1 = \frac{1}{\kappa} + O\left(\mathrm{e}^{-2(\kappa-g)t}\right) \\
T_2 = \frac{\kappa-g}{\kappa}\mathrm{e}^{-(\kappa-g)t} + O\left(\mathrm{e}^{-3(\kappa-g)t}\right) \\
T_3 = \frac{\kappa-g}{\kappa} + O\left(\mathrm{e}^{-2(\kappa-g)t}\right)
\end{cases}
\tag{10.91}
$$

因此在方程 (10.90) 中, 只有包含 $m' = n' = 0$ 的项对 $\rho(+\infty)$ 有贡献 (长时间极限下)

$$
\begin{aligned}
\rho(+\infty) &= \sum_{i,j=0}^{\infty} T_3(+\infty)\kappa^i g^j T_1^{i+j}(+\infty)\rho_{ii}|j\rangle\langle j| \\
&= \frac{\kappa-g}{\kappa}\sum_{j=0}^{\infty}\left(\frac{g}{\kappa}\right)^j|j\rangle\langle j|\sum_{i=0}^{\infty}\rho_{ii} \\
&= \left(1-\mathrm{e}^{-\ln\frac{\kappa}{g}}\right)\sum_{j=0}^{\infty}\mathrm{e}^{-j\ln\frac{\kappa}{g}}|j\rangle\langle j|
\end{aligned}
\tag{10.92}
$$

说明量子态接近热平衡状态, 等效温度 $T = \dfrac{\hbar\omega}{k_B \ln \frac{\kappa}{g}}$, 其中 k_B 是玻尔兹曼常数. 热平衡态的性质是物理学家所熟知的.

(2) 若 $\kappa < g$, 则

$$
\begin{cases}
T_1 = \dfrac{1}{g} - \dfrac{g-\kappa}{g^2}\mathrm{e}^{2(\kappa-g)t} + O\left[\mathrm{e}^{3(\kappa-g)t}\right] \\[2mm]
T_2 = \dfrac{g-\kappa}{g}\mathrm{e}^{(\kappa-g)t} + O\left[\mathrm{e}^{3(\kappa-g)t}\right] \\[2mm]
T_3 = \dfrac{g-\kappa}{g}\mathrm{e}^{2(\kappa-g)t} + O\left[\mathrm{e}^{3(\kappa-g)t}\right]
\end{cases}
\tag{10.93}
$$

式 (10.90) 中 $\rho(t)$ 的整体因子 T_3 也是呈指数衰减的小数, 因此当 $t \to +\infty$ 时, $\rho(t)$ 将不会接近任何特定状态. 故当 $\kappa < g$ 时, 需要更多的工作来分析激光的行为.

10.7 激光物理量期望值的演变

对于由密度算子 ρ 描述的系统, 物理量 $\hat{A}$ 的期望值定义为 $\left\langle \hat{A} \right\rangle \equiv \mathrm{Tr}\left(\hat{A}\rho\right)$. 由于 ρ 随着时间的推移而演化, 因此 $\left\langle \hat{A} \right\rangle$ 也是时间的函数. 对于具有不同初始状态 ρ_0 的激光过程, 对每个 ρ_0 计算 $\rho(t) = \sum\limits_{i,j=0}^{\infty} M_{ij}\rho_0 M_{ij}^{\dagger}$ 将带来巨大的工作量. 注意到

$$
\left\langle \hat{A} \right\rangle_t \equiv \mathrm{Tr}\left[\hat{A}\rho(t)\right] = \mathrm{Tr}\left(\sum_{i,j=0}^{\infty} \hat{A}M_{ij}\rho_0 M_{ij}^{\dagger}\right)
\tag{10.94}
$$

$$
= \mathrm{Tr}\left(\sum_{i,j=0}^{\infty} M_{ij}^{\dagger}\hat{A}M_{ij}\rho_0\right) = \mathrm{Tr}\left(\hat{A}_t\rho_0\right)
$$

其中不断演化的 $\hat{A}$ 算符定义为

$$
\hat{A}_t \equiv \sum_{i,j=0}^{\infty} M_{ij}^{\dagger}\hat{A}M_{ij}
\tag{10.95}
$$

$$
= \sum_{i,j=0}^{\infty} \frac{T_3 \kappa^i g^j T_1^{i+j}}{i!\,j!\,T_2^{2j}} a^{\dagger i} a^j \mathrm{e}^{a^{\dagger}a\ln T_2} \hat{A}\mathrm{e}^{a^{\dagger}a\ln T_2} a^{\dagger j} a^i
$$

因此, 与其对每个 ρ_0 计算 $\rho(t)$, 倒不如对每个 $\hat{A}$ 计算其随时间演化的 $\hat{A}_t$. 一旦得到了 $\hat{A}_t$, 我们就能对于任意初态 ρ_0 直接计算 $\left\langle \hat{A} \right\rangle_t \equiv \mathrm{Tr}\left(\hat{A}_t\rho_0\right)$. 甚至当算符 $\hat{A}(t)$ 本身是有

关时间的, 我们也依旧可以以定义 $\hat{A}(t)$ 的随时间演化的算子 $\hat{A}(t)_t \equiv \sum\limits_{i,j=0}^{\infty} M_{ij}^\dagger \hat{A}(t) M_{ij}$,

依然有 $\left\langle \hat{A}(t) \right\rangle_t \equiv \mathrm{Tr}\left[\hat{A}(t) \rho(t) \right] = \mathrm{Tr}\left(\hat{A}(t)_t \rho_0 \right)$.

10.8 算符 $\left(a^\dagger a \right)^m$ 的母函数的演化

在本节中, 我们做一些准备工作, 用于计算激光器中的光子数期望值和二级相干度的演化.

由于

$$\sum_{m=0}^{\infty} \frac{1}{m!} \lambda^m \left(a^\dagger a \right)^m = \mathrm{e}^{\lambda a^\dagger a} \tag{10.96}$$

我们有

$$\sum_{m=0}^{\infty} \frac{1}{m!} \lambda^m \left[\left(a^\dagger a \right)^m \right]_t = \left(\mathrm{e}^{\lambda a^\dagger a} \right)_t \tag{10.97}$$

一旦我们得到了 $\left(\mathrm{e}^{\lambda a^\dagger a} \right)_t$, 演化的光子数算符 $\left[\left(a^\dagger a \right)^m \right]_t$ 就可以使用母函数 $\left(\mathrm{e}^{\lambda a^\dagger a} \right)_t$ 来计算 (这也叫作累积展开):

$$\left[\left(a^\dagger a \right)^m \right]_t = \frac{\mathrm{d}^m}{\mathrm{d}\lambda^m} \left(\mathrm{e}^{\lambda a^\dagger a} \right)_t \bigg|_{\lambda=0} \tag{10.98}$$

同样的, 因为

$$\sum_{m=0}^{\infty} \frac{1}{m!} \mu^m a^{\dagger m} a^m =: \mathrm{e}^{\mu a^\dagger a} := \exp\left[\ln(1+\mu) a^\dagger a \right] \tag{10.99}$$

所以我们有

$$\left(a^{\dagger m} a^m \right)_t = \frac{\mathrm{d}^m}{\mathrm{d}\mu^m} \left(\mathrm{e}^{\ln(1+\mu) a^\dagger a} \right)_t \bigg|_{\mu=0} \tag{10.100}$$

现在使用相干态 $|z\rangle = \exp\left[-\frac{|z|^2}{2} + z a^\dagger \right] |0\rangle$ 的完备关系

$$\int \frac{\mathrm{d}^2 z}{\pi} |z\rangle \langle z| = \int \frac{\mathrm{d}^2 z}{\pi} : \mathrm{e}^{-|z|^2 + a^\dagger z + z^* a - a^\dagger a} := 1 \tag{10.101}$$

然后使用正规算符内的积分方法计算母函数 $\left(\mathrm{e}^{\lambda a^\dagger a} \right)_t$:

$$\left(\mathrm{e}^{\lambda a^\dagger a} \right)_t = \sum_{i,j=0}^{\infty} \frac{T_3 \kappa^i g^j T_1^{i+j}}{i! j! T_2^{2j}} a^{\dagger i} a^j \mathrm{e}^{(2\ln T_2 + \lambda) a^\dagger a} a^{\dagger j} a^i$$

$$= \sum_{i,j=0}^{\infty} \frac{T_3 \kappa^i g^j T_1^{i+j}}{i!j!} e^{j\lambda} a^{\dagger i} e^{(\lambda+2\ln T_2) a^\dagger a} a^j a^{\dagger j} a^i$$

$$= \int \frac{\mathrm{d}^2 z}{\pi} \sum_{i,j=0}^{\infty} \frac{T_3 \kappa^i g^j T_1^{i+j}}{i!j!} e^{j\lambda} a^{\dagger i} : e^{(T_2^2 e^\lambda - 1) a^\dagger a} : z^j |z\rangle \langle z| z^{*j} a^i$$

$$= T_3 \int \frac{\mathrm{d}^2 z}{\pi} : e^{T_2^2 e^\lambda a^\dagger z + (g T_1 e^\lambda - 1)|z|^2 + (\kappa T_1 - 1) a^\dagger a + z^* a} :$$

$$= \frac{T_3}{1 - g T_1 e^\lambda} : \exp\left[\left(\frac{T_2^2 e^\lambda}{1 - g T_1 e^\lambda} + \kappa T_1 - 1\right) a^\dagger a\right] :$$

$$= \frac{T_3}{1 - g T_1 e^\lambda} \exp\left[a^\dagger a \ln\left(\frac{T_2^2 e^\lambda}{1 - g T_1 e^\lambda} + \kappa T_1\right)\right] \tag{10.102}$$

注意到对 $\mathrm{d}^2 z$ 的积分收敛要求 $1 - g T_1 e^\lambda > 0$, $\lambda < -\ln(g T_1)$, 我们立马能写下

$$\left(: e^{\mu a^\dagger a} :\right)_t = \left(e^{\ln(1+\mu) a^\dagger a}\right)_t$$

$$= \frac{T_3}{1 - g T_1 (1+\mu)} : \exp\left[\left(\frac{T_2^2 (1+\mu)}{1 - g T_1 (1+\mu)} + \kappa T_1 - 1\right) a^\dagger a\right] : \tag{10.103}$$

于是使用方程 (10.100) 和 (10.103) 有

$$\left(a^\dagger a\right)_t = e^{2(g-\kappa)t} \left(a^\dagger a + \frac{g}{g-\kappa}\right) - \frac{g}{g-\kappa} \tag{10.104}$$

以及

$$\left(a^{\dagger 2} a^2\right)_t = \frac{2g^2 T_1^2}{T_3^2} + 4\frac{g T_1}{T_3}\frac{T_2^2}{T_3^2} a^\dagger a + \frac{T_2^4}{T_3^4} a^{\dagger 2} a^2 \tag{10.105}$$

光子数在 t 时刻的期望值是

$$\langle a^\dagger a \rangle_t = e^{2(g-\kappa)t} \left(\langle n \rangle_0 + \frac{g}{g-\kappa}\right) - \frac{g}{g-\kappa} \tag{10.106}$$

对于任意初始状态, 我们得出以下结论:

(1) 如果 $g < \kappa$, 损失大于增益, 那么当 $t \to +\infty$ 时, $\langle a^\dagger a \rangle_t \sim \frac{g}{\kappa - g}$, 正如人们所期望的那样, 处于热平衡状态时温度 $T = \frac{\hbar\omega}{k_B \ln\frac{\kappa}{g}}$.

(2) 如果 $g > \kappa$, 增益大于损失, 那么对于任何初态, 系统的光子数 $\langle a^\dagger a \rangle_t$ 将以指数方式增加, $\langle a^\dagger a \rangle_t \sim e^{2(g-\kappa)t} \left(\langle \hat{n} \rangle_0 + \frac{g}{g-\kappa}\right)$, 正如激光正常工作时那样.

现在我们来研究二阶相干度 $g_0^{(2)} = \frac{\langle a^{\dagger 2} a^2 \rangle_0}{\langle a^\dagger a \rangle_0^2}$ 是如何演变成 $g^{(2)}(t) = \frac{\langle a^{\dagger 2} a^2 \rangle_t}{\langle a^\dagger a \rangle_t^2}$ 的. 根据方程 (10.104) 和 (10.105), 我们有

$$g^{(2)}(t) = \frac{\langle a^{\dagger 2} a^2 \rangle_t}{\langle a^\dagger a \rangle_t^2} = 2 + \frac{g_0^{(2)} - 2}{[1 + \chi(t)]^2} \tag{10.107}$$

其中

$$\chi(t) = \frac{gT_1}{\mathrm{e}^{2(g-\kappa)t}\langle\hat{n}\rangle_0 T_3} \tag{10.108}$$

当 $g \leqslant \kappa$ 时, $\chi(t) = \dfrac{gT_1}{\mathrm{e}^{2(g-\kappa)t}\langle n\rangle_0 T_3} \to +\infty$, 因此对于任意初态 ρ_0 有 $g^{(2)}(+\infty) \equiv 2$.

当 $g > \kappa$ 时, $\chi(+\infty) = \dfrac{g}{(g-\kappa)\langle n\rangle_0} > 0$,

$$g^{(2)}(+\infty) = 2 + \frac{g_0^{(2)} - 2}{[1 + \chi(+\infty)]^2} \tag{10.109}$$

对于任意初态 ρ_0, 我们有

$$g_0^{(2)} = \frac{\langle\hat{n}\rangle_0 - 1}{\langle\hat{n}\rangle_0} + \frac{\langle\hat{n}^2\rangle_0 - \langle\hat{n}\rangle_0^2}{\langle\hat{n}\rangle_0^2} \geqslant 1 - \frac{1}{\langle n\rangle_0} \tag{10.110}$$

因此

$$g^{(2)}(+\infty) = 2 + \frac{g_0^{(2)} - 2}{\left[1 + \dfrac{g}{(g-\kappa)\langle n\rangle_0}\right]^2}$$

$$\geqslant 2 - \frac{1 + \dfrac{1}{\langle n\rangle_0}}{\left[1 + \dfrac{g}{(g-\kappa)\langle n\rangle_0}\right]^2}$$

$$> 2 - \frac{1 + \dfrac{1}{\langle n\rangle_0}}{1 + \dfrac{g}{(g-\kappa)\langle n\rangle_0}} > 1 \tag{10.111}$$

即: 当激光在 $g > \kappa$ 区域工作时, 激光的光子往往是聚束的.

10.9　激光通道中熵的演化

对于初态 $\rho_0 = |z\rangle\langle z|$, 我们推导出了终态的具体的熵的表示为

$$S(\rho_z(t)) = -k_B\left(\ln T_3 + \frac{gT_1}{1 - gT_1}\ln gT_1\right) \tag{10.112}$$

参见式 (10.87), 这与初始值 z 无关, 因此对于初态 $\rho_0 = \int \frac{\mathrm{d}^2 z}{\pi} P(z) |z\rangle \langle z|$, 当其 Glauber-Sudarshan P-表示中具有正系数 (这种量子系统具有经典类似), 通过冯·诺依曼熵的凹性, 我们得到以下不等式:

$$S(\rho(t)) = S\left[\int \frac{\mathrm{d}^2 z}{\pi} P(z) \rho_z(t)\right] \tag{10.113}$$

$$\geqslant \int \frac{\mathrm{d}^2 z}{\pi} P(z) S[\rho_z(t)]$$

$$= S[\rho_z(t)] \int \frac{\mathrm{d}^2 z}{\pi} P(z)$$

$$= -k_B \left(\ln T_3 + \frac{gT_1}{1 - gT_1} \ln gT_1\right)$$

它提供了对熵的估计.

现在我们对于更一般的初态检查熵的演化.

根据方程 (10.105), 当 $\kappa > g$ 时, 对于任意初态 $\rho_0 = \sum_{m,n=0}^{\infty} \rho_{m,n} |m\rangle \langle n|$, 密度算子将接近 $\rho(+\infty) = \frac{\kappa - g}{\kappa} \sum_{j=0}^{\infty} \left(\frac{g}{\kappa}\right)^j |j\rangle \langle j|$, 熵将接近

$$S_\infty = -k_B \sum_{j=0}^{\infty} \frac{\kappa - g}{\kappa} \left(\frac{g}{\kappa}\right)^j \ln\left[\frac{\kappa - g}{\kappa} \left(\frac{g}{\kappa}\right)^j\right]$$

$$= k_B \left(\frac{g}{\kappa - g} \ln \frac{\kappa}{g} + \ln \frac{\kappa - g}{\kappa}\right) \tag{10.114}$$

当 $\kappa < g$ 时, 我们首先考虑在光子数表象中对角化的初态 $\rho_0 = \sum_{m=0}^{\infty} \rho_{m,m} |m\rangle \langle m|$, 有

$$\rho(t) = \sum_{i,j=0}^{\infty} M_{ij} \rho_0 M_{ij}^\dagger = \sum_{k=0}^{\infty} \rho_{kk}(t) |k\rangle \langle k| \tag{10.115}$$

其中

$$\rho_{kk}(t) = \sum_{m=0}^{k} \frac{T_3 (gT_1)^{k-m} T_2^{2m}}{(k-m)!} \frac{k!}{m!^2} f^{(m)}(\kappa T_1) \tag{10.116}$$

以及

$$\begin{cases} f(x) \equiv \sum_{i=0}^{\infty} \rho_{ii} x^i \\ f^{(m)}(x) \equiv \sum_{i=0}^{\infty} \rho_{m+i,m+i} \frac{(m+i)!}{i!} x^i = \frac{\mathrm{d}^m}{\mathrm{d}x^m} f(x) \end{cases} \tag{10.117}$$

相应地, 冯·诺依曼熵是

$$-\frac{S}{k_B} = \sum_{k=0}^{\infty} \rho_{kk}(t) \ln \rho_{kk}(t) = I_1 + I_2 \tag{10.118}$$

其中

$$\begin{cases} I_1 = \sum\limits_{k=0}^{\infty} \rho_{kk}(t) \ln\left[T_3 (gT_1)^k\right] \\ I_2 = \sum\limits_{k=0}^{\infty} \rho_{kk}(t) \ln\left[\sum\limits_{m=0}^{k} \left(\dfrac{T_2^2}{gT_1}\right)^m \dfrac{k! f^{(m)}(\kappa T_1)}{m!^2 (k-m)!}\right] \end{cases} \tag{10.119}$$

方程 (10.118) 中的第一项是

$$I_1 = \sum_{k=0}^{\infty} \rho_{kk}(t) \ln T_3 + \sum_{k=0}^{\infty} k \rho_{kk}(t) \ln g T_1$$

$$= \ln T_3 + \langle \hat{n} \rangle_t \ln g T_1$$

$$= 2(\kappa - g) t + \ln \frac{g - \kappa}{g} - \left(1 + \frac{g - \kappa}{g} \langle \hat{n} \rangle_0\right) + O(1) \quad (t \to +\infty) \tag{10.120}$$

以及 I_2 有如下下限:

$$I_2 \geqslant \sum_{k=0}^{\infty} \rho_{kk}(t) \ln f(\kappa T_1) = \ln f(\kappa T_1) \tag{10.121}$$

注意到 $\rho_{ii} \geqslant 0$ 以及 $f(1) = \sum\limits_{i=0}^{\infty} \rho_{ii} = 1 < +\infty$, 我们发现幂级数 $f(x) \equiv \sum\limits_{i=0}^{\infty} \rho_{ii} x^i$ 的收敛半径 $R \geqslant 1$. 正幂级数 $\sum\limits_{m=0}^{\infty} f^{(m)}(\kappa T_1) \dfrac{y^m}{m!} = f(\kappa T_1 + y)$, 则对于 $0 < y \leqslant R - \kappa T_1$ 是收敛的. 因此与 m 有关的每一项的下限 $f^{(m)}(\kappa T_1) \dfrac{y^m}{m!} \leqslant f(\kappa T_1 + y)$. 我们就有

$$\sum_{m=0}^{k} \left(\frac{T_2^2}{gT_1}\right)^m \frac{k! f^{(m)}(\kappa T_1)}{m!^2 (k-m)!}$$

$$\leqslant \sum_{m=0}^{k} \left(\frac{T_2^2}{y g T_1}\right)^m \frac{k! f(\kappa T_1 + y)}{m! (k-m)!}$$

$$= f(\kappa T_1 + y) \left(1 + \frac{T_2^2}{y g T_1}\right)^k \tag{10.122}$$

因此方程 (10.118) 的第二项为

$$I_2 \leqslant \sum_{k=0}^{\infty} \rho_{kk}(t) \ln\left[f(\kappa T_1 + y)\left(1 + \frac{T_2^2}{y g T_1}\right)^k\right]$$

$$= \ln f(\kappa T_1 + y) + \langle \hat{n} \rangle_t \ln\left(1 + \frac{T_2^2}{y g T_1}\right)$$

$$\approx \ln f\left(\frac{\kappa}{g} + y\right) + \left(\frac{g - \kappa}{g} \langle \hat{n} \rangle_0 + 1\right) \frac{g - \kappa}{g y} \tag{10.123}$$

当 $t \to +\infty$ 时, 该式对于 $0 < y \leqslant R - \dfrac{\kappa}{g}$ 就是有限的. 特别的, 在方程 (10.123) 中选择

$y = 1 - \dfrac{\kappa}{g}$，我们发现

$$I_2 \leqslant \frac{g-\kappa}{g} \langle \hat{n} \rangle_0 + 1 \tag{10.124}$$

结合方程 (10.121) 和 (10.124)，当 $t \to +\infty$ 时，$\ln f(\kappa T_1) \leqslant I_2 \leqslant \frac{g-\kappa}{g} \langle \hat{n} \rangle_0 + 1$，则其是有限的.

结合方程 (10.118)、(10.121)、(10.124)，我们有

$$
\begin{aligned}
2(g-\kappa)t & + \ln \frac{g}{(g-\kappa)f(\kappa/g)} + 1 + \frac{g-\kappa}{g} \langle \hat{n} \rangle_0 \\
& \geqslant \frac{S}{k_B} = 2(g-\kappa)t + O(1) \\
& \geqslant 2(g-\kappa)t + \ln \frac{g}{g-\kappa}
\end{aligned}
\tag{10.125}
$$

当 $t \to +\infty$ 以及 $g > \kappa$ 时，对于初态 $\rho_0 = \sum\limits_{m=0}^{\infty} \rho_{m,m} |m\rangle \langle m|$ 的激光演化，此熵为

$$\frac{S}{\langle \hat{n} \rangle} \sim \frac{2 k_B (g-\kappa) t}{\frac{g}{g-\kappa} + \langle \hat{n} \rangle_0} \mathrm{e}^{-2(g-\kappa)t}$$

其以指数衰减的速度趋于零.

对于任意初态 $\rho_0 = \sum\limits_{m,n=0}^{\infty} \rho_{m,n} |m\rangle \langle n|$，我们从方程 (10.90) 看到当 $t \to +\infty$ 且 $g > \kappa$ 时，$\rho(t)$ 的非对角元素显著小于对角元素. 即：对于任意初态的激光，$\rho(t)$ 往往是对角化的. 所以我们可以假设对于任意的初态，当 $t \to +\infty$，$g > \kappa$ 时，$S = 2 k_B (g-\kappa)t + O(1)$.

该结果证实了当激光器正常工作时 $(g > \kappa)$，熵随时间线性增加，但预期的光子数量增加得更快，因此此熵将以指数下降的趋势变为零. 在这种情况下，激光器中的光子是高度相干的并聚束的.

在本章中，我们对于任意初态分析了激光过程，得到光子数、二阶相干度和熵的演化规律. 如果 $\kappa > g$，则激光器中的光子将接近具有等效温度 $T = \dfrac{\hbar \omega}{k_B \ln \frac{\kappa}{g}}$ 的热平衡状态.

预期的光子数趋近 $\dfrac{g}{\kappa - g}$，二阶相干度 $g^{(2)}$ 趋近 2. 熵趋近 $k_B \left(\dfrac{g}{\kappa - g} \ln \dfrac{\kappa}{g} + \ln \dfrac{\kappa}{\kappa - g} \right)$. 如果 $g > \kappa$，那么光子数将呈指数增长，$\langle n \rangle = \mathrm{e}^{2(g-\kappa)t} \left(\langle n \rangle_0 + \dfrac{g}{g-\kappa} \right) - \dfrac{g}{g-\kappa}$，以及二阶相干度 $g^{(2)}$ 趋近 $2 + \dfrac{g_0^{(2)} - 2}{\left[1 + \dfrac{g}{(g-\kappa) \langle n \rangle_0} \right]^2} > 1$. 对于 $\rho_0 = \sum\limits_{m=0}^{\infty} \rho_{m,m} |m\rangle \langle m|$，在 $g > \kappa$ 的情形中，我们证明了熵将线性增加，$S \sim 2 k_B (g-\kappa)t$. 所有这些结果都符合激光的已知行为. 这样我们就证实了主方程 (10.84) 很好地描述了激光的行为，而我们首次导出的密度算子演化规律方程 (10.85)、(10.86)、(10.87) 是正确、简美且有价值的.

后记

　　我们从光子产生和湮灭的观点出发指出量子力学产生的必然,这是本书特色之一.我们还注意到懂得狄拉克创立的描述量子力学的符号法的人不多,即便弄懂了符号的意义,也不会使用,心手不一.我们意识到有必要从变换的角度去理解之,若能对 Ket-Bra 算符实现积分,既是新想法,又是创新算法,能知能至,对于量子论的进展就是一个贡献.本书用笔者自创的有序算符内的积分方法阐述积分过程,推导简约,这是其第二个特色.

　　清代桐城派刘开曾写道:"非尽百家之美,不能成一人之奇;非取法至高之境,不能开独造之域."意思是说:不学习各流派的长处,就不能形成自己的特色;不取法别人已经达到的最高成就,就不能开创自己的独特领域.

　　我们觉得刘开此论待商榷.诚然,创新难免要学习借鉴,但不是绝对的.即便不全了解各流派的特点, 也存在形成自己特色的可能; 与刘开的说法相反, 倒是取法别人已经达到的最高成就, 反而受别人思想的拘束而不能开创自己的独特领域. 取法他人, 会耳聪目明, 但于智慧无补, 而创新是靠智慧的灵光一现. 我们这本书当作如是观.

尽管笔者此论与刘开有异, 但笔者很尊敬他, 2018 年笔者和笪诚夫妇去桐城时, 还专程造访了刘开的故居, 他如同颜回那样是个贫穷的读书人, 但才高志远.

范洪义

2020 年 10 月